"101 计划"核心教材

数学领域

# 数论基础

方江学　编著

中国教育出版传媒集团

高等教育出版社 · 北京

## 内容提要

本教材是为了满足当代初等数论课程教学需求而编写的。全书共包含八章和一个附录，主要内容包括整除、最大公因子、素因子分解、同余、剩余类与剩余系、同余方程、剩余类单位群、原根与指标、二次剩余、二次互反律、算术函数、连分数、Pell 方程、二元二次型等，附录则对本书所用到的代数学知识做一些必要的补充。

整数的可除性理论乃数论的基础，其核心内容为最大公因子理论和算术基本定理。本书第一章以带余除法为出发点建立整数的可除性理论，并利用辗转相除法建立最大公因子理论。同余理论是数论的核心，也是数论所特有的思想和方法。本书第二、三、四、五章深入讨论同余的基本性质、重要定理及其应用，介绍 Euler 定理与 Fermat 小定理，利用中国剩余定理与 Hensel 引理研究同余方程的约化理论以及剩余类单位群的结构，引入 Legendre 符号和 Jacobi 符号以及 Gauss 二次互反律给出判定二次同余方程有解的一个有效算法。除了同余理论外，本书还涵盖了算术函数、连分数、二元二次型等专题。第六章简要介绍算术函数的基础知识，并给出一些重要算术函数的均值估计。第七章深入探讨连分数的性质及其在 Pell 方程中的应用。第八章则是对二元二次型理论的介绍，包括二次型的约化理论、复合律以及 Gauss 亏格理论等。

本书可作为数学类专业、特别是数学拔尖人才培养的初等数论课程教材或参考书，也可直接作为拓展性较强的初等数论课程教材。

# 总　序

　　自数学出现以来，世界上不同国家、地区的人们在生产实践中、在思考探索中以不同的节奏推动着数学的不断突破和飞跃，并使之成为一门系统的学科。尤其是进入 21 世纪之后，数学发展的速度、规模、抽象程度及其应用的广泛和深入都远远超过了以往任何时期。数学的发展不仅是在理论知识方面的增加和扩大，更是思维能力的转变和升级，数学深刻地改变了人类认识和改造世界的方式。对于新时代的数学研究和教育工作者而言，有责任将这些知识和能力的发展与革新及时体现到课程和教材改革等工作当中。

　　数学"101 计划"核心教材是我国高等教育领域数学教材的大型编写工程。作为教育部基础学科系列"101 计划"的一部分，数学"101 计划"旨在通过深化课程、教材改革，探索培养具有国际视野的数学拔尖创新人才，教材的编写是其中一项重要工作。教材是学生理解和掌握数学的主要载体，教材质量的高低对数学教育的变革与发展意义重大。优秀的数学教材可以为青年学生打下坚实的数学基础，培养他们的逻辑思维能力和解决问题的能力，激发他们进一步探索数学的兴趣和热情。为此，数学"101 计划"工作组统筹协调来自国内 16 所一流高校的师资力量，全面梳理知识点，强化协同创新，陆续编写完成符合数学学科"教与学"特点，体现学术前沿，具备中国特色的高质量核心教材。此次核心教材的编写者均为具有丰富教学成果和教材编写经验的数学家，他们当中很多人不仅有国际视野，还在各自的研究领域作出杰出的工作成果。在教材的内容方面，几乎是包括了分析学、代数学、几何学、微分方程、概率论、现代分析、数论基础、代数几何基础、拓扑学、微分几何、应用数学基础、统计学基础等现代数学的全部分支方向。考虑到不同层次的学生需要，编写组对个别教材设置了不同难度的版本。同时，还及时结合现代科技的最新动向，特别组织编写《人工智能的数学基础》等相关教材。

　　数学"101 计划"核心教材得以顺利完成离不开所有参与教材编写和审订的专家、学者及编辑人员的辛勤付出，在此深表感谢。希望读者们能通过数学"101 计划"核心教材更好地构建扎实的数学知识基础，锻炼数学思维能力，深化对数学的理解, 进一步生发出自主学习探究的能力。期盼广大青年学生受益于这套核心教材, 有更多的拔尖创新人才脱颖而出!

田 刚

数学 "101 计划" 工作组组长

中国科学院院士

北京大学讲席教授

# 前　言

　　从 2013 年起, 作者开始在首都师范大学为三、四年级本科生开设初等数论课程。该课程于 2015 年被列入数学实验班培养计划的"数学荣誉课程", 又于 2021 年被列入拔尖计划的必修课。2022 年, 受数学"101 计划"工作组的推荐, 作者将历年授课的讲稿整理成书, 名为《数论基础》。

　　数论是数学中最古老的分支之一。第一部数学集大成之作为公元前 3 世纪 Euclid 所著的《原本》。该书第七卷至第九卷为数论部分, 主要结果包括素数的无限性、Euclid 算法、算术基本定理等。我国南北朝时期的《孙子算经》给出了一次同余方程组的解法, 即孙子定理, 国外称之为中国剩余定理。17 世纪到 19 世纪, 欧洲数学家 Fermat、Euler、Lagrange、Legendre 等人的工作大大丰富了数论的内容。他们的工作集大成于 Gauss 所著的 *Disquisitiones Arithmeticae*, 中译名为《算术探索》或《算术研究》。这本书中, Gauss 证明了二次互反律和原根存在的充要条件等重要结果, 并系统研究了二元二次型理论。Gauss 这部巨著既是古典数论的集大成之作, 也是现代数论的奠基之作。

　　当然, 数论所包含的内容远不止这些。随着数论的日益发展, 它的内容也越发丰富。本书仅选择数论中最基础的内容进行阐述, 并使之构成一个相对完整的知识体系。本书名为《数论基础》, 其核心宗旨是对古典数论作一个系统的介绍, 并用适合当代的语言重现 Gauss 等数学家的重要思想。

　　本书前五章为整数的同余理论, 可作为数学类专业本科生一个学期的初等数论课程内容。第六、七、八章为三个独立的专题, 可作为一个学期选修课程的内容, 亦可作为专题研讨。本书特别注重知识体系的自洽性, 故在附录中补充了书中所涉及的代数学知识, 以便读者。此外, 本书同样适合那些学有余力且对数论感兴趣的中学生。

本册教材的编写过程中得到了很多同行、同事和学生的帮助。首先感谢数学"101 计划"数论基础工作组组长、南京大学的秦厚荣老师对我的信任。秦厚荣老师组织了教材编写研讨会。在研讨会上，南京大学、山东大学、四川大学等院校同行就这本书的内容取材、写作风格诸多方面提出了指导性的建议。感谢我的导师清华大学的扶磊老师和首都师范大学的徐飞老师多年的培养和鼓励。他们的治学态度，也影响了本书的写作。

在此，我还要特别感谢中国科学院的田野院士。田野老师分享了他关于二元二次型的讲义，这些精彩的内容极大完善了本书的知识体系。西湖大学的赵永强老师和赵以庚老师对本书的原稿提出了大量实质性和专业性的修改意见，西北农林科技大学的林开亮老师为教材补充了有趣的素材，对此深表感谢。

感谢工作单位对我的鼎力支持，特别是学院张振雷、童纪龙、马雪松等同事对教材的编写做了很多的协调工作。首都师范大学拔尖班和实验班的学生报告了书稿的部分内容，特别是张琦煜同学对书稿中的诸多疏漏提出了中肯的改进意见，在此一并致谢。

最后还要感谢高等教育出版社的领导和相关人员，为《数论基础》的出版提供了大力支持，特别是杨帆和李蕊两位编辑为本册教材做了专业的校对和周到的服务。

由于作者见识的限制，不足之处在所难免，恳请读者批评与指正！

方江学

2024 年 7 月于花园桥

# 目　录

凡例      1

第一章　整数的可除性      5

1.1　带余除法      6

     1.1.1　带余除法      6

     1.1.2　整除      7

1.2　最大公因子与最小公倍数      7

     1.2.1　最大公因子      7

     1.2.2　辗转相除法      8

     1.2.3　Bézout 定理      10

     1.2.4　互素      12

     1.2.5　最小公倍数      13

1.3　一次不定方程      14

1.4　素数      16

     1.4.1　素数的基本性质      16

     1.4.2　算术基本定理      17

     1.4.3　Eratosthenes 筛法      20

     1.4.4　素数分布      21

习题      24

第二章　同余      29

2.1　同余的定义和性质      30

2.2　剩余类与完全剩余系      31

     2.2.1　剩余类      31

     2.2.2　完全剩余系      32

2.3　Euler 函数与既约剩余系      34

     2.3.1　同余逆      34

2.3.2　既约剩余类　　　　　　　　　　　　　36

2.4　Euler 定理、Fermat 小定理　　　　　　　　　37

习题　　　　　　　　　　　　　　　　　　　　39

第三章　同余方程　　　　　　　　　　　　　　43

3.1　同余方程的概念和术语　　　　　　　　　　44

3.1.1　同余方程　　　　　　　　　　　　　44

3.1.2　同余方程组　　　　　　　　　　　　45

3.2　一元线性同余方程组　　　　　　　　　　　46

3.2.1　一元线性同余方程　　　　　　　　　46

3.2.2　中国剩余定理　　　　　　　　　　　47

3.3　高次同余方程　　　　　　　　　　　　　　52

3.3.1　从模为一般整数到模为素数幂的约化　52

3.3.2　从模为素数幂到模为素数的约化　　　55

3.3.3　素数模的同余方程　　　　　　　　　57

习题　　　　　　　　　　　　　　　　　　　　59

第四章　单位群 $(\mathbb{Z}/m\mathbb{Z})^{\times}$　　　　　　　　　63

4.1　$(\mathbb{Z}/m\mathbb{Z})^{\times}$ 中元素的阶　　　　　　　　64

4.1.1　阶的定义与基本性质　　　　　　　　64

4.1.2　阶的计算　　　　　　　　　　　　　65

4.2　$(\mathbb{Z}/m\mathbb{Z})^{\times}$ 的结构　　　　　　　　　　67

4.2.1　$(\mathbb{Z}/p\mathbb{Z})^{\times}$ 的结构　　　　　　　　67

4.2.2　$(\mathbb{Z}/p^{\alpha}\mathbb{Z})^{\times}$ 的结构　　　　　　　68

4.2.3　$(\mathbb{Z}/2^{\alpha}\mathbb{Z})^{\times}$ 的结构　　　　　　　68

4.2.4　$(\mathbb{Z}/m\mathbb{Z})^{\times}$ 的结构　　　　　　　69

4.3　原根与指标　　　　　　　　　　　　　　　71

4.3.1　原根　　　　　　　　　　　　　　　71

4.3.2　原根的计算　　　　　　　　　　　　71

4.3.3　指标　　　　　　　　　　　　　　　72

4.3.4　二项式同余方程　　　　　　　　　　74

习题　　　　　　　　　　　　　　　　　　　　75

**第五章　二次剩余**　　79

　5.1　二次剩余的约化　　80

　　5.1.1　模 $m$ 的 $k$ 次剩余　　80

　　5.1.2　模 $2^\alpha$ 的二次剩余　　82

　　5.1.3　模奇素数幂 $p^\alpha$ 的二次剩余　　83

　5.2　Legendre 符号　　84

　　5.2.1　Legendre 符号　　84

　　5.2.2　Gauss 引理　　86

　5.3　二次互反律　　88

　　5.3.1　Gauss 和　　88

　　5.3.2　二次互反律的证明　　90

　　5.3.3　Jacobi 符号　　92

　5.4　一元二次同余方程　　96

　习题　　98

**第六章　算术函数**　　103

　6.1　算术函数环　　104

　　6.1.1　算术函数的加法和乘法　　104

　　6.1.2　积性函数　　106

　6.2　Möbius 函数　　107

　　6.2.1　Möbius 函数　　107

　　6.2.2　Möbius 变换　　108

　　6.2.3　无平方因子的正整数之密度　　108

　6.3　Dirichlet 函数 $d(n)$ 和 $\sigma(n)$　　110

　　6.3.1　$d(n)$ 和 $\sigma(n)$ 的基本性质　　110

　　6.3.2　$d(n)$ 均值的渐近估计　　111

　　6.3.3　$\sigma(n)$ 均值的渐近估计　　113

　6.4　Euler 函数　　114

　　6.4.1　Euler 函数的基本性质　　114

　　6.4.2　Euler 函数均值的渐近估计　　115

　6.5　Gauss 圆内整点问题　　116

　　6.5.1　Gauss 整数环　　116

　　6.5.2　$r(n)$ 的精确公式　　118

6.5.3　Gauss 圆内整点问题　　120

习题　　122

**第七章　连分数**　　127

7.1　连分数的基本性质　　128

　7.1.1　连分式　　128

　7.1.2　连分数的值　　129

　7.1.3　实数的连分数表示　　130

　7.1.4　无理数的连分数逼近　　132

　7.1.5　模等价　　136

7.2　循环连分数与实二次无理数　　139

　7.2.1　循环连分数与实二次无理数　　139

　7.2.2　纯循环连分数与约化实二次无理数　　142

7.3　Pell 方程　　144

　7.3.1　实二次无理数连分数展式的周期　　144

　7.3.2　Pell 方程的正整数解　　146

　7.3.3　Pell 方程的整数解　　147

习题　　149

**第八章　二元二次型**　　153

8.1　二次型的约化理论　　154

　8.1.1　二次型的等价　　154

　8.1.2　二次型的正常等价类　　157

　8.1.3　二次型与二次无理数　　158

　8.1.4　正定型的约化理论　　160

　8.1.5　不定型的约化理论　　165

8.2　二次型的复合　　172

　8.2.1　Bhargava 立方体　　173

　8.2.2　$SL_2(\mathbb{Z})$ 在 Bhargava 立方体上的作用　　175

　8.2.3　二次型的复合　　176

　8.2.4　二次型复合的应用　　182

　8.2.5　几种复合之比较　　184

　8.2.6　二次型与二次域　　188

8.3　Gauss 亏格理论　　193

8.3.1　Gauss 符号 ................................................. 194

8.3.2　Kronecker 符号 ........................................ 195

8.3.3　群 $(\mathbb{Z}/D\mathbb{Z})^{\times}$ 的特征组 ...................... 198

8.3.4　歧型 ............................................................. 201

8.3.5　三元二次型 .............................................. 207

习题 ................................................................................ 212

**附录 A　群、环、域初步** ..................................... 217

A.1　群 ......................................................................... 218

A.1.1　群的基本概念及性质 .............................. 218

A.1.2　群同态基本定理 ...................................... 219

A.1.3　群中元素的阶 .......................................... 221

A.1.4　循环群 ....................................................... 223

A.1.5　有限生成 Abel 群 .................................... 226

A.1.6　群在集合上的作用 .................................. 228

A.2　环 ......................................................................... 229

A.2.1　环的定义和例子 ...................................... 229

A.2.2　多项式环 ................................................... 230

A.3　域 ......................................................................... 232

A.3.1　域上的多项式 .......................................... 232

A.3.2　二次无理数与二次域 .............................. 233

习题 ................................................................................ 234

**参考文献** ..................................................................... 237

# 凡 例

各章开头有内容介绍, 结尾附有习题, 其中不少习题为主要内容的延伸和补充.

证明的结尾以 □ 标记.

人名一般以西文为主, 中国人则使用汉字. 数学术语全部中译, 原则上不再标注原文以免扰乱阅读.

数学离不开符号, 数论尤其如此. 下述一般性的符号以备查阅.

◇ **逻辑**: 命题间的蕴涵关系用 $\implies$ 表达, 因此 $P \iff Q$ 指 $P$ 等价于 $Q$.

◇ **定义**: 表达式 $\mathcal{A} := \mathcal{B}$ 是指 $\mathcal{A}$ 被定义为 $\mathcal{B}$.

◇ **集合**: 我们以 $\cap$ 表示交, $\cup$ 表示并, $\times$ 表示积; 差集记为 $A \backslash B := \{a \mid a \in A$ 且 $a \notin B\}$. 集合的包含关系记作 $\subset$, 真包含记作 $\subsetneq$. 一族以 $i \in I$ 为下标的集合记作 $\{E_i\}_{i \in I}$, 其并写作 $\bigcup_{i \in I} E_i$, 交写作 $\bigcap_{i \in I} E_i$, 其积定义为

$$\prod_{i \in I} E_i = \{(e_i)_{i \in I} \mid e_i \in E_i, \ i \in I\}.$$

集合的无交并以符号 $\sqcup$ 表示. 空集记为 $\varnothing$. 集合 $A$ 的元素个数记为 $\mathrm{card}(A)$.

◇ **等价关系**: 给定非空集合 $X$ 和 $X \times X$ 的子集 $R$. 对 $x, y \in X$, 用记号 $x \sim y$ 表示 $(x, y) \in R$. 称 $R$ 为 $X$ 上的一个等价关系是指 $R$ 满足下列条件:

(1) (自反性) 对 $x \in X$ 都有 $x \sim x$.

(2) (对称性) 若 $x \sim y$, 则 $y \sim x$.

(3) (传递性) 若 $x \sim y$, $y \sim z$, 则 $x \sim z$.

设 $R$ 为 $X$ 上的一个等价关系. 对任何 $x \in X$, 定义

$$[x] := \{y \in X \mid y \sim x\}.$$

称 $[x]$ 为 $x$ 所代表的**等价类**, 等价类中任何元素称为该等价类的**代表元**. $X$ 的等价类两两不交, 并且 $X$ 为这些等价类的并. 令 $X/_\sim$ 为 $X$ 中所有等价类组成的集合, 我们有

$$X = \bigsqcup_{[x] \in X/\sim} [x].$$

◇ **映射**: 以 $f : A \to B$ 表示从集合 $A$ 到集合 $B$ 的映射 $f$, 以 $a \mapsto b$ 表示元素 $a$ 被映为 $b$, 或一并写作

$$f : A \longrightarrow B$$
$$a \longmapsto b.$$

对于映射 $f : A \to B$ 和子集 $B_0 \subset B$, 称 $f^{-1}(B_0) := \{a \in A \mid f(a) \in B_0\}$ 为 $B_0$ 在 $f$ 下的原像或逆像. 对任意 $b \in B$, 记 $f^{-1}(b) := f^{-1}(\{b\})$. 记 $f$ 的像为 $f(A)$ 或 $\mathrm{im}(f)$.

集合 $A$ 到自身的恒等映射记为 $\mathrm{id}_A$, 不致混淆时也记为 $\mathrm{id}$.

◇ **数系**: 记

$$\mathbb{P} \subset \mathbb{N} \subset \mathbb{Z} \subset \mathbb{Q} \subset \mathbb{R} \subset \mathbb{C}$$

素数 自然数 整数 有理数 实数 复数

需要指明的是, 在本书中, 自然数集 $\mathbb{N}$ 包含 0.

◇ **常数**: 用 e 记自然对数的底数, i 记虚数单位, π 记圆周率.

◇ **二项式系数**:

$$\binom{x}{k} = \begin{cases} 1, & k = 0, \\ \dfrac{x(x-1)\cdots(x-k+1)}{k!}, & k为正整数. \end{cases}$$

◇ **δ 函数**: 给定集合 $I$. 对任何 $i, j \in I$, 定义

$$\delta_{ij} = \begin{cases} 1, & i = j, \\ 0, & i \neq j. \end{cases}$$

◇ **符号函数**: 对任何实数 $x$, 定义

$$\mathrm{sgn}(x) = \begin{cases} 1, & x > 0, \\ -1, & x < 0, \\ 0, & x = 0. \end{cases}$$

◇ **极值函数**: 对由实数组成的有限集 $A$, 分别用 $\max\{a \mid a \in A\}$ 和 $\min\{a \mid a \in A\}$ 记 $A$ 中的最大元和最小元.

◇ **Gauss 函数**: 对任何实数 $x$, 定义 $\lfloor x \rfloor$ 为不超过 $x$ 的最大整数, $\lceil x \rceil$ 为不小于 $x$ 的最小整数, $\{x\} = x - \lfloor x \rfloor$. 我们将 $\lfloor x \rfloor$ 和 $\{x\}$ 分别称为 $x$ 的**整数部分**与**小数部分**.

自然数是本书最主要的研究对象, 自然数最本质、最重要的性质为归纳原理以及由之推出的最小自然数原理、数学归纳法. 下述自然数的这些重要性质以备参考.

**归纳原理**　设 $S$ 为 $\mathbb{N}$ 的一个非空子集, 并满足条件:

(1) $0 \in S$;

(2) 若 $n \in S$, 则 $n + 1 \in S$,

则 $S = \mathbb{N}$.

> **定理 0.0.1 (数学归纳法)**　设 $P(n)$ 是关于自然数 $n$ 的一个命题, 并满足

(1) 当 $n = 0$ 时, $P(0)$ 成立;

(2) 对任何正整数 $n$, $P(n)$ 成立可以推出 $P(n+1)$ 成立,

则命题 $P(n)$ 对所有自然数 $n$ 都成立.

**证明**　令 $S$ 为所有使命题 $P(n)$ 成立的自然数 $n$ 组成的集合. 由条件 (1) 知 $0 \in S$; 由条件 (2) 知, 对任何自然数 $n$, $n \in S$ 可推出 $n + 1 \in S$. 所以由归纳原理知 $S = \mathbb{N}$.　□

需要指明的是, 在实际应用中经常考虑的是对正整数的命题, 此时数学归纳法依然适用. 此外, 数学归纳法还有如下形式:

> **定理 0.0.2 (第二数学归纳法)**　设 $P(n)$ 是关于自然数 $n$ 的一个命题, 并满足

(1) 当 $n = 0$ 时, $P(0)$ 成立;

(2) 对任何正整数 $n$, $P(m)$ 对所有自然数 $m < n$ 成立可推出 $P(n)$ 成立,

则命题 $P(n)$ 对所有自然数 $n$ 都成立.

> **定理 0.0.3 (最小自然数原理)**　设 $S$ 为自然数集的非空子集. 则存在 $s_0 \in S$, 使得对任何 $s \in S$ 都有 $s_0 \leqslant s$, 即 $s_0$ 为 $S$ 中的最小自然数.

**证明**　考虑由所有这样的自然数 $t$ 组成的集合 $T$: 对任何 $s \in S$ 必有 $t \leqslant s$. 显然 $0 \in T$, 故 $T$ 非空. 由于 $S$ 非空, 可取 $s_1 \in S$, 则 $s_1 + 1 \notin T$, 从而 $T \neq \mathbb{N}$. 根据归纳原理, 必有 $t_0 \in T$ 使得 $t_0 + 1 \notin T$. 我们来证明 $t_0 \in S$. 因为若不然, 则对任何 $s \in S$ 都有 $t_0 < s$, 因而 $t_0 + 1 \leqslant s$. 这表明 $t_0 + 1 \in T$, 矛盾. 取 $s_0 = t_0$ 就证明了定理.　□

第一章

# 整数的可除性

　　数论的基本研究对象是整数, 而整除理论是数论之基础. 本章的主要结果为数论中最基本、最重要的定理之一——算术基本定理. 围绕这一定理, 第一节建立整除理论中最重要的工具: 带余除法, 并介绍其若干应用. 第二节通过辗转相除法建立最大公因子与最小公倍数理论, 证明 Bézout 定理, 并给出最大公因子的有效算法. 作为 Bézout 定理的应用, 第三节建立一次不定方程理论. 第四节证明算术基本定理, 并研究素数的分布与判定问题.

# 1.1　带余除法

## 1.1.1　带余除法

　　在整数集 $\mathbb{Z}$ 上可以定义加法、减法、乘法运算, 并且加法和乘法运算满足交换律与结合律, 乘法对加法满足分配律. 然而两个整数之商未必是整数, 为此我们引入带余除法.

　　**定理 1.1.1**　给定两个整数 $a$ 和 $b$, 其中 $b>0$, 存在唯一的一对整数 $q$ 和 $r$, 使得

$$a=qb+r \quad 且 \quad 0\leqslant r<b.$$

　　**证明**　令

$$S=\{a-nb \mid n\in\mathbb{Z}\}.$$

则 $S\cap\mathbb{N}$ 为 $\mathbb{N}$ 的非空子集, 这是因为 $S$ 中包含自然数 $a+|a|b$ (取 $n=-|a|$). 根据最小自然数原理, $S\cap\mathbb{N}$ 有最小元素 $r=a-qb$, 其中 $q\in\mathbb{Z}$. 若 $r\geqslant b$, 则 $S$ 中包含自然数 $a-(q+1)b=r-b$. 但这和 $r$ 的最小性矛盾, 因此 $0\leqslant r<b$. 这就证明了 $q$ 和 $r$ 的存在性.

　　设有整数 $q'$ 和 $r'$ 也满足

$$a=q'b+r' \quad 且 \quad 0\leqslant r'<b.$$

则 $r-r'=(q'-q)b$. 若 $q\neq q'$, 则 $|r-r'|=|q'-q|b\geqslant b$. 这和 $0\leqslant r<b$ 与 $0\leqslant r'<b$ 矛盾, 故 $q=q'$ 且 $r=r'$. 这就证明了 $q$ 和 $r$ 的唯一性. □

　　**定义 1.1.1**　定理 1.1.1 中的 $q$ 称为 $a$ 除以 $b$ 的**不完全商**, $r$ 为 $a$ 除以 $b$ 的**余数**.

　　定理 1.1.1 有如下简单推论:

　　**推论 1.1.1**　设 $a,b$ 是两个整数, 其中 $b\neq 0$, 存在唯一的一对整数 $q$ 和 $r$, 使得

$$a=qb+r \quad 且 \quad 0\leqslant r<|b|.$$

　　**例 1.1.1**　设 $n$ 是整数, 证明 $n^2$ 除以 4 的余数为 0 或 1.

**证明**    若 $n$ 为奇数, 取整数 $k$ 使得 $n = 2k + 1$. 此时, $n^2 = (2k+1)^2 = 4(k^2 + k) + 1$ 除以 4 的余数为 1.

若 $n$ 为偶数, 取整数 $l$ 使得 $n = 2l$. 此时, $n^2 = 4l^2$ 除以 4 的余数为 0.

### 1.1.2   整除

<u>**定义1.1.2**</u>    设 $a, b$ 是两个整数. 若存在整数 $c$ 使得 $a = bc$, 则称 $b$ 是 $a$ 的**因子**, $a$ 是 $b$ 的**倍数**, 或者 $b$ **整除** $a$, 或者 $a$ 能被 $b$ 整除; 否则称为 $b$ **不整除** $a$. 我们用记号 $b \mid a$ 表示 $b$ 整除 $a$, $b \nmid a$ 表示 $b$ 不整除 $a$.

$\boxed{\text{命题1.1.1}}$    (1) $a \mid b \Longleftrightarrow -a \mid b \Longleftrightarrow a \mid (-b) \Longleftrightarrow |a| \mid |b|$;

(2) (传递性) $a \mid b$ 且 $b \mid c \Longrightarrow a \mid c$;

(3) (可加性) $a \mid b_1, a \mid b_2, \cdots, a \mid b_k \Longleftrightarrow$ 对任何 $x_1, x_2, \cdots, x_k \in \mathbb{Z}$ 都有 $a \mid x_1 b_1 + x_2 b_2 + \cdots + x_k b_k$;

(4) (自反性) $a \mid b$ 且 $b \mid a \Longleftrightarrow a = \pm b$;

(5) 若整数 $m \neq 0$, 则 $a \mid b \Longleftrightarrow ma \mid mb$;

(6) 若 $b \neq 0$, 则 $a \mid b \Longrightarrow |a| \leqslant |b|$.

**证明**    (1), (2), (5) 和 (6) 显然, 只证 (3) 和 (4).

(3) 假设对任何 $1 \leqslant i \leqslant k$ 都有 $a \mid b_i$. 根据定义存在整数 $u_i$ 使得 $b_i = u_i a$, 于是 $x_1 b_1 + x_2 b_2 + \cdots + x_k b_k = (x_1 u_1 + x_2 u_2 + \cdots + x_k u_k)a$, 必要性得证. 反之, 假设对任何整数 $x_1, x_2, \cdots, x_k$ 都有 $a \mid x_1 b_1 + x_2 b_2 + \cdots + x_k b_k$. 特别地, 固定 $1 \leqslant i \leqslant k$, 对任何 $1 \leqslant j \leqslant k$, 取 $x_j = \delta_{ij}$, 有 $a \mid b_i$, 充分性得证.

(4) 充分性显然. 对必要性, 假设 $a \mid b$ 且 $b \mid a$. 于是存在整数 $p, q$ 使得 $b = pa$, $a = qb$. 若 $a = 0$, 则 $b = pa = 0 = a$. 若 $a \neq 0$, 则 $a = qb = (qp)a$. 从而 $q = \pm 1$ 且 $a = \pm b$.    $\square$

## 1.2   最大公因子与最小公倍数

上一节介绍了整除与因子, 这一节研究两个整数的公因子.

### 1.2.1   最大公因子

<u>**定义1.2.1**</u>    设 $a, b$ 是两个整数. 如果整数 $d$ 同时满足 $d \mid a$ 和 $d \mid b$, 则称 $d$ 是 $a$ 和 $b$ 的**公因子**.

**定义1.2.2**　两个整数 $a$ 和 $b$ 的**最大公因子**定义为满足下列条件的唯一整数 $d$:

(1) $d \mid a$ 且 $d \mid b$,

(2) 若 $c \mid a$ 且 $c \mid b$, 则 $c \leqslant d$.

注记1.2.1　(1) 当 $a = b = 0$ 时, 所有整数都是 $a, b$ 的公因子, 此时 $a, b$ 不存在最大公因子.

(2) 当 $a, b$ 不全为零时, 由命题 1.1.1 (6) 知 $a, b$ 的公因子 $d$ 必满足 $d \leqslant \max\{|a|, |b|\}$. 此时, $a, b$ 的最大公因子存在, 并且为它们所有公因子中最大的那个, 我们用记号 $\gcd(a, b)$ 表示 $a$ 和 $b$ 的最大公因子.

**命题1.2.1**　(1) 对任何非零整数 $a$, $\gcd(a, 0) = |a|$.

(2) 对任何不全为零的整数 $a$ 和 $b$, $\gcd(a, b) = \gcd(|a|, |b|)$.

**证明**　(1) 显然 $|a|$ 是 $a$ 和 $0$ 的公因子, 根据命题 1.1.1 (6) 知 $a, 0$ 的任何公因子 $d$ 都满足 $d \leqslant \max\{|a|, 0\} = |a|$, 故 $|a| = \gcd(a, 0)$.

(2) 根据最大公因子的定义, 只需证明 $a, b$ 和 $a, -b$ 有相同的公因子集, 而这显然是命题 1.1.1 (1) 的直接推论. □

## 1.2.2　辗转相除法

给定整数 $a$ 和 $b$, 一个基本的问题是如何计算其最大公因子. 命题 1.2.1 表明只需考虑 $a, b$ 为正整数的情形. 对于这个问题, 最直接的方法是分别列出 $a$ 和 $b$ 的所有正因子. 例如: $a = 30$, $b = -18$, $30$ 的正因子有 $1, 2, 3, 5, 6, 10, 15, 30$, $-18$ 的正因子为 $1, 2, 3, 6, 9, 18$, 故 $30$ 和 $-18$ 的最大公因子为 $6$. 这种方法对于很大的正整数 $a$ 和 $b$ 来说是不切实际的, 其根本原因为整数因子分解之复杂性. 值得一提的是, 约公元前 $300$ 年, Euclid 在《原本》中给出了一个非常有效的算法来计算两个正整数的最大公因子, 现被称为 **Euclid 算法**. 而在中国, 该方法则可追溯至《九章算术》中的**更相减损术**, 这个算法被南宋数学家秦九韶发展为解一次同余方程的**大衍求一术**, 因此又称为**辗转相除法**. 这个算法基于下面的引理.

引理1.2.1　设整数 $a, b, q, r$ 满足

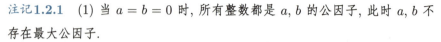

$$a = qb + r \quad 且 \quad b \neq 0,$$

则 $\gcd(a, b) = \gcd(b, r)$.

**证明**　由命题 1.1.1 (3) 知 $b$ 和 $r$ 的任一公因子都整除 $a = qb + r$. 类似地, $a$ 和 $b$ 的任一公因子都整除 $r = a - qb$. 因此 $a, b$ 与 $b, r$ 有相同的公因子集, 从而它们有相同的最大公因子. □

利用引理 1.2.1, 我们可将求两个正整数 $a$ 和 $b$ (不妨设 $a \geqslant b$) 的最大公因子转化为求 $b$ 和 $a$ 除以 $b$ 所得余数 $r$ 的最大公因子, 然后不断重复这个过程直到余数等于 0 为止, 那么最后的非零余数就是 $a$ 和 $b$ 的最大公因子. 具体操作如下.

由定理 1.1.1, 将 $a$ 除以 $b$ 的带余除法写为

$$a = q_1 b + r_1 \quad \text{且} \quad 0 \leqslant r_1 < b.$$

若 $r_1 = 0$, 由引理 1.2.1 知 $\gcd(a, b) = \gcd(b, r_1) = b$ 并停止操作. 否则 $r_1 > 0$, 再将 $b$ 除以 $r_1$ 的带余除法写为

$$b = q_2 r_1 + r_2 \quad \text{且} \quad 0 \leqslant r_2 < r_1,$$

同样有 $\gcd(a, b) = \gcd(b, r_1) = \gcd(r_1, r_2)$. 因此当 $r_2 = 0$ 时 $\gcd(a, b) = r_1$. 否则 $r_2 > 0$, 取整数 $q_3, r_3$ 满足

$$r_1 = q_3 r_2 + r_3 \quad \text{且} \quad 0 \leqslant r_3 < r_2,$$

然后一直重复这种操作. 由于 $b > r_1 > r_2 > \cdots \geqslant 0$, 故经过有限 $n$ 次带余除法后得到余数 $r_n = 0$, 必有 $n \leqslant b$. 最后两步为

$$r_{n-3} = q_{n-1} r_{n-2} + r_{n-1} \quad \text{且} \quad 0 \leqslant r_{n-1} < r_{n-2};$$

$$r_{n-2} = q_n r_{n-1} + r_n \quad \text{且} \quad r_n = 0,$$

其中最后一个非零余数为 $r_{n-1}$. 由引理 1.2.1 知

$$\gcd(a, b) = \gcd(b, r_1) = \gcd(r_1, r_2) = \cdots = \gcd(r_{n-2}, r_{n-1}) = \gcd(r_{n-1}, r_n) = r_{n-1}.$$

**例1.2.1** 计算 2024 和 1950 的最大公因子.

**解** 我们有

$$2024 = 1 \times 1950 + 74,$$
$$1950 = 26 \times 74 + 26,$$
$$74 = 2 \times 26 + 22,$$
$$26 = 1 \times 22 + 4,$$
$$22 = 5 \times 4 + 2,$$
$$4 = 2 \times 2 + 0.$$

最后的非零余数为 2, 故 $\gcd(2024, 1950) = 2$.

**注记 1.2.2** 在进行辗转相除的过程中, 可将带余除法中关于余数 $r_i$ 的条件 $0 \leqslant r_i < r_{i-1}$ 改为 $-\dfrac{r_{i-1}}{2} < r_i \leqslant \dfrac{r_{i-1}}{2}$. 这样我们只需不超过 $\log_2 b$ 次带余除法便可求出最大公因子. 详见习题 1, 2 和 3.

### 1.2.3  Bézout 定理

上一小节我们介绍了如何用辗转相除法求整数 $a, b$ 的最大公因子. 现在我们来研究 $a, b$ 和它们最大公因子的关系, 主要结果为如下定理:

**定理 1.2.1(Bézout 定理)**    给定不全为零的整数 $a$ 和 $b$. 则存在整数 $u, v$ 使得

$$\gcd(a,b) = ua + vb.$$

**证明**    不妨设 $b$ 为正整数. 假设辗转相除的过程如下:

$$a = q_1 b + r_1 \quad \text{且} \quad 0 < r_1 < b;$$
$$b = q_2 r_1 + r_2 \quad \text{且} \quad 0 < r_2 < r_1;$$
$$r_1 = q_3 r_2 + r_3 \quad \text{且} \quad 0 < r_3 < r_2;$$
$$\cdots\cdots\cdots\cdots$$
$$r_{n-4} = q_{n-2} r_{n-3} + r_{n-2} \quad \text{且} \quad 0 < r_{n-2} < r_{n-3};$$
$$r_{n-3} = q_{n-1} r_{n-2} + r_{n-1} \quad \text{且} \quad 0 < r_{n-1} < r_{n-2};$$
$$r_{n-2} = q_n r_{n-1} + r_n \quad \text{且} \quad r_n = 0.$$

令 $d = \gcd(a,b)$. 根据倒数第二个方程的等价形式

$$d = r_{n-1} = r_{n-3} - q_{n-1} r_{n-2},$$

$d$ 可表为 $r_{n-3}$ 与 $r_{n-2}$ 的整数倍之和. 然后再结合倒数第三个方程的等价形式

$$r_{n-2} = r_{n-4} - q_{n-2} r_{n-3},$$

消去 $r_{n-2}$ 知 $d$ 可表为 $r_{n-4}$ 与 $r_{n-3}$ 的整数倍之和. 我们逐步逆推辗转相除过程中的方程并依次消去 $r_{n-3}, r_{n-4}, \cdots, r_1$, 最终可将 $d$ 表为 $a$ 与 $b$ 的整数倍之和. 这就完成了定理的证明.    $\square$

**推论 1.2.1**    给定不全为零的整数 $a$ 和 $b$.

(1) 对任何整数 $c$, $c \mid a$ 且 $c \mid b$ 的充要条件为 $c \mid \gcd(a,b)$.

(2) 考虑集合

$$S = \{ua + vb \mid u, v \in \mathbb{Z}\},$$

则 $\gcd(a,b)$ 为集合 $S$ 中的最小正整数.

(3) 对任何正整数 $m$, $\gcd(ma, mb) = m \cdot \gcd(a,b)$.

(4) $\gcd\left(\dfrac{a}{\gcd(a,b)}, \dfrac{b}{\gcd(a,b)}\right) = 1$.

**证明** (1) 充分性由最大公因子的定义可得. 对必要性, 假设 $c \mid a$ 且 $c \mid b$. 由 Bézout 定理知存在整数 $u, v$ 使得 $\gcd(a,b) = ua + vb$, 再由命题 1.1.1 (3) 知 $c \mid \gcd(a,b)$.

(2) 由 Bézout 定理知 $\gcd(a,b) \in S$, 由命题 1.1.1 (3) 知 $S$ 中任何正整数皆为 $\gcd(a,b)$ 的正整数倍, 从而 $\gcd(a,b)$ 为 $S$ 中的最小正整数.

(3) 考虑集合

$$S' = \{u(ma) + v(mb) \mid u, v \in \mathbb{Z}\},$$

则 $S'$ 中最小正整数等于 $S$ 中最小正整数的 $m$ 倍. 由 (2) 知 $\gcd(ma, mb) = m \cdot \gcd(a,b)$.

(4) 令 $d = \gcd(a,b)$. 由 (3) 有 $\gcd(a,b) = d \cdot \gcd\left(\dfrac{a}{d}, \dfrac{b}{d}\right)$, 故 $\gcd\left(\dfrac{a}{d}, \dfrac{b}{d}\right) = 1$. □

对给定不全为零的整数 $a_1, a_2, \cdots, a_k$, 其中 $k \geqslant 2$, 我们可类似地定义它们的最大公因子, 仍记为 $\gcd(a_1, a_2, \cdots, a_k)$. 对两个整数最大公因子的诸多性质大都适用于有限个整数的情形. 下面的引理可将对有限个整数的最大公因子之计算归结为两个整数的情形.

**引理1.2.2** 给定全不为零的整数 $a_1, a_2, \cdots, a_k$, 其中 $k \geqslant 2$. 我们有

$$\gcd(a_1, a_2, \cdots, a_k) = \gcd(\gcd(a_1, a_2), a_3, \cdots, a_k).$$

**证明** 令 $d = \gcd(a_1, a_2, \cdots, a_k)$, $e = \gcd(\gcd(a_1, a_2), a_3, \cdots, a_k)$. 我们有 $d \mid a_i$, $1 \leqslant i \leqslant k$. 由推论 1.2.1 (1) 知 $d \mid \gcd(a_1, a_2)$. 于是 $d$ 是 $\gcd(a_1, a_2), a_3, \cdots, a_k$ 的公因子, 故 $d \leqslant e$.

另一方面, 由 $\gcd(a_1, a_2)$ 是 $a_1, a_2$ 的公因子知, $\gcd(a_1, a_2), a_3, \cdots, a_k$ 的最大公因子 $e$ 必为 $a_1, a_2, \cdots, a_k$ 的公因子, 从而 $e \leqslant d$. □

**定理1.2.2(Bézout 定理的一般形式)** 给定不全为零的整数 $a_1, a_2, \cdots, a_k$, 其中 $k \geqslant 2$. 则存在整数 $u_1, u_2, \cdots, u_k$ 使得

$$\gcd(a_1, a_2, \cdots, a_k) = u_1 a_1 + u_2 a_2 + \cdots + u_k a_k.$$

**证明** 本定理可直接由定理 1.2.1, 引理 1.2.2 和数学归纳法得到. 在此, 我们给一个不依赖于辗转相除法的证明. 令 $d$ 为 $S$ 中的最小正整数, 其中

$$S = \left\{ \sum_{i=1}^{k} u_i a_i \,\middle|\, u_i \in \mathbb{Z} \right\}.$$

我们只需证 $d = \gcd(a_1, a_2, \cdots, a_k)$. 取整数 $u_i$ 使得 $d = \sum_{i=1}^{k} u_i a_i$. 根据定理 1.1.1, 存在整数 $q$ 和 $r$ 使得

$$a_1 = -qd + r \quad 且 \quad 0 \leqslant r < d.$$

则

$$r = a_1 + qd = (1 + qu_1)a_1 + \sum_{i=2}^{k}(qu_i)a_i \in S.$$

由 $d$ 的最小性知 $r = 0$, 从而 $d \mid a_1$. 同理 $d$ 整除每个 $a_i$, 即 $d$ 为 $a_1, a_2, \cdots, a_k$ 的公因子, 故 $d \leqslant \gcd(a_1, a_2, \cdots, a_k)$. 另一方面, 由命题 1.1.1 (3) 知 $\gcd(a_1, a_2, \cdots, a_k) \mid d$. 这就证明了 $d = \gcd(a_1, a_2, \cdots, a_k)$. □

### 1.2.4 互素

**定义1.2.3** 设 $a_1, a_2, \cdots, a_k$ 是 $k$ 个不全为零的整数. 若 $\gcd(a_1, a_2, \cdots, a_k) = 1$, 则称 $a_1, a_2, \cdots, a_k$ **互素**. 若对任何 $1 \leqslant i < j \leqslant k$, $a_i$ 与 $a_j$ 互素, 则称这 $k$ 个整数**两两互素**.

**定理1.2.3** 给定 $k$ 个不全为零的整数 $a_1, a_2, \cdots, a_k$, 其中 $k \geqslant 2$. 则 $a_1, a_2, \cdots, a_k$ 互素当且仅当存在整数 $u_1, u_2, \cdots, u_k$ 使得

$$1 = u_1 a_1 + u_2 a_2 + \cdots + u_k a_k.$$

**证明** 必要性为定理 1.2.2 的特殊情形. 对充分性, 设有整数 $u_i$ 使得 $1 = \sum_{i=1}^{k} u_i a_i$. 令 $d = \gcd(a_1, a_2, \cdots, a_k)$. 由命题 1.1.1 (3) 知 $d$ 整除 $\sum_{i=1}^{k} u_i a_i = 1$, 故 $d = 1$. □

Bézout 定理在处理最大公因子以及互素等相关问题极为有用, 我们以如下两个推论为例:

**推论1.2.2** 设 $a, b, c$ 为整数且 $a, b$ 不全为零, 令 $d = \gcd(a, b)$.

(1) 若 $a \mid c$ 且 $b \mid c$, 则 $\dfrac{ab}{d} \,\Big|\, c$. 特别地, 若 $a$ 与 $b$ 还互素, 则 $ab \mid c$.

(2) 若 $a \mid bc$, 则 $\dfrac{a}{d} \,\Big|\, c$. 特别地, 若 $a$ 与 $b$ 还互素, 则 $a \mid c$.

**证明** 由定理 1.2.1 知存在整数 $u, v$ 满足 $d = ua + vb$.

(1) 设 $a \mid c$ 且 $b \mid c$, 于是存在整数 $x$ 使得 $c = xa$, 从而 $b \mid xa$. 根据命题 1.1.1 (3) 得 $b$ 整除 $uxa + vxb = xd$, 再由该命题 (5) 得 $\dfrac{a}{d} b$ 整除 $ax = c$. 特别地, 若 $a$ 和 $b$ 还互素, 则 $ab \mid c$.

(2) 设 $a \mid bc$. 根据命题 1.1.1 (3) 知 $a$ 整除 $uac + vbc = dc$, 再由该命题中的 (5) 知 $\dfrac{a}{d} \,\Big|\, c$. 特别地, 若 $a$ 和 $b$ 还互素, 则 $a \mid c$. □

**推论1.2.3** 设 $a_1, a_2, \cdots, a_k$ 为 $k$ 个整数, $a = a_1 a_2 \cdots a_k$. 则整数 $b$ 和 $a$ 互素当且仅当 $b$ 和每个 $a_i$ 都互素.

**证明**    假设 $b$ 和每个 $a_i$ 都互素. 由定理 1.2.3 知对任何 $1 \leqslant i \leqslant k$, 存在整数 $u_i$ 和 $v_i$ 使 $u_i a_i + v_i b = 1$. 于是

$$1 = (u_1 a_1 + v_1 b)(u_2 a_2 + v_2 b) \cdots (u_k a_k + v_k b).$$

故存在 $u, v \in \mathbb{Z}$ 使得 $1 = ua + vb$. 再由定理 1.2.3 知 $a$ 和 $b$ 互素. 反之显然.    □

### 1.2.5  最小公倍数

**定义 1.2.4**    给定 $k$ 个全不为零的整数 $a_1, a_2, \cdots, a_k$, 其中 $k \geqslant 2$.

(1) 如果整数 $m$ 满足 $a_1 \mid m, a_2 \mid m, \cdots, a_k \mid m$, 则称 $m$ 是这 $k$ 个整数的**公倍数**.

(2) 这 $k$ 个整数的**最小公倍数**定义为满足下列条件的唯一正整数 $m$:

(a) $a_1 \mid m, a_2 \mid m, \cdots, a_k \mid m$;

(b) 若正整数 $c$ 满足 $a_1 \mid c, a_2 \mid c, \cdots, a_k \mid c$, 则 $m \leqslant c$.

我们用记号 $\operatorname{lcm}(a_1, a_2, \cdots, a_k)$ 表示 $a_1, a_2, \cdots, a_k$ 的最小公倍数.

最大公因子和最小公倍数的关系由下列定理给出:

**定理 1.2.4**    设 $a, b$ 为两个正整数. 则

$$ab = \operatorname{lcm}(a, b) \cdot \gcd(a, b).$$

**证明**    令 $d = \gcd(a, b)$. 则命题等价于 $\operatorname{lcm}(a, b) = \dfrac{ab}{d}$. 任取 $a$ 和 $b$ 的公倍数 $c$. 则由推论 1.2.2 (1) 知 $\dfrac{ab}{d} \,\Big|\, c$. 显然 $\dfrac{ab}{d}$ 是 $a$ 和 $b$ 的公倍数. 根据定义, $\operatorname{lcm}(a, b) = \dfrac{ab}{d}$.    □

**引理 1.2.3**    设 $a_1, a_2, \cdots, a_k$ 为 $k$ 个正整数. 则 $a_1 a_2 \cdots a_k = \operatorname{lcm}(a_1, a_2, \cdots, a_k)$ 的充要条件为 $a_1, a_2, \cdots, a_k$ 两两互素.

**证明**    假设 $a_1, a_2, \cdots, a_k$ 两两互素. 对任何整数 $c$, 根据推论 1.2.2 (1), $a_1 \mid c$, $a_2 \mid c, \cdots, a_k \mid c$ 当且仅当 $a_1 a_2 \cdots a_k \mid c$. 由最小公倍数的定义知 $a_1 a_2 \cdots a_k = \operatorname{lcm}(a_1, a_2, \cdots, a_k)$.

反之, 假设 $a_1, a_2, \cdots, a_k$ 不两两互素. 不妨设 $d := \gcd(a_1, a_2) > 1$. 从而 $\dfrac{a_1 a_2 \cdots a_k}{d}$ 为 $a_1, a_2, \cdots, a_k$ 的公倍数, 因此 $a_1 a_2 \cdots a_k > \operatorname{lcm}(a_1, a_2, \cdots, a_k)$.    □

**引理 1.2.4**    设 $a_1, a_2, \cdots, a_k$ 为 $k$ 个非零整数. 令 $a = \operatorname{lcm}(a_1, a_2, \cdots, a_k)$.

(1) 若 $c$ 是 $a_1, a_2, \cdots, a_k$ 的公倍数, 则 $a \mid c$.

(2) 整数 $\dfrac{a}{a_1}, \dfrac{a}{a_2}, \cdots, \dfrac{a}{a_k}$ 互素.

**证明**    (1) 根据定理 1.1.1, 存在整数 $q$ 和 $r$ 使得 $c = qa + r$ 且 $0 \leqslant r < a$. 若 $c$ 是 $a_1, a_2, \cdots, a_k$ 的公倍数, 则 $r = c - qa$ 也为 $a_1, a_2, \cdots, a_k$ 的公倍数. 根据最小公倍数的

定义知 $r = 0$, 即 $a \mid c$.

(2) 令 $d$ 为 $\dfrac{a}{a_1}, \dfrac{a}{a_2}, \cdots, \dfrac{a}{a_k}$ 的最大公因子. 则对任何 $1 \leqslant i \leqslant k$, 都有 $d \Big| \dfrac{a}{a_i}$, 即 $a_i \Big| \dfrac{a}{d}$.

从而 $\dfrac{a}{d}$ 为 $a_1, a_2, \cdots, a_k$ 的公倍数. 由 (1) 知 $a \Big| \dfrac{a}{d}$, 从而 $d = 1$. $\qquad\square$

## 1.3 一次不定方程

所谓 $n$ **元一次不定方程**, 是指可以写成如下形式的方程

$$a_1 x_1 + a_2 x_2 + \cdots + a_n x_n = c, \tag{1.1}$$

其中 $n$ 为正整数, $a_1, a_2, \cdots, a_n$ 为不全为零的整数, $c$ 为整数, $x_1, x_2, \cdots, x_n$ 为不定元. 作为 Bézout 定理的应用, 我们有如下 $n$ 元一次不定方程解的存在性定理.

**定理 1.3.1** 不定方程 (1.1) 有整数解的充要条件为 $\gcd(a_1, a_2, \cdots, a_n) \mid c$.

**证明** 令 $d = \gcd(a_1, a_2, \cdots, a_n)$. 假设存在 $n$ 个整数 $x_{10}, x_{20}, \cdots, x_{n0}$ 满足

$$a_1 x_{10} + a_2 x_{20} + \cdots + a_n x_{n0} = c.$$

由命题 1.1.1 (3) 知 $d$ 整除 $a_1 x_{10} + a_2 x_{20} + \cdots + a_n x_{n0} = c$. 这就证明了必要性.

反之, 假设 $d \mid c$, 即 $\dfrac{c}{d}$ 为整数. 由定理 1.2.2 知存在整数 $u_1, u_2, \cdots, u_n$ 使得

$$a_1 u_1 + a_2 u_2 + \cdots + a_n u_n = d.$$

于是 $x_1 = \dfrac{c}{d} u_1, x_2 = \dfrac{c}{d} u_2, \cdots, x_n = \dfrac{c}{d} u_n$ 是 (1.1) 的整数解, 充分性得证. $\qquad\square$

**例 1.3.1** 设 $a, c$ 为整数且 $a \neq 0$. 则不定方程

$$ax = c$$

有整数解当且仅当 $a \mid c$. 若其有整数解, 则解必为 $x = \dfrac{c}{a}$.

**定理 1.3.2** 设 $a, b, c$ 为整数, 其中 $a, b$ 不全为零. 令 $d = \gcd(a, b)$. 则不定方程

$$ax + by = c \tag{1.2}$$

有解当且仅当 $d \mid c$. 若 $x = x_0, y = y_0$ 为 (1.2) 的一组整数解, 则 (1.2) 的所有整数解为

$$x = x_0 + \dfrac{bt}{d}, \ y = y_0 - \dfrac{at}{d}, \tag{1.3}$$

其中 $t$ 为任意整数.

**证明** 解的存在性为定理 1.3.1 的特殊情形. 设 $x = x_0, y = y_0$ 为 (1.2) 的一组整数解, 即 $ax_0 + by_0 = c$. 对任何整数 $t$, 我们有

$$a\left(x_0 + \frac{bt}{d}\right) + b\left(y_0 - \frac{at}{d}\right) = ax_0 + by_0 = c,$$

即 $x = x_0 + \dfrac{bt}{d}$, $y = y_0 - \dfrac{at}{d}$ 也为 (1.2) 的整数解.

反之, 设整数 $x_0'$, $y_0'$ 满足 $ax_0' + by_0' = c$. 将其减去 $ax_0 + by_0 = c$, 可得

$$a(x_0' - x_0) = b(y_0 - y_0'). \tag{1.4}$$

因此 $a \mid b(y_0 - y_0')$. 根据推论 1.2.2 (2) 知 $\dfrac{a}{d} \mid y_0 - y_0'$, 即存在整数 $t$ 使得 $y_0' = y_0 - \dfrac{at}{d}$. 代入 (1.4) 得 $x_0' = x_0 + \dfrac{bt}{d}$, 即 $x = x_0', y = y_0'$ 具有形式 (1.3).  $\square$

**例1.3.2** 求下列不定方程的所有整数解:

$$2024x + 1950y = 10. \tag{1.5}$$

**解** 由例 1.2.1 知 $\gcd(2024, 1950) = 2$. 从该例计算中的倒数第二个方程开始倒推可得

$$
\begin{aligned}
2 &= 22 - 5 \times 4 \\
&= 22 - 5(26 - 22) \\
&= (-5) \times 26 + 6 \times 22 \\
&= (-5) \times 26 + 6(74 - 2 \times 26) \\
&= 6 \times 74 - 17 \times 26 \\
&= 6 \times 74 - 17(1950 - 26 \times 74) \\
&= (-17) \times 1950 + 448 \times 74 \\
&= (-17) \times 1950 + 448(2024 - 1950) \\
&= 448 \times 2024 + (-465) \times 1950,
\end{aligned}
$$

因此 $x = 448, y = -465$ 满足方程 $2024x + 1950y = 2$. 从而 $x = 2240, y = -2325$ 为方程 (1.5) 的一组整数解. 根据定理 1.3.2, 方程 (1.5) 的所有整数解为

$$x = 2240 + 975t, \quad y = -2325 - 1012t \quad (t \in \mathbb{Z}).$$

**例1.3.3** 求下列不定方程的所有整数解:

$$6x + 10y + 15z = 1.$$

**解** 由定理 1.3.1 以及 $\gcd(6, 10, 15) = 1$ 知本方程有整数解. 由 $\gcd(10, 15) = 5$ 知求解本方程等价于求解方程组

$$\begin{cases} 6x + 5w = 1, \\ 2y + 3z = w. \end{cases}$$

由于 $x = 1, w = -1$ 是二元一次方程 $6x + 5w = 1$ 的一组整数解, 故此方程的所有整数解为

$$x = 1 + 5t,\ w = -1 - 6t \ (t \in \mathbb{Z}). \tag{1.6}$$

将 $w$ 看作常数, $y = -w,\ z = w$ 是二元一次方程 $2y + 3z = w$ 的一组整数解, 则此方程所有的整数解为

$$y = -w + 3s,\ z = w - 2s \ (s \in \mathbb{Z}). \tag{1.7}$$

联立 (1.6) 和 (1.7) 并消去 $w$, 于是原方程的所有整数解为

$$x = 1 + 5t,\ y = 1 + 6t + 3s,\ z = -1 - 6t - 2s \quad (s, t \in \mathbb{Z}).$$

## 1.4 素数

这一节讨论素数的基本性质, 包括整数的素因子分解以及素数的判定与分布等问题, 其最重要的结果为算术基本定理以及 Chebyshev 不等式.

### 1.4.1 素数的基本性质

对任何大于 1 的整数 $a$, 1 和 $a$ 都是 $a$ 的正因子, 我们称这两个因子为平凡正因子. 据此, 我们可把大于 1 的正整数分为如下两类:

**定义1.4.1** 一个大于 1 的整数, 如果它的正因子只有 1 和自身, 则称之为**素数**, 否则称之为**合数**.

例如,

$$2, 3, 5, 7, 11, 13, 17, 19, 23, 29, 31, 37, 41, 43, 47$$

为小于 50 的所有素数. 由合数的定义不难看出: 正整数 $a$ 为合数当且仅当 $a$ 可写为两个小于 $a$ 的正整数之积.

**定理1.4.1** 设 $p$ 为大于 1 的整数, 下列三个条件等价:

(1) $p$ 是素数.

(2) 对任何整数 $a$, 要么 $p \mid a$, 要么 $p$ 与 $a$ 互素.

(3) 对任何整数 $a$ 和 $b$, 若 $p \mid ab$, 则 $p \mid a$ 或 $p \mid b$.

**证明** 设 $p$ 为素数. 对任何整数 $a$, $\gcd(a, p)$ 为 $p$ 的正因子, 从而 $\gcd(a, p) = 1$ 或者 $\gcd(a, p) = p$. 当 $\gcd(a, p) = 1$ 时, $a$ 和 $p$ 互素, 而当 $\gcd(a, p) = p$ 时, $p \mid a$. 这就证明了 (1) $\Longrightarrow$ (2).

假设 (2) 成立. 任给整数 $a, b$ 满足 $p \mid ab$. 若 $p \nmid a$, 根据假设 $p$ 和 $a$ 互素. 从而由推论 1.2.2 (2) 得 $p \mid b$. 这就证明了 (2) $\Longrightarrow$ (3).

若 $p$ 不是素数, 则存在两个小于 $p$ 的正整数 $a, b$ 使得 $p = ab$. 此时, $p \nmid a$ 且 $p \nmid b$. 这就证明了 (3) $\Longrightarrow$ (1). $\qquad\Box$

**推论1.4.1** 设 $p$ 为素数, $a_1, a_2, \cdots, a_k$ 为 $k$ 个整数. 若 $p \mid a_1 a_2 \cdots a_k$, 则 $p$ 整除某个 $a_i$.

**定理1.4.2** 对任何大于 1 的整数 $a$, 必存在素数 $p$ 使得 $p \mid a$.

**证明** 令 $S$ 为 $a$ 所有大于 1 的因子组成的集合. 由假设 $a > 1$ 知 $a \in S$. 根据最小自然数原理, $S$ 中必有最小的整数, 记为 $p$. 若 $p$ 是合数, 则存在小于 $p$ 的正整数 $x$ 和 $y$ 满足 $p = xy$, 故 $x > 1$. 由 $x \mid p$ 和 $p \mid a$ 知 $x \mid a$, 即 $x \in S$, 这和 $p$ 是 $S$ 中的最小整数矛盾. 故 $p$ 是素数. $\qquad\Box$

### 1.4.2 算术基本定理

如果一个整数的因子是素数, 则称该因子为**素因子**. 这一章的主要结果为如下的定理:

**定理1.4.3(算术基本定理)** 任一大于 1 的整数均可分解为有限个素数的乘积, 若不考虑顺序的话, 这种表达方式是唯一的. 准确地说, 设 $n$ 为大于 1 的整数, 则 $n$ 可写为

$$n = p_1 p_2 \cdots p_r,$$

其中 $p_1, p_2, \cdots, p_r$ 为素数且 $p_1 \leqslant p_2 \leqslant \cdots \leqslant p_r$. 若 $n$ 还可写为

$$n = q_1 q_2 \cdots q_s,$$

其中 $q_1, q_2, \cdots, q_s$ 为素数且 $q_1 \leqslant q_2 \leqslant \cdots \leqslant q_s$, 则 $r = s$ 且对任何 $1 \leqslant i \leqslant r$ 都有 $p_i = q_i$.

**证明** 先用第二数学归纳法证明分解的存在性. 当 $n = 2$ 时, 2 为素数, 结论显然成立. 假设整数 $k > 2$, 并且当 $2 \leqslant n < k$ 时, 结论对 $n$ 成立. 若 $k$ 是素数, 则结论对 $n = k$ 显然成立. 否则 $k$ 为合数, 于是 $k$ 可写为两个小于 $k$ 的正整数 $k_1$ 和 $k_2$ 之积. 由归纳假设知 $k_1, k_2$ 均可写为素数的乘积:

$$k_1 = p_{11} p_{12} \cdots p_{1r_1}, \quad k_2 = p_{21} p_{22} \cdots p_{2r_2}.$$

于是 $k$ 可写为素数的乘积

$$k = p_{11}p_{12}\cdots p_{1r_1}p_{21}p_{22}\cdots p_{2r_2}.$$

这就完成了对分解存在性的归纳证明.

现在来证明分解的唯一性. 假设

$$n = p_1 p_2 \cdots p_r = q_1 q_2 \cdots q_s, \tag{1.8}$$

其中 $p_1, p_2, \cdots, p_r, q_1, q_2, \cdots, q_s$ 为素数且 $p_1 \leqslant p_2 \leqslant \cdots \leqslant p_r$, $q_1 \leqslant q_2 \leqslant \cdots \leqslant q_s$. 故 $p_1 \mid q_1 q_2 \cdots q_s$. 由推论 1.4.1 知存在 $1 \leqslant j \leqslant s$ 使得 $p_1 \mid q_j$. 由于 $p_1$ 与 $q_j$ 皆为素数, 必有 $p_1 = q_j$, 因此 $p_1 = q_j \geqslant q_1$. 同理, $q_1 \geqslant p_1$, 故而 $p_1 = q_1$. 代入 (1.8) 得

$$p_2 p_3 \cdots p_r = q_2 q_3 \cdots q_s,$$

同理可得 $p_2 = q_2$. 依次类推, 最后可得 $r = s$, $p_1 = q_1, p_2 = q_2, \cdots, p_r = q_r$. □

由算术基本定理马上可以得出

**推论1.4.2**    任一大于 $1$ 的整数 $n$ 可以唯一地写成

$$n = p_1^{\alpha_1} p_2^{\alpha_2} \cdots p_r^{\alpha_r}, \tag{1.9}$$

其中 $p_1, p_2, \cdots, p_r$ 为素数且 $p_1 < p_2 < \cdots < p_r$, $\alpha_1, \alpha_2, \cdots, \alpha_r$ 为正整数.

(1.9) 称为 $n$ 的**标准分解式**.

由 $720 = 2 \times 2 \times 2 \times 2 \times 3 \times 3 \times 5$ 知 $720$ 的标准分解式为 $720 = 2^4 \times 3^2 \times 5$. 标准分解式在计算两个正整数的积、商、最大公因子、最小公倍数以及判定它们的整除关系时非常方便. 我们有下列简单命题:

**命题1.4.1**    设

$$a = \prod_{i=1}^r p_i^{\alpha_i}, \; b = \prod_{i=1}^r p_i^{\beta_i},$$

其中 $p_1, p_2, \cdots, p_r$ 为两两不同的素数, 所有 $\alpha_i, \beta_i$ 为自然数. 则

$$ab = \prod_{i=1}^r p_i^{\alpha_i + \beta_i};$$

$$\frac{a}{b} = \prod_{i=1}^r p_i^{\alpha_i - \beta_i};$$

$$a^k = \prod_{i=1}^r p_i^{k\alpha_i};$$

$$\gcd(a, b) = \prod_{i=1}^r p_i^{\min\{\alpha_i, \beta_i\}};$$

$$\mathrm{lcm}(a,b) = \prod_{i=1}^{r} p_i^{\max\{\alpha_i, \beta_i\}};$$

$$a \mid b \Leftrightarrow \alpha_i \leqslant \beta_i,\ 1 \leqslant i \leqslant r.$$

**定义1.4.2** 设 $p$ 是素数, $a$ 是非零整数, $d$ 为自然数. 若 $p^d \mid a$ 但 $p^{d+1} \nmid a$, 则称 $p^d$ **恰好整除** $a$, $d$ 为素数 $p$ 在 $a$ 中的**指数**. 我们用记号 $p^d \parallel a$ 表示 $p^d$ 恰好整除 $a$, 用 $v_p(a)$ 表示 $p$ 在 $a$ 中的指数.

**命题1.4.2** 令 $\mathbb{P}$ 为所有素数组成的集合. 我们有如下简单性质:

(1) 对任何非零整数 $a$, 我们有

$$a = \mathrm{sgn}(a) \prod_{\mathbb{P} \ni p} p^{v_p(a)} = \mathrm{sgn}(a) \prod_{\mathbb{P} \ni p \mid a} p^{v_p(a)}.$$

(2) 对素数 $p$ 和非零整数 $a$, $p^0 \parallel a \iff v_p(a) = 0 \iff p \nmid a$.

(3) 对素数 $p$ 和非零整数 $a$ 和 $b$, 我们有 $v_p(ab) = v_p(a) + v_p(b)$.

**命题1.4.3** 设 $p$ 为素数. 则对任何正整数 $n$, 我们有

$$v_p(n!) = \sum_{i=1}^{+\infty} \left\lfloor \frac{n}{p^i} \right\rfloor.$$

**证明** 我们有

$$v_p(n!) = \sum_{k=1}^{n} v_p(k) = \sum_{k=1}^{n} \sum_{\substack{i \geqslant 1 \\ p^i \mid k}} 1 = \sum_{i=1}^{+\infty} \sum_{\substack{1 \leqslant k \leqslant n \\ p^i \mid k}} 1 = \sum_{i=1}^{+\infty} \left\lfloor \frac{n}{p^i} \right\rfloor. \qquad \square$$

**定义1.4.3** 设 $k$ 为正整数. 如果一个整数可以写成某个整数的 $k$ 次方, 则称该整数为 $k$ **次方数**. 对于 2 次方数, 我们也称之为**完全平方数**. 按照定义, 0 和 1 都是 $k$ 次方数.

**命题1.4.4** 设 $a_1, a_2, \cdots, a_r$ 为两两互素的正整数, $k \geqslant 2$ 为整数. 则 $a_1 a_2 \cdots a_r$ 为 $k$ 次方数当且仅当每个 $a_i$ 皆为 $k$ 次方数.

**证明** 首先由正整数 $n$ 的标准分解式知, $n$ 是 $k$ 次方数的充要条件为对任何素数 $p$ 都有 $k \mid v_p(n)$. 令 $a = a_1 a_2 \cdots a_r$.

假设每个 $a_i$ 为 $k$ 次方数, 即 $k \mid v_p(a_i)$. 根据命题 1.4.2 (3), $k$ 整除 $v_p(a) = \sum_{i=1}^{r} v_p(a_i)$. 故 $a$ 为 $k$ 次方数.

反之, 假设 $a$ 为 $k$ 次方数. 要证 $a_i$ 为 $k$ 次方数, 只需证对 $a_i$ 的任何素因子 $p$, 都有 $k \mid v_p(a_i)$. 由于 $a_1, a_2, \cdots, a_r$ 两两互素, 因此当 $j \neq i$ 时, 我们有 $v_p(a_j) = 0$. 故 $v_p(a_i) = \sum_{j=1}^{r} v_p(a_j) = v_p(a)$. 由假设 $a$ 为 $k$ 次方数知 $k \mid v_p(a)$, 于是 $k \mid v_p(a_i)$. $\qquad \square$

**推论1.4.3**　设大于 1 的正整数 $a$ 不是 $k$ 次方数, 其中 $k \geqslant 1$. 则 $\sqrt[k]{a}$ 为无理数.

**证明**　用反证法. 假设 $\sqrt[k]{a}$ 为有理数, 则存在正整数 $b, c$ 使得 $\sqrt[k]{a} = \dfrac{b}{c}$. 于是 $a = \dfrac{b^k}{c^k}$. 任取 $a$ 的素因子 $p$. 根据命题 1.4.2 (3), 我们有 $v_p(a) = kv_p(b) - kv_p(c)$. 因此 $k \mid v_p(a)$, 从而 $a$ 为 $k$ 次方数, 这与假设矛盾. 故 $\sqrt[k]{a}$ 为无理数.　　□

### 1.4.3　Eratosthenes 筛法

关于判定给定整数是否为素数的问题, 我们有如下引理:

**引理1.4.1**　一个大于 1 的整数 $n$ 为合数当且仅当 $n$ 有素因子 $p \leqslant \sqrt{n}$.

**证明**　假设 $n$ 有素因子 $p \leqslant \sqrt{n}$, 则 $n = p \cdot \dfrac{n}{p}$, 其中整数 $\dfrac{n}{p} \geqslant \sqrt{n} > 1$, 从而 $n$ 为合数.

反之, 假设 $n$ 为合数. 记其最小素因子为 $q$, 则 $\dfrac{n}{q}$ 为大于 1 的整数且其所有素因子均不小于 $q$, 于是 $\dfrac{n}{q} \geqslant q$, 从而 $q \leqslant \sqrt{n}$.　　□

例如, 131 为素数, 这是因为不超过 $\sqrt{131}$ 的素数只有 $2, 3, 5, 7, 11$, 而 131 不能被这 5 个素数中的任何一个整除. 实际上, 引理 1.4.1 也给出了寻找素数的一种方法. 例如, 若要求出不超过给定正整数 $n$ 的所有素数, 只需把 1 和不超过 $n$ 的所有合数去掉. 由引理 1.4.1 知不超过 $n$ 的合数必有不超过 $\sqrt{n}$ 的素因子, 因此只要先求出不超过 $\sqrt{n}$ 的所有素数, 然后在大于 1 且不超过 $n$ 的这些整数中删去这些素数除本身之外的倍数, 那么剩下的数恰为不超过 $n$ 的所有素数. 这种方法被称为 **Eratosthenes 筛法**. 具体做法详见图 1.1, 其中 $n$ 取 100.

|     | 2   | 3   | 4   | 5   | 6   | 7   | 8   | 9   | 10  |
| --- | --- | --- | --- | --- | --- | --- | --- | --- | --- |
| 11  | 12  | 13  | 14  | 15  | 16  | 17  | 18  | 19  | 20  |
| 21  | 22  | 23  | 24  | 25  | 26  | 27  | 28  | 29  | 30  |
| 31  | 32  | 33  | 34  | 35  | 36  | 37  | 38  | 39  | 40  |
| 41  | 42  | 43  | 44  | 45  | 46  | 47  | 48  | 49  | 50  |
| 51  | 52  | 53  | 54  | 55  | 56  | 57  | 58  | 59  | 60  |
| 61  | 62  | 63  | 64  | 65  | 66  | 67  | 68  | 69  | 70  |
| 71  | 72  | 73  | 74  | 75  | 76  | 77  | 78  | 79  | 80  |
| 81  | 82  | 83  | 84  | 85  | 86  | 87  | 88  | 89  | 90  |
| 91  | 92  | 93  | 94  | 95  | 96  | 97  | 98  | 99  | 100 |

图 1.1

注意到不超过 $\sqrt{n} = 10$ 的素数只有 $2, 3, 5, 7$. 首先划去除 2 之外所有 2 的倍数, 用记号 $\not{4}, \not{6}$ 等表示, 然后划去除 3 之外所有 3 的倍数, 用记号 $\not{9}, \not{15}$ 等表示, 接着划去除 5 之外所有 5 的倍数, 用记号 $\not{25}, \not{35}$ 等表示, 最后划去除 7 之外所有 7 的倍数, 用 $49, 77$

等表示. 于是图 1.1 中剩下的数则为所有不超过 100 的素数, 分别为

$$2, 3, 5, 7, 11, 13, 17, 19, 23, 29, 31, 37, 41, 43, 47, 53, 59, 61, 67, 71, 73, 79, 83, 89, 97.$$

### 1.4.4　素数分布

研究素数的性质是数论的核心问题之一, 至今对这一问题了解不是很多. 这一小节我们对素数的个数做初步的讨论. 我们有如下定义:

**定义1.4.4**　将全体素数从小至大排列, 记 $p_n$ 为第 $n$ 个素数. 对任何正实数 $x$, 令 $\pi(x)$ 为不大于 $x$ 的素数个数.

第一个关于素数分布的结果可以追溯到公元前 300 年左右的 Euclid.

**定理 1.4.4(Euclid)**　素数有无穷多个.

**证明**　反证法. 假设只有有限个素数, 它们为 $p_1, p_2, \cdots, p_r$. 令 $n = p_1 p_2 \cdots p_r + 1$. 由定理 1.4.2 知 $n$ 存在素因子 $p$. 根据假设, $p$ 等于某个 $p_i$, 从而 $p_i$ 整除 $n - p_1 p_2 \cdots p_r = 1$, 这与 $p_i$ 为素数矛盾. 故存在无穷个素数.　□

用证明定理 1.4.4 同样的方法我们可以得出正整数的一些特殊子集中依然包含无限个素数.

**定理1.4.5**　存在无穷个形如 $4k+3$ 的素数, 其中 $k$ 为自然数.

**证明**　假设只有有限个形如 $4k+3$ 的素数 $p_1, p_2, \cdots, p_r$. 令 $n = 4p_1 p_2 \cdots p_r - 1$, 故 $n$ 也形如 $4k+3$. 因 $n$ 为奇数, 则 $n$ 的任何素因子 $p$ 也为奇数, 故 $p$ 形如 $4k+1$ 或 $4k+3$. 若 $n$ 的所有素因子都形如 $4k+1$, 由于 $n$ 为其素因子的乘积, 从而 $n$ 必形如 $4k+1$. 这和 $n$ 形如 $4k+3$ 矛盾, 故 $n$ 必有形如 $4k+3$ 的素因子 $p$. 由假设知存在 $1 \leqslant i \leqslant r$ 使得 $p = p_i$, 故 $p_i \mid n$. 于是 $p_i$ 整除 $4p_1 p_2 \cdots p_r - n = 1$, 这与 $p_i$ 是素数矛盾, 故命题得证.　□

实际上, 形如 $4k+1$ 的素数也有无穷多个, 但其证明要比 $4k+3$ 的情形困难很多, 其具体证明将在定理 5.2.2 中给出. 更一般地, Dirichlet 将上述结果推广到算术级数上:

**定理1.4.6(Dirichlet, 1837)**　设 $a, b$ 为互素的正整数, 则存在无限个形如 $ak+b$ 的素数, 其中 $k$ 为正整数.

Dirichlet 为了证明他的定理, 推广了当时刚出现不久的 Fourier 分析到有限 Abel 群上去, 引入了特征理论和 Dirichlet $L$-函数, 这标志着解析数论这门学科的正式开始. 本书并不给出这个定理的证明, 感兴趣的读者可以参考诸多解析数论的书籍, 例如 [Dav2].

根据定理 1.4.4 的证明, 下面我们给出不超过 $x$ 的素数个数 $\pi(x)$ 的一个很弱的下界以及第 $n$ 个素数 $p_n$ 的一个很弱的上界.

**推论1.4.4**　(1) 对任何正整数 $n$, $p_n \leqslant 2^{2^{n-1}}$.

(2) 对任何实数 $x \geqslant 2$, $\pi(x) > \log_2(\log_2 x)$.

**证明**    (1) 对 $n$ 用第二数学归纳法. 当 $n = 1$ 时, $p_1 = 2 = 2^{2^0}$. 假设命题对 $n \leqslant k$ 都成立, 其中 $k \geqslant 1$. 当 $n = k + 1$ 时, 由定理 1.4.4 的证明知 $p_1 p_2 \cdots p_k + 1$ 必有不等于 $p_1, p_2, \cdots, p_k$ 的素因子 $p$. 于是

$$p_{k+1} \leqslant p \leqslant p_1 p_2 \cdots p_k + 1 \leqslant 2^1 \cdot 2^2 \cdots 2^{2^{k-1}} + 1 = 2^{1+2+\cdots+2^{k-1}} + 1 = 2^{2^k - 1} + 1 \leqslant 2^{2^k}.$$

这就完成了 (1) 的归纳证明.

(2) 根据 $\pi(x)$ 的定义, $p_{\pi(x)} \leqslant x < p_{\pi(x)+1}$. 由 (1) 知 $x < p_{\pi(x)+1} \leqslant 2^{2^{\pi(x)}}$, 即 $\pi(x) > \log_2(\log_2 x)$.    $\square$

> **注记1.4.1**    推论 1.4.4 中的估计非常弱. 事实上, $\pi(x)$ 要远远大于 $\log_2(\log_2 x)$. Legendre 和 Gauss 在 1800 年左右独立提出了 $\pi(x)$ 的渐近公式:
> $$\lim_{x \to +\infty} \frac{\pi(x)}{x / \ln x} = 1,$$
> 其中 $\ln x = \log_e x$ 为自然对数. 这个猜测直到 1896 年才被 Hadamard 与 de la Vallée Poussin, 利用高深的复变函数理论独立证明. 而它的初等证明, 则要到 1949 年才由 Selberg 与 Erdös 独立给出, 但是十分复杂. 这些都超出本书的范围, 本章最后用初等方法给出 $\pi(x)$ 的上界和下界估计, 即 Chebyshev 不等式.

**定理 1.4.7 (Chebyshev)**    对任何实数 $x \geqslant 2$ 和正整数 $n \geqslant 2$, 我们有

$$\frac{\ln 2}{3} \frac{x}{\ln x} < \pi(x) < 6 \ln 2 \frac{x}{\ln x}, \tag{1.10}$$

$$\frac{1}{6 \ln 2} n \ln n < p_n < \frac{8}{\ln 2} n \ln n. \tag{1.11}$$

**证明**    对正整数 $m$, 令 $M = \dfrac{(2m)!}{(m!)^2}$. 根据推论 1.4.2, 我们有

$$
\begin{aligned}
\ln M &= \ln((2m)!) - 2\ln(m!) \\
&= \sum_{p \leqslant 2m} (v_p((2m)!) - 2v_p(m!)) \ln p \\
&= \sum_{p \leqslant m} (v_p((2m)!) - 2v_p(m!)) \ln p + \sum_{m < p \leqslant 2m} (v_p((2m)!) - 2v_p(m!)) \ln p,
\end{aligned}
\tag{1.12}
$$

其中求和号中的 $p$ 特指素数. 显然我们有

$$v_p((2m)!) - 2v_p(m!) = 1 \quad (m < p \leqslant 2m). \tag{1.13}$$

注意到对任何实数 $y$, 我们有 $0 \leqslant \lfloor 2y \rfloor - 2\lfloor y \rfloor \leqslant 1$. 从而根据命题 1.4.3, 我们有

$$0 \leqslant v_p((2m)!) - 2v_p(m!) = \sum_{i=1}^{+\infty} \left( \left\lfloor \frac{2m}{p^i} \right\rfloor - 2 \left\lfloor \frac{m}{p^i} \right\rfloor \right) \leqslant \left\lfloor \frac{\ln(2m)}{\ln p} \right\rfloor \leqslant \frac{\ln(2m)}{\ln p}. \quad (1.14)$$

综合 (1.12), (1.13) 和 (1.14) 得

$$\sum_{m < p \leqslant 2m} \ln p \leqslant \ln M \leqslant \sum_{p \leqslant 2m} \ln(2m).$$

因此

$$(\pi(2m) - \pi(m)) \ln m \leqslant \ln M \leqslant \pi(2m) \ln(2m). \quad (1.15)$$

另一方面, 我们有

$$M = \prod_{i=1}^{m} \frac{m+i}{i} \geqslant \prod_{i=1}^{m} 2 = 2^m,$$

$$M < (1+1)^{2m} = 2^{2m}. \quad (1.16)$$

由 (1.15) 和 (1.16) 可得

$$\pi(2m) \ln(2m) \geqslant m \ln 2, \quad (1.17)$$

$$(\pi(2m) - \pi(m)) \ln m < 2m \ln 2. \quad (1.18)$$

当 $x \geqslant 6$ 时, 在 (1.17) 中令 $m = \left\lfloor \dfrac{x}{2} \right\rfloor$, 我们有 $3m > x \geqslant 2m$, 并且

$$\pi(x) \ln x > \frac{\ln 2}{3} x.$$

通过直接验证可知上式对 $2 \leqslant x \leqslant 6$ 依然成立, 这就证明了 (1.10) 的左半不等式.

在 (1.18) 中令 $m = 2^k$, 我们有

$$k\pi(2^{k+1}) - k\pi(2^k) \leqslant 2^{k+1},$$

其中 $k$ 为自然数. 显然有 $\pi(2^{k+1}) \leqslant 2^k$, 从而

$$(k+1)\pi(2^{k+1}) - k\pi(2^k) \leqslant 3 \cdot 2^k.$$

因此

$$(m+1)\pi(2^{m+1}) = \sum_{k=0}^{m} \left( (k+1)\pi(2^{k+1}) - k\pi(2^k) \right) \leqslant 3 \sum_{k=0}^{m} 2^k < 3 \cdot 2^{m+1}.$$

对任何实数 $x \geqslant 2$, 存在唯一正整数 $l$ 使得 $2^l \leqslant x < 2^{l+1}$. 于是

$$\pi(x) \leqslant \pi(2^{l+1}) < \frac{3 \cdot 2^{l+1}}{l+1} \leqslant 6 \ln 2 \frac{x}{\ln x}.$$

即 (1.10) 的右半不等式成立.

在 (1.10) 中取 $x = p_n$, 并利用 $p_n > n$ 可得

$$n < 6\ln 2 \frac{p_n}{\ln p_n} < 6\ln 2 \frac{p_n}{\ln n},$$

即 (1.11) 的左半不等式成立. 对任何整数 $n \geqslant 2$, 在 (1.17) 中令 $m = \dfrac{p_n + 1}{2}$, 我们有

$$n\ln(p_n + 1) \geqslant \frac{\ln 2}{2}(p_n + 1). \tag{1.19}$$

于是

$$\ln n + \ln\ln(p_n + 1) \geqslant \ln(p_n + 1) + \ln\ln 2 - \ln 2. \tag{1.20}$$

对任何实数 $t \geqslant 0$, 我们有

$$e^t - 2t = \sum_{i=0}^{+\infty} \frac{t^i}{i!} - 2t \geqslant 1 - t + \frac{t^2}{2} = \left(1 - \frac{t}{2}\right)^2 + \frac{1}{4}t^2 > 0.$$

上式对 $t < 0$ 显然成立, 故上式对任何实数 $t$ 皆成立. 特别地, 取 $t = \ln\ln(p_n + 1)$, 有

$$\ln\ln(p_n + 1) < \frac{\ln(p_n + 1)}{2}.$$

将上式代入 (1.20) 得

$$\ln(p_n + 1) < 2\ln n + 2(\ln 2 - \ln\ln 2).$$

由于 $\dfrac{2}{\ln 2} < 3$, 从而当 $n \geqslant 3$ 时我们有

$$\ln(p_n + 1) < 4\ln n.$$

将上式代入 (1.19) 可得当 $n \geqslant 3$ 时, (1.11) 的右半不等式成立, 而当 $n = 2$ 时直接验证可得 (1.11) 的右半不等式成立. $\qquad\qquad\square$

## 习题

**1.** 设 $a, b$ 是两个整数, 其中 $b \neq 0$. 证明: 存在唯一的一对整数 $q$ 和 $r$, 使得

$$a = qb + r \quad 且 \quad -\left|\frac{b}{2}\right| < r \leqslant \left|\frac{b}{2}\right|.$$

这种带余除法被称为**最小带余除法**.

**2.** 利用最小带余除法计算 $\gcd(2024, 1950)$.

**3.** 设 $a, b$ 是两个正整数. 证明: 只需进行不超过 $\log_2(\min\{a, b\})$ 次最小带余除法便

可算出 $a, b$ 的最大公因子.

**4.** 任一有理数均可唯一地写为分数 $\dfrac{p}{q}$, 其中 $p, q$ 为互素的整数并且 $q > 0$. 我们把这种形式的分数称为 **既约分数**.

**5.** (1) 用辗转相除法计算 9797 和 155006 的最大公因子 $d$.

(2) 求下列不定方程的所有整数解:

$$9797x + 155006y = d.$$

**6.** 设 $a, b$ 为互素的正整数, $n$ 为整数. 证明: 存在唯一的整数 $u$ 和 $v$, 使得

$$n = ua + vb \quad 且 \quad 0 \leqslant v < a.$$

**7.** 设 $a$ 和 $b$ 为互素的正整数.

(1) 证明: 任何大于 $ab - a - b$ 的整数均可写为 $ua + vb$, 其中 $u, v \in \mathbb{N}$.

(2) 证明: $ab - a - b$ 不能写成上述形式.

(3) 求不能写成上述形式的正整数个数.

**8.** 给定整数 $a \geqslant 2$. 证明: 任何正整数 $n$ 可唯一地写为

$$n = \sum_{i=0}^{k} r_i a^i,$$

其中整数 $k \geqslant 0$, $0 \leqslant r_i \leqslant a - 1$, $r_k \geqslant 1$. 我们称这个表达式为 $n$ 的 $a$ **进制展开**.

**9.** 找出所有的整数 $n$, 使得 $n + 1$ 整除 $n^2 + 1$.

**10.** 对任何正整数 $n$, 证明: $n^2$ 整除 $(n+1)^n - 1$.

**11.** 对任何正整数 $n$, 证明: $2015^n - 1$ 都不能被 $1000^n - 1$ 整除.

**12.** 若 $p$ 是大于 1 的整数, 证明: $3^p + 1$ 不能被 $2^p$ 整除.

**13.** 设正整数 $a, m, n$ 满足 $a > 1$. 证明:

$$\gcd(a^m - 1, a^n - 1) = a^{\gcd(m, n)} - 1.$$

**14.** 设非零整数 $a, b, c$ 满足 $c \mid ab$. 证明: $c \mid \gcd(a, c) \cdot \gcd(b, c)$.

**15.** 设非零整数 $a, b, c$ 中有两个互素. 证明:

$$\gcd(a, bc) = \gcd(a, b) \cdot \gcd(a, c).$$

**16.** 设 $a, b, c, d$ 为四个整数. 证明下列条件等价:

(1) 对任何整数 $k$, $ak + b$ 与 $ck + d$ 互素.

(2) $|ad - bc| = 1$.

**17.** 设整数 $a, b, c, d$ 满足 $|ad - bc| = 1$. 证明: 对任何整数 $u, v$ 都有

$$\gcd(u, v) = \gcd(au + bv, cu + dv).$$

**18.** 设 $a, b$ 为不同的两个整数. 证明: 存在无穷多个整数 $n$, 使得 $a+n$ 和 $b+n$ 互素.

**19.** 给定互素的整数 $a$ 和 $b$. 证明: $a+b$ 和 $a^2+b^2$ 的最大公因子是 1 或 2.

**20.** 设 $f(x) = x^2 - x + 1$. 证明: 对任何自然数 $m$,

$$f(m), \ f(f(m)), \ f(f(f(m))), \ \cdots$$

两两互素.

**21.** 求不定方程 $1 = 17x + 76y$ 的所有整数解.

**22.** 将分子、分母为不超过 99 的正整数的所有分数从小到大排列. 求 $\dfrac{17}{76}$ 左边与右边相邻的两个分数.

**23.** (1) 设 $n$ 为使 $2^n + 1$ 是素数的正整数. 证明: $n$ 为 2 的幂. 我们称形如 $2^n + 1$ 的素数为 **Fermat 素数**.

(2) 对任何自然数 $n$, 考虑 **Fermat 数** $F_n = 2^{2^n} + 1$. 当 $n \neq m$ 时, 证明: $F_n$ 与 $F_m$ 互素, 并由此推出素数有无穷多个.

**24.** (1) 对任何正整数 $n$, 若 $2^n - 1$ 为素数, 则 $n$ 也为素数.

(2) 将形如 $2^p - 1$ 的数称为 **Mersenne 数**, 其中 $p$ 为素数. 证明: 任何两个不同的 Mersenne 数都互素.

**25.** 证明: 存在无穷多个形如 $6k - 1$ 的素数, 其中 $k \in \mathbb{N}$.

**26.** 求满足条件 $p^2 \mid q^3 + 1$, $q^2 \mid p^6 - 1$ 的所有素数对 $p, q$.

**27.** 设 $p_1, p_2, \cdots, p_n$ 是 $n$ 个大于 3 的两两不同的素数. 证明: $2^{p_1 p_2 \cdots p_n} + 1$ 至少有 $4^n$ 个正因子.

**28.** 证明: 存在无穷多个整数 $n$, 使得 $n^2 + 1$ 的每个素因子都小于 $n$.

**29.** 求所有的素数 $p$, 使得 $p^2 + 71$ 的正因子个数不超过 10.

**30.** 设正整数 $n$ 使得 $3n + 1$ 和 $10n + 1$ 均为完全平方数. 证明: $29n + 11$ 是合数.

**31.** 设正整数 $a, b, c, d$ 满足 $a^2 - ab + b^2 = c^2 - cd + d^2$. 证明: $a + b + c + d$ 是合数.

**32.** 对于任意正整数 $n$, 证明: $n^{n^{n^n}} + n^{n^n} + n^n - 1$ 是合数.

**33.** 给定素数 $p$ 和正整数 $k$. 证明: 对任何整数 $1 \leqslant i \leqslant p^k - 1$, 都有 $p \mid \dbinom{p^k}{i}$.

**34.** 给定整数 $n \geqslant 2$, 计算下列组合数的最大公因子:

$$\binom{n}{1}, \ \binom{n}{2}, \ \cdots, \ \binom{n}{n-1}.$$

**35.** 给定素数 $p$ 并约定 $v_p(0) = +\infty$. 对任何整数 $a$ 和 $b$, 证明:

$$v_p(ab) = v_p(a) + v_p(b),$$

$$v_p(a \pm b) \geqslant \min\{v_p(a), v_p(b)\}.$$

**36.** 对任何素数 $p$ 和有理数 $\alpha$, 定义

$$v_p(\alpha) = v_p(a) - v_p(b),$$

其中 $a, b$ 为满足 $\alpha = \dfrac{a}{b}$ 的整数. 证明:

(1) $v_p(\alpha)$ 的定义不依赖于整数 $a, b$ 的选取, 并且满足和上题类似的性质.

(2) 有理数 $\alpha$ 为整数的充要条件为对任何素数 $p$, 都有 $v_p(\alpha) \geqslant 0$.

**37.** 设映射

$$v : \mathbb{Q} \to \mathbb{Z} \cup \{+\infty\}$$

为满射并且满足: 对任何有理数 $a$ 和 $b$, 都有

$$v(0) = +\infty,$$

$$v(ab) = v(a) + v(b),$$

$$v(a \pm b) \geqslant \min\{v(a), v(b)\}.$$

证明: 存在唯一的素数 $p$ 使得 $v = v_p$.

**38.** 设 $n_1, n_2, \cdots, n_r$ 为 $r \geqslant 1$ 个正整数, $n = \sum\limits_{i=1}^{r} n_i$. 证明: $\dfrac{n!}{n_1! n_2! \cdots n_r!}$ 为整数.

**39.** 对任何正整数 $n$, 证明: $2^{2^n} - 1$ 至少有 $n$ 个不同的素因子.

**40.** 证明: 正整数 $n$ 为完全平方数当且仅当 $n$ 的正因子个数为奇数.

**41.** 称正整数 $n$ 为**完全数**, 是指 $n$ 的全部正因子之和等于 $2n$. 证明: $n$ 为偶完全数的充要条件为 $n$ 形如 $2^{p-1}(2^p - 1)$, 其中 $p$ 和 $2^p - 1$ 均为素数.

第二章

# 同余

本章介绍同余理论. 同余理论是数论的核心内容, 也是数论所特有的思想和方法. 这一理论是由 Gauss 在他 1801 年出版的数论巨著 *Disquisitiones Arithmeticae* 中首次提出并系统研究的. 本章主要讨论剩余类、完全剩余系、既约剩余系等概念及其基本性质, 分为四节. 第一节介绍同余的概念和基本性质; 第二节建立剩余类和完全剩余系的理论; 第三节讨论 Euler 函数与既约剩余系; 作为既约剩余系之应用, 第四节给出 Euler 定理与 Fermat 小定理的证明.

本章中, 固定正整数 $m$.

## 2.1　同余的定义和性质

在介绍同余的一般理论之前, 我们先从一个例子出发.

**例2.1.1**　假设现在是 13 时, 试问 10000 h 之后是几时?

**解**　首先注意到整点时间具有以 24 为周期的这个性质. 由 $10000 = 416 \times 24 + 16$ 知 10000 h 之后的点数和 16 h 之后的点数是相同的, 而 $13 + 16$ 除以 24 的余数为 5, 因此 10000 h 之后为 5 时.

**定义2.1.1**　给定整数 $a$ 和 $b$. 若 $m \mid a - b$, 则称 $a$ 和 $b$ 模 $m$ **同余**, 记为

$$a \equiv b \pmod{m};$$

否则称 $a$ 和 $b$ 模 $m$ **不同余**, 记为

$$a \not\equiv b \pmod{m}.$$

　**注记2.1.1**　同余的定义对负整数 $m$ 依然适用, 这里假设 $m$ 为正整数纯粹是为了表述方便.

**命题2.1.1**　同余有下列性质:

(1) 若 $a \equiv b \pmod{m}$, $b \equiv c \pmod{m}$, 则 $a \equiv c \pmod{m}$;

(2) 若 $a \equiv b \pmod{m}$, $c \equiv d \pmod{m}$, 则 $a \pm c \equiv b \pm d \pmod{m}$;

(3) 若 $a \equiv b \pmod{m}$, $c \equiv d \pmod{m}$, 则 $ac \equiv bd \pmod{m}$;

(4) 若 $a \equiv b \pmod{m}$, $n$ 是正整数, 则 $a^n \equiv b^n \pmod{m}$;

(5) 对非零整数 $c$, $ac \equiv bc \pmod{mc}$ 当且仅当 $a \equiv b \pmod{m}$;

(6) 对非零整数 $c$, $ac \equiv bc \pmod{m}$ 当且仅当 $a \equiv b \left( \mod \dfrac{m}{\gcd(c, m)} \right)$;

(7) 若 $a \equiv b \pmod{m}$, 则 $ac \equiv bc \pmod{m}$. 当 $\gcd(c, m) = 1$ 时反之亦然.

**证明**　若 $a \equiv b \pmod{m}$, $b \equiv c \pmod{m}$, 则 $m \mid a - b$, $m \mid b - c$. 于是 $m$ 整除 $(a-b)+(b-c)=a-c$, 即 $a \equiv c \pmod{m}$, 这就证明了 (1). 同理, (2) 和 (3) 分别由等式

$$(a \pm c) - (b \pm d) = (a - b) \pm (c - d) \text{ 和 } ac - bd = (a - b)c + b(c - d)$$

立得, (4) 为 (3) 的直接推论, (5) 由事实 $mc \mid ac - bc \iff m \mid a - b$ 得出.

由推论 1.2.2 (2) 可知 $m \mid (a - b)c \iff \dfrac{m}{\gcd(c, m)} \mid a - b$, 这就证明了 (6), 而 (7) 则为 (6) 的特殊情形.　$\square$

上述性质表明同余式可以做加、减、乘、幂等运算, 在特定条件下它还满足消去律. 因此我们有如下推论:

**推论2.1.1**　设整系数多项式 $f(x) = \sum\limits_{i=0}^{n} a_i x^i$ 和 $g(x) = \sum\limits_{i=0}^{n} b_i x^i$ 满足对任何 $i$ 都有 $a_i \equiv b_i \pmod{m}$. 则对任何模 $m$ 同余的两个整数 $a$ 和 $b$, 都有

$$f(a) \equiv g(b) \pmod{m}.$$

## 2.2　剩余类与完全剩余系

### 2.2.1　剩余类

由命题 2.1.1 知, 对给定的模 $m$, 整数的同余关系是一个等价关系. 因此整数集 $\mathbb{Z}$ 可按照对模 $m$ 是否同余分为若干个两两不交的子集, 使得同一子集中的两个整数都模 $m$ 同余, 而不同子集中的两个整数则模 $m$ 不同余. 这些子集就是下面定义的剩余类.

**定义2.2.1**　对任何整数 $a$, 定义 $a$ 模 $m$ 的**剩余类**为

$$[a]_m := \{b \in \mathbb{Z} \mid b \equiv a \pmod{m}\}.$$

剩余类 $[a]_m$ 中的每个整数被称为该剩余类的**代表元**. 在不引起混淆的前提下, 我们常用 $[a]$ 来简记 $[a]_m$.

**例2.2.1**　当 $m = 2$ 时, 有两个模 2 的剩余类, 分别为所有偶数组成的剩余类 $[0]$ 和所有奇数组成的剩余类 $[1]$, 每个奇数都是剩余类 $[1]$ 的代表元, 而每个偶数则是 $[0]$ 的代表元.

**引理2.2.1**　固定模 $m$.

(1) 对整数 $a$ 和 $b$, $[a] = [b]$ 当且仅当 $a \equiv b \pmod{m}$, $[a] \cap [b] = \varnothing$ 当且仅当 $a \not\equiv b \pmod{m}$.

(2) 整数 $\mathbb{Z}$ 可分为 $m$ 个剩余类 $[0], [1], \cdots, [m-1]$.

**证明**　由于模 $m$ 的同余关系是一个等价关系, 故 (1) 成立. 特别地, $[0], [1], \cdots, [m-1]$ 为两两不同的剩余类. 对任何整数 $a$, 由定理 1.1.1 知存在整数 $q$ 和 $r$ 满足 $a = qm + r$ 和 $0 \leqslant r \leqslant m-1$, 于是 $a \in [r]$, 从而 $\mathbb{Z} = \bigsqcup\limits_{r=0}^{m-1} [r]$, 即 (2) 成立.　□

**定义2.2.2**　记 $\mathbb{Z}/m\mathbb{Z}$ 为所有模 $m$ 的剩余类组成的集合. 对 $[a], [b] \in \mathbb{Z}/m\mathbb{Z}$, 定义

$$[a] + [b] = [a + b].$$

集合 $\mathbb{Z}/m\mathbb{Z}$ 上的运算 $+$ 不依赖于剩余类代表元的选取, 并且满足

$$
\begin{aligned}
([a] + [b]) + [c] &= [a] + ([b] + [c]); \\
[a] + [b] &= [b] + [a]; \\
[0] + [a] &= [a]; \\
[a] + [-a] &= [0].
\end{aligned}
\tag{2.1}
$$

换言之, $m$ 元集 $\mathbb{Z}/m\mathbb{Z}$ 对上述加法运算构成一个 Abel 群 (群的概念参见定义 A.1.1), 其单位元为 $[0]$, 称之为模 $m$ **剩余类群**, 仍记为 $\mathbb{Z}/m\mathbb{Z}$.

## 2.2.2　完全剩余系

在研究模 $m$ 的同余问题中, 每个剩余类中的两个整数是不作区别的, 因此我们有如下定义:

**定义2.2.3**　如果 $m$ 个整数组成的集合包含每个模 $m$ 之剩余类的一个代表元, 则称这 $m$ 元整数集为模 $m$ 的**完全剩余系**.

**注记2.2.1**　考虑自然映射

$$
\begin{aligned}
\pi : \mathbb{Z} &\to \mathbb{Z}/m\mathbb{Z} \\
a &\mapsto [a].
\end{aligned}
$$

每个剩余类的代表元恰为其在映射 $\pi$ 下的一个原像. 对任何 $\pi$ 的**截面** $s$, 即 $s$ 为从 $\mathbb{Z}/m\mathbb{Z}$ 到 $\mathbb{Z}$ 的映射并满足 $\pi \circ s = \mathrm{id}_{\mathbb{Z}/m\mathbb{Z}}$, 则 $s([1]), s([2]), \cdots, s([m])$ 为模 $m$ 的完全剩余系. 反之, 对任何模 $m$ 的完全剩余系 $a_1, a_2, \cdots, a_m$, 经过重排总可使得 $a_i \equiv i \pmod{m}$ 对所有 $1 \leqslant i \leqslant m$ 成立. 则映射

$$
\begin{aligned}
s : \mathbb{Z}/m\mathbb{Z} &\to \mathbb{Z} \\
[i] &\mapsto a_i
\end{aligned}
$$

为 $\pi$ 的一个截面.

根据完全剩余系的定义, 我们有如下简单性质:

**引理2.2.2** 设 $a_1, a_2, \cdots, a_m$ 为整数, 则下列条件等价:

(1) $a_1, a_2, \cdots, a_m$ 为模 $m$ 的完全剩余系.

(2) 对任何整数 $a$, 存在 $1 \leqslant i \leqslant m$ 使得 $a \equiv a_i \pmod{m}$.

(3) $a_1, a_2, \cdots, a_m$ 除以 $m$ 的余数取遍 $0, 1, \cdots, m-1$.

(4) $a_1, a_2, \cdots, a_m$ 模 $m$ 两两不同余.

(5) $\mathbb{Z}/m\mathbb{Z} = \{[a_1], [a_2], \cdots, [a_m]\}$.

下面来研究如何从给定的完全剩余系来构造新的完全剩余系.

**引理2.2.3** 给定整数 $a_1, a_2, \cdots, a_m, a, b$. 则下列条件等价:

(1) $aa_1 + b, aa_2 + b, \cdots, aa_m + b$ 为模 $m$ 的完全剩余系.

(2) $a_1, a_2, \cdots, a_m$ 为模 $m$ 的完全剩余系, 并且 $a$ 和 $m$ 互素.

**证明** 考虑映射

$$f : \mathbb{Z}/m\mathbb{Z} \to \mathbb{Z}/m\mathbb{Z}$$

$$[x] \mapsto [ax + b].$$

显然映射 $f$ 的定义不依赖于剩余类代表元之选取. 令 $d = \gcd(a, m)$. 由引理 2.2.2 知, 只需证明 $f$ 为双射当且仅当 $d = 1$. 而映射 $f$ 的两端均为 $m$ 元集 $\mathbb{Z}/m\mathbb{Z}$, 因此只需说明 $f$ 为单射当且仅当 $d = 1$.

假设 $d = 1$. 设整数 $x$ 和 $x'$ 满足 $[ax + b] = [ax' + b]$, 即 $ax + b \equiv ax' + b \pmod{m}$, 从而 $ax \equiv ax' \pmod{m}$. 由命题 2.1.1 (7) 知 $x \equiv x' \pmod{m}$, 即 $[x] = [x']$, 这就证明了 $f$ 为单射.

反之, 假设 $d > 1$. 则 $1 \leqslant \dfrac{m}{d} < m$, 故 $[0] \neq \left[\dfrac{m}{d}\right] \in \mathbb{Z}/m\mathbb{Z}$. 但

$$f([0]) = [b] = \left[\frac{am}{d} + b\right] = f\left(\left[\frac{m}{d}\right]\right) \in \mathbb{Z}/m\mathbb{Z}.$$

故 $f$ 非单射. $\qquad \square$

**定理2.2.1** 给定 $m$ 个整数 $a_1, a_2, \cdots, a_m$ 和 $n$ 个整数 $b_1, b_2, \cdots, b_n$. 则下列条件等价:

(1) $na_i + mb_j \quad (1 \leqslant i \leqslant m, 1 \leqslant j \leqslant n)$ 为模 $mn$ 的完全剩余系.

(2) $a_1, a_2, \cdots, a_m$ 与 $b_1, b_2, \cdots, b_n$ 分别为模 $m$ 与 $n$ 的完全剩余系, 并且 $m$ 和 $n$ 互素.

**证明** 考虑映射

$$f : \mathbb{Z}/m\mathbb{Z} \times \mathbb{Z}/n\mathbb{Z} \to \mathbb{Z}/mn\mathbb{Z}$$

$$([a]_m, [b]_n) \mapsto [na + mb]_{mn}.$$

易证映射 $f$ 的定义不依赖于剩余类代表元之选取. 令 $d = \gcd(m,n)$. 根据引理 2.2.2, 只需证明 $f$ 为双射的充要条件为 $d = 1$. 映射 $f$ 的两端 $\mathbb{Z}/m\mathbb{Z} \times \mathbb{Z}/n\mathbb{Z}$ 和 $\mathbb{Z}/mn\mathbb{Z}$ 均为 $mn$ 元集, 从而 $f$ 为单射等价于其为双射. 因此我们只需证 $f$ 为单射当且仅当 $d = 1$.

假设 $d = 1$. 设有整数 $a, b, a', b'$ 满足

$$[na + mb]_{mn} = [na' + mb']_{mn} \in \mathbb{Z}/mn\mathbb{Z}.$$

于是 $na + mb \equiv na' + mb' \pmod{mn}$. 因此

$$mb \equiv na + mb \equiv na' + mb' \equiv mb' \pmod{n}.$$

由命题 2.1.1 (7) 知 $b \equiv b' \pmod{n}$, 即 $[b]_n = [b']_n \in \mathbb{Z}/n\mathbb{Z}$. 同理 $[a]_m = [a']_m \in \mathbb{Z}/m\mathbb{Z}$. 这就证明了 $f$ 为单射.

反之, 假设 $d > 1$. 则 $\left( \left[ \dfrac{m}{d} \right]_m, \left[ -\dfrac{n}{d} \right]_n \right) \neq ([0]_m, [0]_n) \in \mathbb{Z}/m\mathbb{Z} \times \mathbb{Z}/n\mathbb{Z}$, 但

$$f([m/d]_m, [-n/d]_n) = [nm/d - mn/d]_{mn} = [0]_{mn} = f([0]_m, [0]_n).$$

从而 $f$ 不是单射. □

## 2.3　Euler 函数与既约剩余系

### 2.3.1　同余逆

在上一节的定义 2.2.2 中我们给出了剩余类集合 $\mathbb{Z}/m\mathbb{Z}$ 上的加法运算, 现定义其上的乘法运算.

**定义2.3.1**　对任何 $[a], [b] \in \mathbb{Z}/m\mathbb{Z}$, 定义

$$[a] \cdot [b] = [ab].$$

不难验证, $\mathbb{Z}/m\mathbb{Z}$ 上的乘法运算不依赖于剩余类代表元的选取, 并满足下列性质:

$$
\begin{aligned}
([a] \cdot [b]) \cdot [c] &= [a] \cdot ([b] \cdot [c]); \\
[a] \cdot [b] &= [b] \cdot [a]; \\
[1] \cdot [a] &= [a]; \\
([a] + [b]) \cdot [c] &= [a] \cdot [c] + [b] \cdot [c].
\end{aligned}
\tag{2.2}
$$

换言之, $\mathbb{Z}/m\mathbb{Z}$ 在剩余类上的加法和乘法运算下构成一个环, 其加法单位元为 $[0]$, 乘法单

位元为 [1], 称做模 $m$ **剩余类环**, 仍记为 $\mathbb{Z}/m\mathbb{Z}$. 环的概念参见 A.2.1.

$\mathbb{Z}/m\mathbb{Z}$ 上的乘法运算与有理数上的乘法运算有极其类似的性质, 其中 $[1] \in \mathbb{Z}/m\mathbb{Z}$ 类比于 $1 \in \mathbb{Q}$. 对任何非零的有理数 $a$, 存在唯一的有理数 $b$ 使得 $ab = 1$, $b$ 被称为 $a$ 的倒数或逆数. 这里我们对 $\mathbb{Z}/m\mathbb{Z}$ 也有类似的概念.

**定义 2.3.2**　设 $[a] \in \mathbb{Z}/m\mathbb{Z}$. 如果存在 $[b] \in \mathbb{Z}/m\mathbb{Z}$ 使得

$$[a] \cdot [b] = [1],$$

则称 $[a]$ 为环 $\mathbb{Z}/m\mathbb{Z}$ 的**可逆元**或**单位**, $[b]$ 称为 $[a]$ 的**逆**.

换回同余的语言, 对整数 $a$, 如果存在整数 $b$ 使得 $ab \equiv 1 \pmod{m}$, 则称 $a$ 为模 $m$ 的**可逆元**, $b$ 为 $a$ 模 $m$ 的**同余逆**.

**引理 2.3.1**　对任何整数 $a$, 下列条件等价:

(1) $a$ 为模 $m$ 的可逆元.

(2) $[a]$ 为环 $\mathbb{Z}/m\mathbb{Z}$ 中的可逆元.

(3) $a$ 和 $m$ 互素.

此时, $[a]$ 在 $\mathbb{Z}/m\mathbb{Z}$ 中存在唯一的可逆元. 换言之, $a$ 存在模 $m$ 的同余逆, 并且它的任何两个同余逆必定模 $m$ 同余.

**证明**　(1) $\Longleftrightarrow$ (2) 由定义即得.

假设 $a$ 和 $m$ 互素. 由定理 1.2.3 知存在整数 $b$ 和 $c$ 使得 $ab + mc = 1$, 于是 $ab \equiv 1 \pmod{m}$, 这就证明了 (3) $\Longrightarrow$ (1).

假设 $a$ 为模 $m$ 的可逆元, 即存在整数 $b$ 使得 $ab \equiv 1 \pmod{m}$. 因此存在整数 $c$ 使得 $ab + mc = 1$. 由定理 1.2.3 得 $\gcd(a, m) = 1$, 这就证明了 (1) $\Longrightarrow$ (3).

假设 $b$ 和 $b'$ 均为 $a$ 模 $m$ 的同余逆. 则 $ab \equiv ab' \equiv 1 \pmod{m}$. 当 $\gcd(a, m) = 1$ 时, 根据命题 2.1.1 (7) 知 $b \equiv b' \pmod{m}$.　□

引理 2.3.1 可以推出著名的 Wilson 定理.

**定理 2.3.1 (Wilson)**　设 $p$ 为素数, 则 $(p-1)! \equiv -1 \pmod{p}$.

**证明**　结论对 $p = 2$ 时显然成立. 下设 $p$ 为奇素数. 由引理 2.3.1 知, 对任何整数 $1 \leqslant a \leqslant p-1$, 存在唯一的整数 $1 \leqslant a' \leqslant p-1$ 使得 $aa' \equiv 1 \pmod{p}$. 我们有

$$a = a' \Longleftrightarrow a^2 \equiv 1 \pmod{p} \Longleftrightarrow p \mid (a-1)(a+1) \Longleftrightarrow a = 1 \text{ 或 } a = p-1.$$

于是 $\{2, 3, \cdots, p-2\}$ 这 $p-3$ 个数可以分成 $\dfrac{p-3}{2}$ 对, 使得每对中的两数之积模 $p$ 余 1. 因此

$$(p-1)! \equiv 1 \cdot (p-1) \cdot (2 \cdot 3 \cdots (p-2)) \equiv p-1 \equiv -1 \pmod{p}.　\square$$

### 2.3.2 既约剩余类

从引理 2.3.1 可以看出, 如果要在 $\mathbb{Z}/m\mathbb{Z}$ 上合理地定义除法运算的话, 我们只能考虑 $\mathbb{Z}/m\mathbb{Z}$ 中的可逆元. 回到剩余类的语言, 我们需要引入下列定义:

**定义2.3.3**  (1) 一个模 $m$ 的剩余类被称为**既约剩余类**, 是指这个剩余类中存在一个和 $m$ 互素的整数.

(2) 令 $(\mathbb{Z}/m\mathbb{Z})^\times$ 为所有模 $m$ 的既约剩余类组成的集合, 即

$$(\mathbb{Z}/m\mathbb{Z})^\times = \{[a] \in \mathbb{Z}/m\mathbb{Z} \mid a \in \mathbb{Z} \text{ 且 } \gcd(a,m) = 1\}.$$

于是 $(\mathbb{Z}/m\mathbb{Z})^\times$ 在剩余类的乘法运算下构成一个 Abel 群, 该群为模 $m$ 剩余类环 $\mathbb{Z}/m\mathbb{Z}$ 的单位群, 称之为**模 $m$ 单位群**.

**例2.3.1**  当 $m = 6$ 时, 我们有

$$\mathbb{Z}/6\mathbb{Z} = \{[0], [1], [2], [3], [4], [5]\};$$

$$(\mathbb{Z}/6\mathbb{Z})^\times = \{[1], [5]\}.$$

即有 2 个模 6 的既约剩余类, 分别为 $[1]$, $[5]$.

为了刻画模 $m$ 既约剩余类的个数, 我们需要引入 Euler 函数.

**定义2.3.4**  (Euler 函数)  Euler 函数为定义在正整数集上的函数, 其在正整数 $n$ 上的取值 $\varphi(n)$ 为所有不超过 $n$ 且和 $n$ 互素的正整数个数.

例如, $\varphi(2) = 1$, $\varphi(6) = 2$, $\varphi(p) = p - 1$, 这里 $p$ 为素数. Euler 函数的诸多性质将在 6.4 节中专门讨论. 引理 2.3.1 有如下直接推论:

**命题2.3.1**  (1)$(\mathbb{Z}/m\mathbb{Z})^\times$ 的元素个数为 $\varphi(m)$.

(2) 对任何 $[a], [b] \in \mathbb{Z}/m\mathbb{Z}$, $[ab] \in (\mathbb{Z}/m\mathbb{Z})^\times$ 的充要条件为 $[a], [b] \in (\mathbb{Z}/m\mathbb{Z})^\times$.

**注记2.3.1**  需要注意的是, $\mathbb{Z}/m\mathbb{Z}$ 上的加法运算对 $(\mathbb{Z}/m\mathbb{Z})^\times$ 不封闭. 例如当 $m = 6$ 时, $[1], [5] \in (\mathbb{Z}/6\mathbb{Z})^\times$ 但 $[1] + [5] = [0] \notin (\mathbb{Z}/6\mathbb{Z})^\times$.

类似于完全剩余系, 我们有如下定义和性质:

**定义2.3.5**  如果 $\varphi(m)$ 个整数组成的集合包含每个模 $m$ 的既约剩余类中的一个代表元, 则称这 $\varphi(m)$ 元整数集为模 $m$ 的**既约剩余系**.

**引理2.3.2**  给定 $\varphi(m)$ 个整数 $a_1, a_2, \cdots, a_{\varphi(m)}$. 则下列条件等价:

(1) $a_1, a_2, \cdots, a_{\varphi(m)}$ 为模 $m$ 的既约剩余系.

(2) 对任何与 $m$ 互素的整数 $a$, 存在 $1 \leqslant i \leqslant \varphi(m)$ 使得 $a \equiv a_i \pmod{m}$.

(3) $a_1, a_2, \cdots, a_{\varphi(m)}$ 除以 $m$ 的余数取遍 $1, 2, \cdots, m$ 中和 $m$ 互素的所有整数.

(4) $a_1, a_2, \cdots, a_{\varphi(m)}$ 模 $m$ 两两不同余且它们均与 $m$ 互素.

(5) $(\mathbb{Z}/m\mathbb{Z})^\times = \{[a_1], [a_2], \cdots, [a_{\varphi(m)}]\}$.

**引理2.3.3** 给定 $\varphi(m)$ 个整数 $a_1, a_2, \cdots, a_{\varphi(m)}$ 和整数 $a$. 下列条件等价:

(1) $aa_1, aa_2, \cdots, aa_{\varphi(m)}$ 为模 $m$ 的既约剩余系.

(2) $a_1, a_2, \cdots, a_{\varphi(m)}$ 为模 $m$ 的既约剩余系, 并且 $a$ 和 $m$ 互素.

引理 2.3.2 和引理 2.3.3 的证明高度类似于引理 2.2.2 和引理 2.2.3, 在此一并略去.

**定理2.3.2** 给定 $\varphi(m)$ 个整数 $a_1, a_2, \cdots, a_{\varphi(m)}$ 和 $\varphi(n)$ 个整数 $b_1, b_2, \cdots, b_{\varphi(n)}$, 其中 $m, n$ 为正整数. 则下列条件等价:

(1) $na_i + mb_j$ $(1 \leqslant i \leqslant \varphi(m), 1 \leqslant j \leqslant \varphi(n))$ 为模 $mn$ 的既约剩余系.

(2) $a_1, a_2, \cdots, a_{\varphi(m)}$ 与 $b_1, b_2, \cdots, b_{\varphi(n)}$ 分别为模 $m$ 与模 $n$ 的既约剩余系, 且 $m$ 和 $n$ 互素.

**证明** 考虑映射

$$f : \mathbb{Z}/m\mathbb{Z} \times \mathbb{Z}/n\mathbb{Z} \to \mathbb{Z}/mn\mathbb{Z}$$

$$([a]_m, [b]_n) \mapsto [na + mb]_{mn}.$$

对任何整数 $a$ 和 $b$, 由推论 1.2.3 知

$$\gcd(na + mb, mn) = 1$$

$$\Longleftrightarrow \gcd(na + mb, m) = \gcd(na + mb, n) = 1 \qquad (2.3)$$

$$\Longleftrightarrow \gcd(m, n) = \gcd(a, m) = \gcd(b, n) = 1.$$

换句话说,

$$[na + mb]_{mn} \in (\mathbb{Z}/mn\mathbb{Z})^{\times} \Longleftrightarrow ([a]_m, [b]_n) \in (\mathbb{Z}/m\mathbb{Z})^{\times} \times (\mathbb{Z}/n\mathbb{Z})^{\times} \text{ 且 } \gcd(m, n) = 1.$$

假设 $\gcd(m, n) = 1$. 由定理 2.2.1 的证明知 $f$ 为双射, 并且 $f$ 诱导了双射

$$g : (\mathbb{Z}/m\mathbb{Z})^{\times} \times (\mathbb{Z}/n\mathbb{Z})^{\times} \to (\mathbb{Z}/mn\mathbb{Z})^{\times}$$

$$([a]_m, [b]_n) \mapsto [na + mb]_{mn}.$$

这就证明了 (2) $\Longrightarrow$ (1).

假设 (1) 成立, 则 $\gcd(na_i + mb_j, mn) = 1$, 从而由 (2.3) 得 $\gcd(n, m) = 1$, $[a_i]_m \in (\mathbb{Z}/m\mathbb{Z})^{\times}$, $[b_j]_n \in (\mathbb{Z}/n\mathbb{Z})^{\times}$. 由引理 2.3.2 和 $g$ 是双射立即推出 (2). $\qquad\square$

# 2.4 Euler 定理、Fermat 小定理

这一节利用既约剩余系证明 Euler 定理和 Fermat 小定理.

**定理 2.4.1(Euler 定理)**   设 $a$ 是一个和 $m$ 互素的整数. 则

$$a^{\varphi(m)} \equiv 1 \pmod{m}.$$

**证明**   任取模 $m$ 的既约剩余系 $a_1, a_2, \cdots, a_{\varphi(m)}$, 由引理 2.3.3 知 $aa_1, aa_2, \cdots,$ $aa_{\varphi(m)}$ 也是模 $m$ 的既约剩余系. 因此

$$a_1 a_2 \cdots a_{\varphi(m)} \equiv (aa_1)(aa_2) \cdots (aa_{\varphi(m)}) \equiv a^{\varphi(m)} a_1 a_2 \cdots a_{\varphi(m)} \pmod{m}.$$

从而由命题 2.1.1 (7) 知

$$a^{\varphi(m)} \equiv 1 \pmod{m}. \qquad \qquad \square$$

**注记 2.4.1**   命题 A.1.3 可给出 Euler 定理的另一个证明:

由于模 $m$ 单位群 $(\mathbb{Z}/m\mathbb{Z})^{\times}$ 为 $\varphi(m)$ 阶群, 从而根据命题 A.1.3 (2), 我们有 $([a])^{\varphi(m)} = [1] \in (\mathbb{Z}/m\mathbb{Z})^{\times}$. 换言之, $a^{\varphi(m)} \equiv 1 \pmod{m}$.

**注记 2.4.2**   Euler 定理等价于说由某个与 $m$ 互素的整数 $a$ 所定义的指数映射

$$\mathbb{N} \to (\mathbb{Z}/m\mathbb{Z})^{\times}$$
$$n \mapsto [a^n]$$

为周期映射, $\varphi(m)$ 为其周期, 即对任何自然数 $n$ 都有 $[a^n] = [a^{n+\varphi(m)}]$. 需要指出的是, $\varphi(m)$ 不一定是这个映射的最小正周期. 在 4.1 节中我们将着重研究这类指数映射的最小正周期.

**例 2.4.1**   计算 $7^{2024}$ 除以 36 的余数.

**解**   由 $\varphi(36) = 12$, $\gcd(7, 36) = 1$ 和欧拉定理知 $7^{12} \equiv 1 \pmod{36}$. 由 $2024 = 168 \times 12 + 8$ 得

$$7^{2024} \equiv 7^8 \equiv (49)^4 \equiv 13^4 \equiv 169^2 \equiv (-11)^2 = 121 \equiv 13 \pmod{36}.$$

于是 $7^{2024}$ 除以 36 的余数为 13.

**定理 2.4.2(Fermat 小定理)**   设 $p$ 是素数.

(1) 对任何与 $p$ 互素的整数 $a$, 都有

$$a^{p-1} \equiv 1 \pmod{p}.$$

(2) 对任何整数 $a$, 都有

$$a^p \equiv a \pmod{p}.$$

**证明**   (1) 由于 $p$ 为素数, 则 $\varphi(p) = p - 1$. 从而 (1) 为 Euler 定理的特殊情形.

(2) 若 $a$ 与 $p$ 互素, 则由 (1) 知 $a^{p-1} \equiv 1 \pmod{p}$, 从而 $a^p \equiv a \cdot a^{p-1} \equiv a \pmod{p}$.

否则, $p \mid a$, 同样有 $a^p \equiv 0 \equiv a \pmod{p}$. $\qquad\square$

**推论2.4.1** 设 $p$ 为素数. 对任何整数 $a$ 和正整数 $n$ 都有

$$a^{p^n} \equiv a \pmod{p}.$$

**证明** 连续运用 Fermat 小定理得

$$a^{p^n} \equiv (a^{p^{n-1}})^p \equiv a^{p^{n-1}} \equiv \cdots \equiv a^{p^2} = (a^p)^p \equiv a^p \equiv a \pmod{p}. \qquad\square$$

## 习题

**1.** 分别求 $(257^{33} + 46)^{26}$ 除以 $50$, $(323^{105} + 10)^{100}$ 除以 $80$ 以及 $2^{150}$ 除以 $31^2$ 所得的余数.

**2.** 设 $S$ 为 $n$ 元非空整数集. 证明: 存在 $S$ 的非空子集, 其元素之和能被 $n$ 整除.

**3.** 求出所有正整数 $n$, 使得 $3 \mid n \cdot 2^n + 1$.

**4.** 证明: 存在无穷多个形如 $2^n + n^2$ 的整数能被 $100$ 整除, 其中 $n$ 为正整数.

**5.** 确定最小的整数 $n$, 满足从任意 $n$ 个不同的整数中均可选出 $4$ 个不同的整数 $a, b, c, d$, 使得 $a + b - c - d$ 能被 $20$ 整除.

**6.** 设 $m$ 为正偶数, $a_1, a_2, \cdots, a_m$ 和 $b_1, b_2, \cdots, b_m$ 为模 $m$ 的两组完全剩余系. 证明: $a_1 + b_1, a_2 + b_2, \cdots, a_m + b_m$ 不是模 $m$ 的完全剩余系.

**7.** 设 $p$ 为奇素数, $a_1, a_2, \cdots, a_{p-1}$ 和 $b_1, b_2, \cdots, b_{p-1}$ 为模 $p$ 的两组既约剩余系. 证明: $a_1 b_1, a_2 b_2, \cdots, a_{p-1} b_{p-1}$ 不是模 $p$ 的既约剩余系.

**8.** 设 $n$ 是大于 $1$ 的奇数, $k_1, k_2, \cdots, k_n$ 为整数. 对 $\{1, 2, \cdots, n\}$ 的任何一个排列 $a = \{a_1, a_2, \cdots, a_n\}$, 记

$$s(a) = \sum_{i=1}^n a_i k_i.$$

证明: 存在两个不同的排列 $a$ 和 $b$ 使得 $s(a) \equiv s(b) \pmod{n!}$.

**9.** 对任何正整数 $n$, 证明: 一定能找出一个由 $1$ 和 $2$ 组成的 $n$ 位数能被 $2^n$ 整除.

**10.** 求不能写成两个奇合数之和的最大偶数.

**11.** (1) 证明: 任何 $39$ 个连续的自然数中必有一个数, 它的数字之和能被 $11$ 整除.

(2) 试举一个 $38$ 个连续自然数的例子, 使得其中每一个数的数字之和都不能被 $11$ 整除.

(3) 证明: 任何 $39$ 个连续自然数中必有一个数, 它的数字之和能被 $12$ 整除.

**12.** 给定素数 $p$, 正整数 $k$ 和整数 $n$. 证明:

$$\binom{n}{p^k} \equiv \left\lfloor \frac{n}{p^k} \right\rfloor \pmod{p}.$$

**13.** 给定素数 $p$, 正整数 $k$, 以及模 $p^k$ 的既约剩余系 $a_1, a_2, \cdots, a_{p^k - p^{k-1}}$. 证明:

(1) 当 $p$ 为奇素数时,

$$\prod_{i=1}^{p^k - p^{k-1}} a_i \equiv -1 \pmod{p^k}.$$

(2) 当 $p = 2$, $k \geqslant 3$ 时,

$$\prod_{i=1}^{2^{k-1}} a_i \equiv 1 \pmod{2^k}.$$

**14.** 求满足

$$\varphi(m) = \frac{m}{p}$$

的所有正整数 $m$ 和素数 $p$.

**15.** 证明: 对任何正整数 $m$ 和 $n$ 都有 $\varphi(mn) \geqslant \varphi(m)\varphi(n)$, 并且等号成立当且仅当 $m$ 和 $n$ 互素.

**16.** 求所有的正整数 $m$, 使得 $\varphi(m) = \dfrac{m}{3}$.

**17.** 设 $p$ 是素数. 证明: 存在无穷多个正整数 $n$ 使得 $2^n \equiv n \pmod{p}$.

**18.** 设 $m$ 是奇数且 $3 \nmid m$. 证明: $4^m - (2 + \sqrt{2})^m$ 的整数部分能被 112 整除.

**19.** 试求所有的自然数 $n$, 使得由 $n - 1$ 个数字 1 和 1 个数字 7 构成的每一个十进制表示的自然数都是素数.

**20.** 求所有的正整数 $a$ 和 $n$, 使得

$$n \mid (a + 1)^n - a^n.$$

**21.** 求所有的素数 $p$ 和 $q$, 使得

$$pq \mid (5^p - 2^p)(5^q - 2^q).$$

**22.** 对任何整数 $a$ 和 $b$, 证明: 只有有限个正整数 $n$ 使得

$$\left(a + \frac{1}{2}\right)^n + \left(b + \frac{1}{2}\right)^n \in \mathbb{Z}.$$

**23.** 求所有大于 1 的正整数 $a$ 和 $b$, 使得 $a^b \mid b^a - 1$.

**24.** 设 $p$ 是一个奇素数. 对每个整数 $a$, 令

$$s_a = \sum_{i=1}^{p-1} \frac{a^i}{i}.$$

若整数 $m, n$ 满足

$$s_3 + s_4 - 3s_2 = \frac{m}{n}.$$

证明: $p \mid m$.

**25.** 给定素数 $p \neq 5$. 考虑 Fibonacci 数列 $\{a_n\}$:

$$a_1 = a_2 = 1, \ a_n = a_{n-1} + a_{n-2} \ (n \geqslant 3).$$

证明:

(1) $a_n$ 除以 $p$ 的余数以 $p^2 - 1$ 为周期, 即对任何正整数 $n$, 都有 $a_n \equiv a_{n+p^2-1}$ (mod $p$);

(2) 若存在整数 $a$ 满足 $a^2 \equiv 5$ (mod $p$), 则 $a_n$ 除以 $p$ 的余数以 $p - 1$ 为周期, 即对任何正整数 $n$, 都有 $a_n \equiv a_{n+p-1}$ (mod $p$).

**26.** 对任何整数 $n > 1$, 证明: $n \nmid 2^{n-1} + 1$.

**27.** 求下列不定方程的所有正整数解:

$$3^x - 7^y = 2.$$

**28.** 设素数 $p$ 满足 $p^2 \mid 2^{p-1} - 1$. 对任何正整数 $n$, 证明: $(p-1)(p! + 2^n)$ 至少有三个不同的素因子.

**29.** 求所有的素数对 $p, q$, 使得 $p^q - q^p = pq^2 - 19$.

**30.** 已知 $a_1, a_2, \cdots, a_7$ 为 7 个不同素数构成的递增等差数列. 求 $a_7$ 的最小值.

# 第三章

# 同余方程

数论的一个核心问题为求多项式方程的整数解, 这个问题目前知道的不是很多. 利用第二章的同余理论可将多项式方程的求解问题弱化为同余方程的求解问题. 例如, 设 $f(x)$ 为整系数多项式. 若整数 $a$ 满足 $f(a) = 0$, 则对任何正整数 $m$, $f(a) \equiv 0 \pmod{m}$. 因此若存在正整数 $m$ 使得同余方程 $f(x) \equiv 0 \pmod{m}$ 无整数解, 则方程 $f(x) = 0$ 没有整数解. 因此同余理论可在一定程度上有助于求解不定方程.

本章主要讨论同余方程, 分为三节. 第一节介绍同余方程和同余方程组的基本概念和术语. 第二节建立一次同余方程的理论, 其中最重要的结果为中国剩余定理. 第三节讨论同余方程的约化理论, 分为两个步骤: 首先利用中国剩余定理将模为一般正整数的同余方程约化成模为素数幂的情形, 再利用 Hensel 引理将模为素数幂的情形约化成素数的情形.

## 3.1 同余方程的概念和术语

### 3.1.1 同余方程

给定非零整数 $m$. 一个模 $m$ 的**同余方程**是指

$$f(x) \equiv 0 \pmod{m}, \tag{3.1}$$

其中 $f(x) = \sum_{i=0}^{n} a_i x^i$ 为整系数多项式. 若 $a_n \not\equiv 0 \pmod{m}$, 则称 $n$ 为该同余方程的**次数**.

若整数 $a$ 满足 $f(a) \equiv 0 \pmod{m}$, 则称 $x = a$ 为同余方程 (3.1) 的解, 并且模 $m$ 的剩余类 $[a]$ 中任何一个整数也是同余方程 (3.1) 的解. 我们把这些解看成同余方程的同一个解, 并称

$$x \equiv a \pmod{m}$$

是 (3.1) 的**同余解**. 我们把 (3.1) 所有模 $m$ 两两不同余的解之个数称为 (3.1) 的**解数**. 因此我们只需在模 $m$ 的一个完全剩余系中来寻找方程 (3.1) 的整数解. 故模 $m$ 的同余方程之解数均不超过 $m$.

**例3.1.1** 解同余方程

$$f(x) = x^4 - x^2 + 2x + 4 \equiv 0 \pmod{7}.$$

**解** 考虑模 7 的完全剩余系 $0, 1, 2, 3, -3, -2, -1$. 我们有 $f(0) = 4, f(1) = 6, f(2) = 20, f(3) = 82, f(-3) = 70, f(-2) = 12, f(-1) = 2$. 在上述完全剩余系中只有整数 $-3$

满足原方程, 故原方程只有一个同余解 $x \equiv -3 \pmod 7$.

注记3.1.1 整系数多项式 $f$ 定义了映射

$$f_m : \mathbb{Z}/m\mathbb{Z} \to \mathbb{Z}/m\mathbb{Z} \tag{3.2}$$
$$[a] \mapsto [f(a)].$$

显然, 映射 $f_m$ 不依赖剩余类代表元的选取, 并且我们有一一对应

$$(3.1) \text{ 的解集} \longleftrightarrow f_m^{-1}([0]) = \{[a] \in \mathbb{Z}/m\mathbb{Z} \mid f_m([a]) = [0] \in \mathbb{Z}/m\mathbb{Z}\}. \tag{3.3}$$

因此, 解同余方程 (3.1) 等价于在环 $\mathbb{Z}/m\mathbb{Z}$ 中求多项式 $f(x)$ 的根. 关于多项式根的概念参见定义 A.2.4.

例如, 仍考虑例 3.1.1 中的同余方程. 多项式 $x^4 - x^2 + 2x + 4$ 在环 $\mathbb{Z}/7\mathbb{Z}$ 中只有一个根 $[-3]$, 故原同余方程只有一解 $x \equiv -3 \pmod 7$. 再例如, 多项式 $x^2 - 1$ 在环 $\mathbb{Z}/7\mathbb{Z}$ 中只有两个根 $[1]$ 和 $[-1]$, 故同余方程 $x^2 - 1 \equiv 0 \pmod 7$ 恰有 2 个同余解, 分别为 $x \equiv 1 \pmod 7$ 和 $x \equiv -1 \pmod 7$.

**定义3.1.1** 若整系数多项式 $f(x) = \sum_{i=0}^{n} a_i x^i$ 和 $g(x) = \sum_{i=0}^{n} b_i x^i$ 满足对任何 $0 \leqslant i \leqslant n$, 都有 $a_i \equiv b_i \pmod m$, 则称多项式 $f(x)$ 和 $g(x)$ 模 $m$ **同余**, 记为同余等式

$$f(x) \equiv g(x) \pmod m.$$

显然, 若整系数多项式 $f(x)$ 和 $g(x)$ 模 $m$ 同余, 则同余方程 $f(x) \equiv 0 \pmod m$ 和 $g(x) \equiv 0 \pmod m$ 有相同的解.

### 3.1.2 同余方程组

给定一组整系数多项式 $f_i(x)$ 和非零整数 $m_i$, 其中 $1 \leqslant i \leqslant k$. 我们把含有变量 $x$ 的一组同余方程

$$f_i(x) \equiv 0 \pmod{m_i}, \quad 1 \leqslant i \leqslant k \tag{3.4}$$

称为**同余方程组**. 若整数 $a$ 同时满足

$$f_i(a) \equiv 0 \pmod{m_i}, \quad 1 \leqslant i \leqslant k,$$

则称 $a$ 为同余方程组 (3.4) 的**解**. 此时, 模 $m := \mathrm{lcm}(m_1, m_2, \cdots, m_k)$ 剩余类 $[a]$ 中任一整数都是 (3.4) 的解. 我们把这些解看成 (3.4) 的同一个解, 并称

$$x \equiv a \pmod m$$

是同余方程组 (3.4) 的**同余解**. 我们把 (3.4) 所有模 $m$ 两两不同余的解之个数称为 (3.4) 的**解数**. 因此, 我们只需在模 $m$ 的一个完全剩余系中寻找同余方程组 (3.4) 的解. 故同余方程组 (3.4) 之解数不超过 $m$.

**例3.1.2**    解同余方程组

$$3x \equiv 2 \pmod{10}, \quad 5x \equiv 5 \pmod{15}.$$

**解**    首先我们有

$$3x \equiv 2 \pmod{10} \iff 21x \equiv 14 \pmod{10} \iff x \equiv 4 \pmod{10},$$

$$5x \equiv 5 \pmod{15} \iff x \equiv 1 \pmod{3}.$$

从而在模 $30 = \mathrm{lcm}(10,15)$ 的完全剩余系 $1, 2, \cdots, 30$ 中, 只有整数 4 满足原方程组. 故原方程的同余解为 $x \equiv 4 \pmod{30}$.

## 3.2    一元线性同余方程组

### 3.2.1    一元线性同余方程

这一小节讨论最简单的线性同余方程

$$ax \equiv b \pmod{m}, \tag{3.5}$$

其中 $m$ 为正整数, $a$ 和 $b$ 为整数. 我们有如下定理:

**定理 3.2.1**    令 $d = \gcd(a, m)$.

(1) 对整数 $a$ 和 $b$, 同余方程 (3.5) 有整数解的充要条件为 $d \mid b$.

(2) 若同余方程 (3.5) 有解, 则其解数为 $d$. 设 $x \equiv x_0 \pmod{m}$ 是 (3.5) 的一组同余解, 则同余方程 (3.5) 的所有解为

$$x \equiv x_0 + \frac{im}{d} \pmod{m}, \text{ 其中 } 1 \leqslant i \leqslant d.$$

特别地, 当 $a$ 和 $m$ 互素时, (3.5) 有唯一同余解.

(3) 对给定的整数 $a$, 恰有 $\dfrac{m}{d}$ 个模 $m$ 两两不同余的整数 $b$ 使得同余方程 (3.5) 有整数解.

**证明**    同余方程 (3.5) 有解当且仅当二元一次方程 $ax + my = b$ 有整数解. 由定理 1.3.2 知 $ax + my = b$ 有整数解当且仅当 $d \mid b$, 这就证明了 (1). 因此 (3.5) 有解当且仅当

存在整数 $i$ 使得 $b = id$. 由于对任何整数 $i$ 和 $j$, $id \equiv jd \pmod{m} \iff i \equiv j \left(\bmod \dfrac{m}{d}\right)$, 这就证明了 (3).

给定 (3.5) 的一个解 $x \equiv x_0 \pmod{m}$, 即 $ax_0 \equiv b \pmod{m}$. 对 (3.5) 的任一解 $x \equiv x_0' \pmod{m}$, 我们有 $ax_0 \equiv ax_0' \equiv b \pmod{m}$. 由命题 2.1.1 (6) 知 $x_0 \equiv x_0' \left(\bmod \dfrac{m}{d}\right)$, 即存在 $i \in \mathbb{Z}$ 使得 $x_0' = x_0 + \dfrac{im}{d}$. 这就证明了 (3.5) 的任一解均形如 $x \equiv x_0 + \dfrac{im}{d}$, 其中 $i \in \mathbb{Z}$.

对任何整数 $i, j$, $x_0 + \dfrac{im}{d} \equiv x_0 + \dfrac{jm}{d} \pmod{m}$ 当且仅当 $i \equiv j \pmod{d}$. 故 (3.5) 恰有 $d$ 个同余解, 分别为

$$x \equiv x_0 + \frac{im}{d} \pmod{m}, \quad \text{其中 } 1 \leqslant i \leqslant d.$$

这就证明了 (2). □

**例3.2.1** 求解同余方程

$$111x \equiv 75 \pmod{321}. \tag{3.6}$$

**解** 先通过辗转相除法计算 $\gcd(321, 111)$. 我们有

$$321 = 3 \times 111 - 12;$$
$$111 = 9 \times 12 + 3;$$
$$12 = 4 \times 3 + 0.$$

从而 $\gcd(321, 111) = 3$, 并且

$$3 = 111 - 9 \times 12$$
$$= 111 + 9 \times (321 - 3 \times 111)$$
$$= (-26) \times 111 + 9 \times 321.$$

从而 $3 \equiv (-26) \times 111 \pmod{321}$, 并且

$$75 \equiv 25 \times (-26) \times 111 \equiv -8 \times 111 \pmod{321}.$$

即 $x \equiv -8 \pmod{321}$ 为 (3.6) 的一个同余解. 由定理 3.2.1 知, (3.6) 有 3 个同余解, 分别为

$$x \equiv -8 + 107i \pmod{321}, \quad 0 \leqslant i \leqslant 2.$$

### 3.2.2 中国剩余定理

上一小节讨论了线性同余方程, 这一小节要介绍一类重要的线性同余方程组:

$$\begin{cases} x \equiv r_1 \pmod{m_1}, \\ x \equiv r_2 \pmod{m_2}, \\ \cdots\cdots\cdots\cdots \\ x \equiv r_k \pmod{m_k}. \end{cases} \tag{3.7}$$

线性方程组理论中最重要的结果为中国剩余定理:

**定理 3.2.2**(中国剩余定理) 设 $m_1, m_2, \cdots, m_k$ 为 $k$ 个两两互素的非零整数, $m = m_1 m_2 \cdots m_k$, $r_1, r_2, \cdots, r_k$ 为 $k$ 个整数. 则同余方程组 (3.7) 有解, 且解数为 1. 同余方程组 (3.7) 的解为

$$x \equiv \sum_{i=1}^{k} r_i M_i N_i \pmod{m},$$

其中 $M_i = \dfrac{m}{m_i}$, $N_i$ 为 $M_i$ 模 $m_i$ 的同余逆.

**证明** 因为 $m_1, m_2, \cdots, m_k$ 两两互素, 由推论 1.2.3 得 $M_j = \dfrac{m}{m_j}$ 和 $m_j$ 互素. 从而根据引理 2.3.1 知, 存在整数 $N_j$ 使得 $M_j N_j \equiv 1 \pmod{m_j}$. 显然对任何 $i \neq j$, $M_i \equiv 0 \pmod{m_j}$. 因此对任何 $1 \leqslant j \leqslant k$, 都有

$$\sum_{i=1}^{k} r_i M_i N_i \equiv r_j M_j N_j \equiv r_j \pmod{m_j},$$

即 $x = \displaystyle\sum_{i=1}^{k} r_i M_i N_i$ 为同余方程组 (3.7) 的整数解.

任给 (3.7) 的两个整数解 $x = a$ 和 $x = b$. 于是对任何 $1 \leqslant i \leqslant k$, $a \equiv b \equiv r_i \pmod{m_i}$, 即 $m_i \mid a - b$. 由于 $m_1, m_2, \cdots, m_k$ 两两互素, 根据推论 1.2.2 知 $m \mid a - b$, 即 $a \equiv b \pmod{m}$. 因此 $x \equiv \displaystyle\sum_{i=1}^{k} r_i M_i N_i \pmod{m}$ 为同余方程组 (3.7) 的唯一解. $\qquad\square$

**注记 3.2.1** 利用定理 3.2.2 中的记号, 我们有环同态

$$\begin{aligned} \bar{\pi} : \mathbb{Z}/m\mathbb{Z} &\to (\mathbb{Z}/m_1\mathbb{Z}) \times (\mathbb{Z}/m_2\mathbb{Z}) \times \cdots \times (\mathbb{Z}/m_k\mathbb{Z}) \\ [a]_m &\mapsto ([a]_{m_1}, [a_{m_2}], \cdots, [a]_{m_k}). \end{aligned} \tag{3.8}$$

同余方程组 (3.7) 解的存在唯一性等价于 $\bar{\pi}$ 为环同构. 下面我们通过证明 $\bar{\pi}$ 为同构来给出 (3.7) 解的存在唯一性的另一个证明.

设有 $[a]_m, [b]_m \in \mathbb{Z}/m\mathbb{Z}$ 满足 $\bar{\pi}([a]_m) = \bar{\pi}([b]_m)$. 于是对任何 $i$, $[a]_{m_i} = [b]_{m_i}$, 即 $m_i \mid a - b$. 由于 $m_1, m_2, \cdots, m_k$ 两两互素, 根据推论 1.2.2 知 $m \mid a - b$, 即 $[a]_m = [b]_m$. 这就证明了 $\bar{\pi}$ 为单射. 由于 $\mathbb{Z}/m\mathbb{Z}$ 的元素个数为 $|m|$, $\displaystyle\prod_{i=1}^{k} \mathbb{Z}/m_i\mathbb{Z}$

的元素个数也为 $\displaystyle\prod_{i=1}^{k} |m_i| = |m|$, 因此 $\bar{\pi}$ 为双射. 命题 A.1.2 对环同态依然成立, 故 $\bar{\pi}$ 为环同构.

**注记 3.2.2** 同余方程组 (3.7) 的求解过程实际上是分别求解下列 $k$ 个同余方程组

$$\begin{cases} x \equiv 1 \pmod{m_1}, \\ x \equiv 0 \pmod{m_2}, \\ \cdots\cdots\cdots \\ x \equiv 0 \pmod{m_k}, \end{cases} \begin{cases} x \equiv 0 \pmod{m_1}, \\ x \equiv 1 \pmod{m_2}, \\ \cdots\cdots\cdots \\ x \equiv 0 \pmod{m_k}, \end{cases} \cdots, \begin{cases} x \equiv 0 \pmod{m_1}, \\ x \equiv 0 \pmod{m_2}, \\ \cdots\cdots\cdots \\ x \equiv 1 \pmod{m_k}, \end{cases}$$

其中第 $i$ 个方程组等价于

$$x \equiv 1 \pmod{m_i}, \ x \equiv 0 \pmod{M_i}. \tag{3.9}$$

故可令 $x = M_i y$, 则 $M_i y \equiv 1 \pmod{m_i}$. 因此 $y \equiv N_i \pmod{m_i}$, 代入 $x = M_i y$ 得 (3.9) 的解为 $x \equiv M_i N_i \pmod{m}$. 这样马上得到 (3.7) 的解为

$$x \equiv \sum_{i=1}^{k} r_i M_i N_i \pmod{m}.$$

线性同余方程组问题最早可见于约 4 世纪的数学著作《孙子算经》卷下第二十六题, 书中给出了答案和解法:

今有物不知其数, 三三数之剩二, 五五数之剩三, 七七数之剩二. 问物几何?

答曰: 二十三.

术曰: 三三数之剩二, 置一百四十; 五五数之剩三, 置六十三; 七七数之剩二, 置三十. 并之, 得二百三十三. 以二百一十减之, 即得. 凡三三数之, 剩一, 则置七十; 五五数之, 剩一, 则置二十一; 七七数之, 剩一, 则置十五. 一百六以上, 以一百五减之, 即得.

上述 "物不知数" 问题用现代数学语言可描述为解同余方程组:

$$\begin{cases} x \equiv 2 \pmod{3}, \\ x \equiv 3 \pmod{5}, \\ x \equiv 2 \pmod{7}. \end{cases} \tag{3.10}$$

此时, $m_1 = 3$, $m_2 = 5$, $m_3 = 7$, $m = m_1 m_2 m_3 = 105$, $M_1 = m_2 m_3 = 35$, $M_2 = m_3 m_1 = 21$, $M_3 = m_1 m_2 = 15$. 同余方程 $M_1 x \equiv 1 \pmod{m_1}$ 的解为 $x \equiv 2 \pmod{3}$, $M_2 x \equiv 1 \pmod{m_2}$ 的解为 $x \equiv 1 \pmod{5}$, $M_3 x \equiv 1 \pmod{m_3}$ 的解为 $x \equiv 1 \pmod{7}$, 故可取 $N_1 = 2$, $N_2 = N_3 = 1$. 从而 (3.10) 的解为

$$x \equiv \sum_{i=1}^{3} r_i M_i N_i \equiv 2 \times 35 \times 2 + 3 \times 21 \times 1 + 2 \times 15 \times 1 \equiv 233 \equiv 23 \pmod{105}.$$

**定理 3.2.3(中国剩余定理的一般形式)** 设 $m_1, m_2, \cdots, m_k$ 为 $k$ 个非零整数, $r_1, r_2, \cdots, r_k$ 为 $k$ 个整数. 则同余方程组 (3.7) 有解的充要条件为: 对任何 $i, j$, $\gcd(m_i, m_j)$

整除 $r_i - r_j$. 若有解, 则其解数为 1.

**证明**  设同余方程组 (3.7) 有整数解 $x = a$, 即对任何 $i$ 都有 $a \equiv r_i \pmod{m_i}$. 对任何 $i, j$, 令 $m_{ij} = \gcd(m_i, m_j)$. 则 $a \equiv r_i \pmod{m_{ij}}$ 且 $a \equiv r_j \pmod{m_{ij}}$, 从而 $m_{ij} \mid r_i - r_j$. 必要性得证.

设 $x = b$ 也为同余方程组 (3.7) 的整数解, 即对任何 $i$ 都有 $b \equiv r_i \pmod{m_i}$. 因此对任何 $i$ 都有 $m_i \mid a - b$. 令 $m = \operatorname{lcm}(m_1, m_2, \cdots, m_k)$. 由引理 1.2.4 (1) 知 $m \mid a - b$, 即 $a \equiv b \pmod{m}$, 因此 (3.7) 的解数至多为 1.

下面给出充分性的两个证明. 假设 $m_{ij} \mid r_i - r_j$ 对任何 $i, j$ 都成立.

第一个证明主要利用算术基本定理约化成定理 3.2.2 的情形. 由推论 1.4.2 知每个 $m_i$ 可写为 $m_i = \prod\limits_{\mathbb{P} \ni p \mid m} p^{e_{ip}}$, 其中 $e_{ip} \in \mathbb{N}$. 由定理 3.2.2 知同余方程 $x \equiv r_i \pmod{m_i}$ 和同余方程组

$$x \equiv r_i \pmod{p^{e_{ip}}}, \quad \mathbb{P} \ni p \mid m$$

同解. 因此 (3.7) 和同余方程组

$$x \equiv r_i \pmod{p^{e_{ip}}}, \quad \mathbb{P} \ni p \mid m, \; 1 \leqslant i \leqslant k \tag{3.11}$$

同解. 对任何 $\mathbb{P} \ni p \mid m$, 存在 $1 \leqslant i_p \leqslant k$ 使得 $e_{i_p p} = \max\{e_{ip} \mid 1 \leqslant i \leqslant k\}$. 于是对任何 $1 \leqslant i \leqslant k$, 都有 $e_{i_p p} \geqslant e_{ip}$, 从而 $p^{e_{ip}} \mid m_{i_p i}$. 从条件 $m_{i_p i} \mid r_{i_p} - r_i$ 可知 $p^{e_{ip}} \mid r_{i_p} - r_i$. 根据命题 1.4.1 中倒数第二个等式, $m = \prod\limits_{\mathbb{P} \ni p \mid m} p^{e_{i_p p}}$. 因此同余方程组

$$x \equiv r_i \pmod{p^{e_{ip}}}, \quad 1 \leqslant i \leqslant k \tag{3.12}$$

和同余方程

$$x \equiv r_{i_p} \pmod{p^{e_{i_p p}}}$$

同解. 故 (3.7) 和下列同余方程组同解:

$$x \equiv r_{i_p} \pmod{p^{e_{i_p p}}}, \quad \mathbb{P} \ni p \mid m. \tag{3.13}$$

同余方程组 (3.13) 满足定理 3.2.2 中的条件, 因此它有解, 从而 (3.7) 有解.

第二个证明基于 Bézout 定理. 由引理 1.2.4 知 $\gcd\left(\dfrac{m}{m_1}, \dfrac{m}{m_2}, \cdots, \dfrac{m}{m_k}\right) = 1$. 根据定理 1.2.2, 存在整数 $N_i$ 使得

$$\sum_{i=1}^{k} \frac{m}{m_i} N_i = 1.$$

对任何 $1 \leqslant i, j \leqslant k$, 由定理 1.2.4 知 $\operatorname{lcm}(m_i, m_j) \cdot \gcd(m_i, m_j) = |m_i m_j|$, 再由引理 1.2.4

知 $\operatorname{lcm}(m_i, m_j) \mid m$, 从而 $m_j \mid \dfrac{m}{m_i} m_{ij}$. 从条件 $r_i \equiv r_j \pmod{m_{ij}}$ 可得

$$r_i \frac{m}{m_i} \equiv r_j \frac{m}{m_i} \pmod{m_j}.$$

于是

$$\sum_{i=1}^{k} r_i \frac{m}{m_i} N_i \equiv \sum_{i=1}^{k} r_j \frac{m}{m_i} N_i \equiv r_j \pmod{m_j}.$$

因此 $x \equiv \sum_{i=1}^{k} r_i \dfrac{m}{m_i} N_i$ 为 (3.7) 的解. $\qquad\square$

**例3.2.2** 求解同余方程组

$$x \equiv 13 \pmod{36}, \quad x \equiv 9 \pmod{40}, \quad x \equiv 34 \pmod{75}. \tag{3.14}$$

**解** 此时, $m_1 = 36$, $m_2 = 40$, $m_3 = 75$, $r_1 = 13$, $r_2 = 9$, $r_3 = 34$, $m_{12} = \gcd(36, 40) = 4$, $m_{23} = \gcd(40, 75) = 5$, $m_{31} = \gcd(75, 36) = 3$. 由 $r_1 - r_2 = 13 - 9 = 4$, $r_2 - r_3 = 9 - 34 = -25$, $r_3 - r_1 = 34 - 13 = 21$ 知, (3.14) 满足定理 3.2.3 的条件, 故其在模 $m = \operatorname{lcm}(36, 40, 75) = 1800$ 意义下有唯一解.

下面利用定理 3.2.3 的充分性证明中的两个不同方法来求解方程.

解法一: 由 $36 = 2^2 \times 3^2$ 知第一个方程等价于

$$x \equiv 13 \pmod{2^2}, \quad x \equiv 13 \pmod{3^2}.$$

由 $40 = 2^3 \times 5$ 知第二个方程等价于

$$x \equiv 9 \pmod{2^3}, \quad x \equiv 9 \pmod{5}.$$

由 $75 = 3 \times 5^2$ 知第三个方程等价于

$$x \equiv 34 \pmod{3}, \quad x \equiv 34 \pmod{5^2}.$$

这样 (3.14) 等价于 6 个以素数 $p = 2, 3, 5$ 的幂为模的同余方程组成的同余方程组. 对每个素数 $p$, 我们只需选取一个对 $p$ 幂次最高的同余方程. 对 $p = 2$ 取 $x \equiv 9 \pmod{2^3}$, 对 $p = 3$ 取 $x \equiv 13 \pmod{3^2}$, 对 $p = 5$ 取 $x \equiv 34 \pmod{5^2}$. 故 (3.14) 等价于同余方程组

$$x \equiv 1 \pmod{8}, \quad x \equiv 4 \pmod{9}, \quad x \equiv 9 \pmod{25}. \tag{3.15}$$

对 (3.15) 而言, $m_1' = 8$, $m_2' = 9$, $m_3' = 25$, $M_1' = 225$, $M_2' = 200$, $M_3' = 72$, 并且 $M_1'$ 模 $m_1'$ 的同余逆 $N_1' = 1$, $M_2'$ 模 $m_2'$ 的同余逆 $N_2' = 5$, $M_3'$ 模 $m_3'$ 的同余逆 $N_3' = 8$. 根据定理 3.2.2, 同余方程组 (3.15) 的解为

$$x \equiv \sum_{i=1}^{3} r_i M_i' N_i' \equiv 1 \times 225 \times 1 + 4 \times 200 \times 5 + 9 \times 72 \times 8$$

$$\equiv 9409 \equiv 409 \pmod{1800}.$$

这也是 (3.14) 的同余解.

解法二: 首先有

$$\frac{m}{m_1} = \frac{1800}{36} = 50, \ \frac{m}{m_2} = \frac{1800}{40} = 45, \ \frac{m}{m_3} = \frac{1800}{75} = 24.$$

不定方程

$$50N_1 + 45N_2 + 24N_3 = 1$$

有整数解 $N_1 = 5, N_2 = -5, N_3 = -1$. 从而 (3.14) 的同余解为

$$x \equiv \sum_{i=1}^{3} r_i \frac{m}{m_i} N_i = 13 \times 50 \times 5 + 9 \times 45 \times (-5) + 34 \times 24 \times (-1) \equiv 409 \pmod{1800}.$$

## 3.3   高次同余方程

上一节我们对一次同余方程和一次同余方程组建立了完整的理论. 和一次同余方程不同的是, 高次同余方程, 甚至二次同余方程都没有一般的求解方法. 因此这一节只介绍如何将模为一般整数的同余方程约化成模为素数的情形.

### 3.3.1   从模为一般整数到模为素数幂的约化

作为中国剩余定理的一个重要应用, 本小节我们讨论如何将模为一般整数的同余方程约化成模为素数幂的情形.

**定理 3.3.1**    给定整系数多项式 $f(x)$ 和 $k$ 个两两互素的非零整数 $m_1, m_2, \cdots, m_k$, 令 $m = m_1 m_2 \cdots m_k$. 对任何 $1 \leqslant i \leqslant k$, 令 $d_i$ 为同余方程

$$f(x) \equiv 0 \pmod{m_i}$$

的解数. 则同余方程

$$f(x) \equiv 0 \pmod{m} \tag{3.16}$$

的解数为 $d_1 d_2 \cdots d_k$.

对任何 $1 \leqslant i \leqslant k$, 给定同余方程 $f(x) \equiv 0 \pmod{m_i}$ 的一个解 $x \equiv r_i \pmod{m_i}$.

则同余方程组

$$x \equiv r_i \pmod{m_i}, \quad 1 \leqslant i \leqslant k \tag{3.17}$$

的解为 (3.16) 的解. 反之, (3.16) 的解都可以这样得到.

**证明**   考虑映射图表

$$
\begin{array}{ccc}
\mathbb{Z}/m\mathbb{Z} & \xrightarrow{\ \bar{\pi}\ } & \prod\limits_{i=1}^{k} \mathbb{Z}/m_i\mathbb{Z} \\
\Big\downarrow{\scriptstyle f_m} & & \Big\downarrow{\scriptstyle \prod\limits_{i=1}^{k} f_{m_i}} \\
\mathbb{Z}/m\mathbb{Z} & \xrightarrow{\ \bar{\pi}\ } & \prod\limits_{i=1}^{k} \mathbb{Z}/m_i\mathbb{Z},
\end{array}
$$

其中 $f_m$ 和 $f_{m_i}$ 的定义参见 (3.2), $\bar{\pi}$ 的定义参见 (3.8). 由注记 3.2.1 知 $\bar{\pi}$ 为环同构, 特别地, $\bar{\pi}$ 为双射. 不难验证

$$\prod_{i=1}^{k} f_{m_i} \circ \bar{\pi} = \bar{\pi} \circ f_m. \tag{3.18}$$

因此 $\bar{\pi}$ 诱导了双射

$$\bar{\pi}' : f_m^{-1}([0]_m) \simeq \prod_{i=1}^{k} f_{m_i}^{-1}([0]_{m_i}).$$

根据 (3.3), $f_{m_i}^{-1}([0]_{m_i})$ 为 $d_i$ 元集, 从而 $f_m^{-1}([0]_m)$ 为 $\prod\limits_{i=1}^{k} d_i$ 元集, 故 (3.16) 的解数为 $\prod\limits_{i=1}^{k} d_i$. 定理的剩余部分由等式 (3.18) 直接得出.    $\square$

**例3.3.1**   设 $m$ 为正整数. 求同余方程

$$x^2 - 1 \equiv 0 \pmod{m}$$

的解数.

**解**   由推论 1.4.2 知 $m$ 可写为 $2^{\alpha} p_1^{\alpha_1} p_2^{\alpha_2} \cdots p_k^{\alpha_k}$, 其中 $\alpha, k$ 为自然数, $p_1, p_2, \cdots, p_k$ 为两两不同的奇素数, $\alpha_1, \alpha_2, \cdots, \alpha_k$ 为正整数.

(1) 对任何整数 $a$, $\gcd(a-1, a+1) = 1$ 或 2, 故奇素数 $p_i$ 不能同时整除 $a-1$ 和 $a+1$. 因此 $p_i^{\alpha_i} \mid a^2 - 1$ 当且仅当 $p_i^{\alpha_i} \mid a+1$ 或 $p_i^{\alpha_i} \mid a-1$. 由此可得

$$x^2 - 1 \equiv 0 \pmod{p_i^{\alpha_i}}$$

恰有 2 组同余解 $x \equiv \pm 1 \pmod{p_i^{\alpha_i}}$.

(2) 当 $\alpha = 0$ 时, $x^2 - 1 \equiv 0 \pmod{2^{\alpha}}$ 恰有 1 组解 $x \equiv 1 \pmod 1$.

(3) 当 $\alpha = 1$ 时, $x^2 - 1 \equiv 0 \pmod{2^\alpha}$ 恰有 1 组解 $x \equiv 1 \pmod 2$.

(4) 当 $\alpha = 2$ 时, $x^2 - 1 \equiv 0 \pmod{2^\alpha}$ 恰有 2 组解 $x \equiv \pm 1 \pmod 4$.

(5) 当 $\alpha \geqslant 3$ 时, 由于对任何整数 $a$, 4 不能同时整除 $a - 1$ 和 $a + 1$, 因此 $2^\alpha \mid a^2 - 1$ 当且仅当 $2^{\alpha-1} \mid a + 1$ 或 $2^{\alpha-1} \mid a - 1$. 从而 $x^2 - 1 \equiv 0 \pmod{2^\alpha}$ 恰有 4 组解

$$x \equiv \pm 1, \ 2^{\alpha-1} \pm 1 \pmod{2^\alpha}.$$

注意到 $k$ 为 $m$ 两两不同的奇素因子个数. 由定理 3.3.1 知 $x^2 - 1 \equiv 0 \pmod m$ 的解数为

$$\begin{cases} 2^k, & m \not\equiv 0 \pmod 4; \\ 2^{k+1}, & m \equiv 4 \pmod 8; \\ 2^{k+2}, & m \equiv 0 \pmod 8. \end{cases}$$

**例3.3.2**　求解同余方程

$$x^2 + x + 1 \equiv 0 \pmod{273}. \tag{3.19}$$

**解**　由于 $273 = 3 \times 7 \times 13$ 知同余方程 (3.19) 同解于同余方程组

$$\begin{cases} x^2 + x + 1 \equiv 0 \pmod 3 & \tag{3.20} \\ x^2 + x + 1 \equiv 0 \pmod 7 & \tag{3.21} \\ x^2 + x + 1 \equiv 0 \pmod{13}. & \tag{3.22} \end{cases}$$

同余方程 (3.20) 的解为 $x \equiv 1 \pmod 3$; (3.21) 的解为 $x \equiv 2, 4 \pmod 7$; (3.22) 的解为 $x \equiv 3, 9 \pmod{13}$. 根据定理 3.3.1, 同余方程 (3.19) 有 4 组解, 它们分别为下列 4 个同余方程组的解:

$$\begin{cases} x \equiv 1 \pmod 3, \\ x \equiv 2 \pmod 7, \\ x \equiv 3 \pmod{13}, \end{cases} \begin{cases} x \equiv 1 \pmod 3, \\ x \equiv 2 \pmod 7, \\ x \equiv 9 \pmod{13}, \end{cases} \begin{cases} x \equiv 1 \pmod 3, \\ x \equiv 4 \pmod 7, \\ x \equiv 3 \pmod{13}, \end{cases} \begin{cases} x \equiv 1 \pmod 3, \\ x \equiv 4 \pmod 7, \\ x \equiv 9 \pmod{13}. \end{cases}$$

利用定理 3.2.2 中的方法, 上述 4 个同余方程组的解分别为

$$x \equiv 16 \pmod{273}, \ x \equiv 100 \pmod{273},$$

$$x \equiv -101 \pmod{273}, \ x \equiv -17 \pmod{273}.$$

故同余方程 (3.19) 有 4 组解, 分别为

$$x \equiv 16, 100, -101, -17 \pmod{273}.$$

**注记 3.3.1**　设正整数 $m$ 的标准分解式为 $m = p_1^{\alpha_1} p_2^{\alpha_2} \cdots p_k^{\alpha_k}$. 则同余方程 $f(x) \equiv 0 \pmod{m}$ 和同余方程组

$$f(x) \equiv 0 \pmod{p_i^{\alpha_i}}, \quad 1 \leqslant i \leqslant k$$

同解. 根据定理 3.3.1, 我们只需考虑模为素数幂的同余方程.

### 3.3.2　从模为素数幂到模为素数的约化

上一小节介绍了如何将模为一般整数的同余方程约化成模为素数幂的情形, 这一小节我们讨论如何将模为素数幂的情形约化成素数的情形.

设 $p$ 为素数, $\alpha$ 为正整数. 考虑同余方程

$$f(x) \equiv 0 \pmod{p^\alpha}.$$

若整数 $a$ 满足 $f(a) \equiv 0 \pmod{p^\alpha}$, 则 $f(a) \equiv 0 \pmod{p}$. 故要解同余方程 $f(x) \equiv 0 \pmod{p^\alpha}$, 首先得解同余方程 $f(x) \equiv 0 \pmod{p}$, 然后再研究这个方程的哪些解可提升为 $f(x) \equiv 0 \pmod{p^\alpha}$ 的解. 下面的引理给出解提升之可能性:

**引理 3.3.1**　设 $p$ 为素数, $\alpha$ 为正整数. 任给同余方程

$$f(x) \equiv 0 \pmod{p^\alpha}$$

的整数解 $x = a$, 并取整数 $u$ 使得 $f(a) = up^\alpha$. 则同余方程组

$$\begin{cases} f(x) \equiv 0 & \pmod{p^{\alpha+1}}, \\ x \equiv a & \pmod{p^\alpha}, \end{cases}$$

的解数为

$$\begin{cases} 1, & f'(a) \not\equiv 0 \pmod{p}, \\ 0, & f'(a) \equiv 0 \pmod{p}, \ u \not\equiv 0 \pmod{p}, \\ p, & f'(a) \equiv u \equiv 0 \pmod{p}. \end{cases}$$

**证明**　根据第二个方程 $x \equiv a \pmod{p^\alpha}$, 可令 $x = a + p^\alpha y$. 将其代入第一个方程并用 Taylor 展开式 (A.5), 可知

$$f(x) = f(a + p^\alpha y) = f(a) + f'(a)p^\alpha y + \sum_{i=2}^{\deg(f)} \frac{f^{(i)}(a)}{i!}(p^\alpha y)^i$$

$$\equiv p^\alpha(u + f'(a)y) \pmod{p^{\alpha+1}}.$$

因此

$$f(a + p^\alpha y) \equiv 0 \pmod{p^{\alpha+1}} \iff u + f'(a)y \equiv 0 \pmod{p},$$

并且这两个同余方程有相同的解数. 根据定理 3.2.1, 同余方程 $u + f'(a)y \equiv 0 \pmod{p}$ 有唯一解当且仅当 $p \nmid f'(a)$, 无解当且仅当 $p \mid f'(a)$, $p \nmid u$, 有 $p$ 组解当且仅当 $u \equiv f'(a) \equiv 0 \pmod{p}$. 本引理得证. $\qquad\qquad\square$

利用数学归纳法, 引理 3.3.1 有如下直接推论.

**引理3.3.2**(Hensel 引理) 设 $p$ 为素数, $f(x)$ 为整系数多项式. 设同余方程

$$f(x) \equiv 0 \pmod{p}$$

的整数解 $x = x_1$ 满足 $f'(x_1) \not\equiv 0 \pmod{p}$, 则对任何正整数 $\alpha$, 同余方程

$$f(x) \equiv 0 \pmod{p^\alpha}$$

存在唯一的同余解 $x \equiv x_\alpha \pmod{p^\alpha}$ 满足 $x_\alpha \equiv x_1 \pmod{p}$.

**例3.3.3** 解同余方程

$$f(x) = x^3 - x^2 + 1 \equiv 0 \pmod{5^3}.$$

**解** 首先同余方程 $f(x) \equiv 0 \pmod 5$ 存在唯一的解 $x \equiv 2 \pmod 5$, 并且 $f'(2) = 8 \not\equiv 0 \pmod 5$. 根据 Hensel 引理, 对任何正整数 $\alpha$, $f(x) \equiv 0 \pmod{5^\alpha}$ 有唯一解 $x \equiv x_\alpha \pmod{p^\alpha}$. 可令 $x_1 = 2$. 则存在整数 $y$ 满足 $x_2 = 2 + 5y$. 于是

$$0 \equiv f(x_2) \equiv f(2 + 5y) \equiv f(2) + 5yf'(2) \equiv 5(1 + 8y) \pmod{5^2}.$$

从而 $1 + 8y \equiv 0 \pmod 5$, 即 $y \equiv -2 \pmod 5$, 故 $x_2 \equiv -8 \pmod{5^2}$. 因此 $f(x) \equiv 0 \pmod{5^2}$ 有唯一解 $x \equiv -8 \pmod{5^2}$. 从而存在整数 $z$ 满足 $x_3 = -8 + 5^2 z$. 于是

$$0 \equiv f(x_3) \equiv f(-8 + 5^2 z) \equiv f(-8) + 5^2 z f'(-8) \equiv 5^2(-23 + 208z) \pmod{5^3}.$$

从而 $0 \equiv -23 + 208z \equiv -3 + 3z \pmod 5$, 即 $z \equiv 1 \pmod 5$, 故 $x_3 \equiv -8 + 5^2 \equiv 17 \pmod{5^3}$. 从而 $f(x) \equiv 0 \pmod{5^3}$ 有唯一解 $x \equiv 17 \pmod{5^3}$.

**例3.3.4** 解同余方程

$$f(x) = x^3 + 4x^2 + 19x + 1 \equiv 0 \pmod{5^2}.$$

**解** 任取 $f(x) \equiv 0 \pmod{5^2}$ 的整数解 $x = x_2$. 显然 $f(x_2) \equiv 0 \pmod 5$. 由于同余方程 $f(x) \equiv 0 \pmod 5$ 恰有两个同余解 $x \equiv \pm 1 \pmod 5$, 故 $x_2 \equiv \pm 1 \pmod 5$.

当 $x_2 \equiv 1 \pmod 5$ 时, 存在整数 $y$ 使得 $x_2 = 1 + 5y$. 于是

$$0 \equiv f(x_2) \equiv f(1 + 5y) \equiv f(1) + 5yf'(1) \equiv 25 + 150y \pmod{5^2}.$$

上式对所有整数 $y$ 都成立, 因此同余方程组

$$f(x) \equiv 0 \pmod{5^2}, \quad x \equiv 1 \pmod 5$$

有 5 组解, 分别为 $x \equiv 1 + 5y \pmod{5^2}$, 其中 $1 \leqslant y \leqslant 5$.

当 $x_2 \equiv -1 \pmod 5$ 时, 存在整数 $z$ 使得 $x_2 = -1 + 5z$. 于是

$$0 \equiv f(x_2) \equiv f(-1 + 5z) \equiv f(-1) + 5zf'(-1) \equiv -15 + 70z \pmod{5^2}.$$

于是 $0 \equiv -3 + 14z \equiv 2 - z \pmod 5$, 即 $z \equiv 2 \pmod 5$. 因此同余方程组

$$f(x) \equiv 0 \pmod{5^2}, \quad x \equiv -1 \pmod 5$$

有唯一解 $x \equiv 9 \pmod{5^2}$.

综上所述, $f(x) \equiv 0 \pmod{5^2}$ 有 6 组解, 分别为 $x \equiv 1, 6, 11, 16, 21, 9 \pmod{5^2}$.

**注记3.3.2** Hensel 引理类似于 Newton 折线法求方程的实数解. 在一定条件下, 方程 $f(x) = 0$ 的实数解可以由下列递归关系给出的数列来逼近:

$$x_{\alpha+1} = x_\alpha - \frac{f(x_\alpha)}{f'(x_\alpha)} \quad (\alpha \in \mathbb{N}).$$

而在我们的情形, 条件

$$f(x_\alpha) \equiv 0 \pmod{p^\alpha}, \quad f(x_{\alpha+1}) \equiv 0 \pmod{p^{\alpha+1}},$$
$$x_{\alpha+1} \equiv x_\alpha \pmod{p^\alpha}$$

可推出

$$f'(x_\alpha)(x_{\alpha+1} - x_\alpha) = -f(x_\alpha) \pmod{p^{\alpha+1}}.$$

在经典情形, 要求对任何实数 $\varepsilon > 0$, 当 $\alpha, \beta$ 趋于正无穷时, $|x_\alpha - x_\beta| < \varepsilon$; 而在我们的情形, 则要求对任何正整数 $n$, 当 $\alpha, \beta$ 趋于正无穷时, $x_\alpha \equiv x_\beta$ $\pmod{p^n}$.

### 3.3.3 素数模的同余方程

前两小节我们将模为一般整数的同余方程约化成模为素数的情形. 即便如此, 目前并没有求解模为素数的同余方程之一般方法. 因此这一小节只讨论模为素数的同余方程的解数和次数之关系. 根据注记 3.1.1, 求解以素数 $p$ 为模的同余方程等价于在剩余类环 $\mathbb{Z}/p\mathbb{Z}$ 上求多项式的根. 实际上, 由下面的定理知 $\mathbb{Z}/p\mathbb{Z}$ 为域. 域的定义参见定义 A.3.1.

**定理3.3.2** 设 $m$ 为正整数. 则剩余类环 $\mathbb{Z}/m\mathbb{Z}$ 为域当且仅当 $m$ 为素数.

**证明** 设 $m$ 是素数. 由定理 1.4.1 知 $\mathbb{Z}/m\mathbb{Z}$ 中任何非零元 $[a]$ 都满足 $\gcd(a,m)=1$. 由引理 2.3.1 知 $[a]$ 在环 $\mathbb{Z}/m\mathbb{Z}$ 中可逆, 根据定义 $\mathbb{Z}/m\mathbb{Z}$ 为域.

反之, 假设 $m$ 不为素数. 若 $m=1$, 则 $\mathbb{Z}/m\mathbb{Z}$ 为零环, 显然不为域. 否则, $m>1$, 从而 $m$ 可写为两个小于 $m$ 的正整数 $a$, $b$ 之积. 故 $\gcd(a,m)=a>1$. 从而由命题 2.3.1 知 $[a]$ 不为环 $\mathbb{Z}/m\mathbb{Z}$ 的可逆元. 由于 $[a]$ 为 $\mathbb{Z}/m\mathbb{Z}$ 的非零元, 根据定义 $\mathbb{Z}/m\mathbb{Z}$ 不是域. $\square$

本小节中, 固定素数 $p$. 由定理 3.3.2 知 $\mathbb{Z}/p\mathbb{Z}$ 为域, 我们用 $\mathbb{F}_p$ 简记域 $\mathbb{Z}/p\mathbb{Z}$, 称之为**模 $p$ 剩余类域**. 于是 Fermat 小定理等价于如下命题:

**命题3.3.1** 对任何 $a\in\mathbb{F}_p$ 都有 $a^p=a$. 若 $a\neq 0$, 则 $a^{p-1}=1$.

任何 $f\in\mathbb{F}_p[x]$ 诱导了映射

$$\mathbb{F}_p\to\mathbb{F}_p,\ a\mapsto f(a),$$

我们仍用 $f$ 表示该映射.

**定理3.3.3** 对任何 $f(x)\in\mathbb{F}_p[x]$, 存在唯一的 $\mathbb{F}_p$ 上次数小于 $p$ 的多项式 $r(x)$, 使得 $f(x)$ 和 $r(x)$ 诱导了 $\mathbb{F}_p$ 至 $\mathbb{F}_p$ 的同一个映射.

**证明** 由定理 A.2.1 知存在多项式 $q(x)$, $r(x)\in\mathbb{F}_p[x]$ 使得

$$f(x)=q(x)(x^p-x)+r(x)\ \text{且}\ \deg(r)<p.$$

任取 $a\in\mathbb{F}_p$. 根据命题 3.3.1, 我们有 $a^p-a=0\in\mathbb{F}_p$, 从而 $f(a)=r(a)$. $\square$

定理 3.3.3 的一个直接推论是: 任何模 $p$ 的同余方程必与一个次数小于 $p$ 的同余方程同解.

**定理3.3.4** 在多项式环 $\mathbb{F}_p[x]$ 中, 我们有等式:

$$x^p-x=\prod_{a\in\mathbb{F}_p}(x-a);$$
$$x^{p-1}-1=\prod_{a\in\mathbb{F}_p^\times}(x-a).$$

**证明** 考虑域 $\mathbb{F}_p$ 上的多项式

$$g(x)=(x^p-x)-\prod_{a\in\mathbb{F}_p}(x-a).$$

则 $\deg(g)\leqslant p-1$. 对任何 $b\in\mathbb{F}_p$, 由命题 3.3.1 知 $b^p-b=0$, 从而

$$g(b)=(b^p-b)-\prod_{a\in\mathbb{F}_p}(b-a)=0\in\mathbb{F}_p.$$

于是 $\mathbb{F}_p$ 中任何元素 $b$ 都是 $g(x)$ 的根, 故 $g(x)$ 在 $\mathbb{F}_p$ 中有 $p$ 个不同的根. 根据命题 A.3.1, $g(x)=0\in\mathbb{F}_p[x]$, 这就证明了第一个等式. 第二个等式则为第一个的直接推论. $\square$

利用定理 3.3.4 可以给出 Wilson 定理 (定理 2.3.1) 的另一个证明:

**证明**　将 $x = 0$ 代入到定理 3.3.4 中的第二个等式中, 我们有

$$-1 = \prod_{a \in \mathbb{F}_p^{\times}} (-a) = (-1)^{p-1} \prod_{a \in \mathbb{F}_p^{\times}} a \in \mathbb{F}_p.$$

换言之, $(p-1)! \equiv (-1)^p \equiv -1 \pmod{p}$.　　　　□

**定理 3.3.5**　设 $f(x) \in \mathbb{F}_p[x]$ 为 $n$ 次多项式, 其中 $n \geqslant 1$. 则 $f(x)$ 在 $\mathbb{F}_p$ 上有 $n$ 个不同的根当且仅当 $f \mid x^p - x$. 这里记号 $f \mid x^p - x$ 是指存在 $q(x) \in \mathbb{F}_p[x]$ 使得 $q(x)f(x) = x^p - x$.

**证明**　根据定理 A.2.1 知存在多项式 $q(x)$, $r(x) \in \mathbb{F}_p[x]$ 使得

$$x^p - x = q(x)f(x) + r(x) \text{ 且 } \deg(r) < \deg(f) = n.$$

设 $f(x)$ 在 $\mathbb{F}_p$ 中有 $n$ 个不同的根. 根据命题 3.3.1, 将 $f(x)$ 在 $\mathbb{F}_p$ 上的任一根 $a$ 代入上式可得

$$0 = a^p - a = q(a)f(a) + r(a) = r(a),$$

则 $a$ 亦为 $r(x)$ 的根. 这样次数小于 $n$ 的多项式 $r(x)$ 在 $\mathbb{F}_p$ 中有 $n$ 个不同的根. 根据命题 A.3.1 必有 $r(x) = 0$, 即 $f(x) \mid x^p - x$.

反之, 假设 $f(x) \mid x^p - x$, 则 $x^p - x = q(x)f(x)$, 从而 $\deg(q(x)) = p - n$. 对任何 $a \in \mathbb{F}_p$, 我们有 $f(a)q(a) = a^p - a = 0$, 即 $f(a) = 0$ 或 $q(a) = 0$. 若 $f(x)$ 在 $\mathbb{F}_p$ 上根的个数小于 $n$, 则 $q(x)$ 在 $\mathbb{F}_p$ 上至少有 $p - n + 1$ 个不同的根. 这与命题 A.3.1 矛盾, 故 $f(x)$ 在 $\mathbb{F}_q$ 上恰有 $n$ 个不同的根.　　　　□

命题 A.3.1 有如下直接推论:

**定理 3.3.6 (Lagrange)**　设 $f(x) = \sum_{i=0}^{n} a_i x^i$ 为整系数多项式, 其中 $a_n \not\equiv 0 \pmod{p}$, $n \in \mathbb{N}$, 则同余方程

$$f(x) \equiv 0 \pmod{p}$$

的解数不超过 $\min\{p, n\}$.

# 习题

1. 试求 21 个连续自然数, 使得其中每一数都不和 $2 \times 3 \times 5 \times 7 \times 11 \times 13$ 互素.

**2.** 对任何正整数 $n$, 令 $S_n = \sum\limits_{k=1}^{2016} k^n$.

(1) 试求 $S_n$ 除以 7 的余数.

(2) 试求 $S_n$ 除以 9 的余数.

(3) 试求 $S_n$ 除以 32 的余数.

(4) 试求 $S_n$ 除以 2016 的余数.

**3.** 求出最小的正整数, 它的 $\dfrac{1}{2}$ 是一个整数的平方, 它的 $\dfrac{1}{3}$ 是一个整数的立方, 它的 $\dfrac{1}{5}$ 是一个整数的五次方.

**4.** 能否找到由 2024 个两两互素的正整数组成的集合 $S$, 使得 $S$ 的任何非空子集的元素之和均为合数?

**5.** 对任何自然数 $n$, 证明: 总能找到 $n$ 个连续自然数, 每一个都不是整数高于 1 次的幂.

**6.** 求 1 到 2017 中所有奇数乘积的末三位.

**7.** 给定正整数 $n$ 和 $k \geqslant 2$. 设 $1, 2, \cdots, n$ 中的 $k$ 个数 $a_1, a_2, \cdots, a_k$ 满足对任何 $1 \leqslant i \leqslant k-1$ 都有 $n \mid a_i(a_{i+1} - 1)$. 证明: $n \nmid a_k(a_1 - 1)$.

**8.** 对任何正整数 $n$, 证明: 均存在 $n$ 个连续的合数.

**9.** 解同余方程组
$$x \equiv 2 \pmod{7}, \ x \equiv 2 \pmod{5}, \ x \equiv 3 \pmod{9}.$$

**10.** 解同余方程组
$$x \equiv 17 \pmod{45}, \ x \equiv 11 \pmod{21}, \ x \equiv -3 \pmod{35}.$$

**11.** 解同余方程
$$7x^4 + 19x + 25 \equiv 0 \pmod{27}.$$

**12.** 解同余方程
$$6x^3 + 27x^2 + x + 20 \equiv 0 \pmod{32}.$$

**13.** 解同余方程
$$x^{18} + 4x^{14} + 3x + 10 \equiv 0 \pmod{21}.$$

**14.** 解同余方程组
$$x^2 \equiv 9 \pmod{10}, \ 7x \equiv 19 \pmod{24}, \ 2x \equiv -1 \pmod{45}.$$

**15.** 分别解下列三个同余方程

$$222x \equiv 81 \quad (\text{mod } 321);$$

$$256x \equiv 123 \quad (\text{mod } 397);$$

$$1235x \equiv 550 \quad (\text{mod } 2685).$$

**16.** 求解同余方程组

$$\begin{cases} x + 4y - 29 \equiv 0 & (\text{mod } 143), \\ 2x - 9y + 84 \equiv 0 & (\text{mod } 143). \end{cases}$$

**17.** 给定正整数 $m$. 考虑次数 $n \geqslant 1$ 的同余方程

$$f(x) \equiv 0 \quad (\text{mod } m).$$

(1) 若上述同余方程的整数解 $a_1, a_2, \cdots, a_k$ 满足对任何 $1 \leqslant i < j \leqslant k$, 都有 $\gcd(a_i - a_j, m) = 1$. 证明: $k \leqslant n$.

(2) 证明: 当 $m = p^\alpha$ 时, 该同余方程的解数不超过 $\min\{n, p\} \cdot p^{\alpha-1}$, 其中 $p$ 为素数, $\alpha$ 为正整数.

(3) 举例说明该同余方程的解数可大于 $n$.

**18.** 给定正整数 $m$. 若整数 $a$ 与 $m$ 互素, 证明: 同余方程

$$ax^2 + bx + c \equiv 0 \quad (\text{mod } m)$$

的解数要么为 0, 要么等于 2 的幂.

**19.** 对正整数 $m$, 考虑整系数多项式

$$\phi_m(x) = \prod_{\substack{1 \leqslant i \leqslant m \\ \gcd(i,m)=1}} (x - i).$$

设 $p$ 为素数, $\alpha$ 为正整数. 证明如下命题:

(1) 同余方程

$$x^{p-1} - 1 \equiv 0 \quad (\text{mod } p^\alpha)$$

的解数为 $p - 1$;

(2) 若 $a_1, a_2, \cdots, a_{p-1}$ 为上述方程模 $p^\alpha$ 两两不同余的整数解, 则我们有同余等式 (多项式同余的概念参见定义 3.1.1)

$$\prod_{i=1}^{p-1} (x - a_i) \equiv x^{p-1} - 1 \quad (\text{mod } p^\alpha);$$

(3) $a_i + pj \quad (1 \leqslant i \leqslant p-1, 0 \leqslant j \leqslant p^{\alpha-1} - 1)$ 为模 $p^\alpha$ 的既约剩余系;

(4) 当 $p$ 为奇素数时, 我们有同余等式

$$\phi_{p^\alpha}(x) \equiv (x^{p-1} - 1)^{p^{\alpha-1}} \pmod{p^\alpha};$$

(5) 当 $\alpha \geqslant 2$ 时, 我们有同余等式

$$\phi_{2^\alpha}(x) \equiv (x^2 - 1)^{2^{\alpha-2}} \pmod{2^\alpha};$$

(6) 对互素的正整数 $m$ 和 $n$, 我们有同余等式

$$\phi_{mn}(x) \equiv \phi_m(x)^{\varphi(n)} \pmod{m}.$$

**20.** 对任何正整数 $m$, 考虑**分圆多项式**

$$\Phi_m(x) = \prod_{\substack{1 \leqslant k \leqslant m \\ \gcd(k,m)=1}} \left( x - \mathrm{e}^{\frac{2k\pi \mathrm{i}}{m}} \right).$$

证明如下命题:

(1) $\Phi_m(x)$ 为整系数多项式且在 $\mathbb{Q}$ 上不可约, 即 $\Phi_m(x)$ 不能写为两个次数更低的有理系数多项式的乘积;

(2) 对任何素数 $p \nmid m$ 和正整数 $\alpha$, 都有

$$\Phi_{mp^\alpha}(x) = \frac{\Phi_m(x^{p^\alpha})}{\Phi_m(x^{p^{\alpha-1}})};$$

(3) 设 $m$ 为互素的两个正整数 $m_1, m_2$ 之积. 若同余方程 $\Phi_m(x) \equiv 0 \pmod{m}$ 有解, 则同余方程 $\Phi_{m_i}(x) \equiv 0 \pmod{m_i}$ 有解, 其中 $i = 1, 2$;

(4) 对任何素数 $p$ 和整数 $\alpha \geqslant 2$, 同余方程 $\Phi_p(x) \equiv 0 \pmod{p}$ 有唯一解, 而同余方程 $\Phi_{p^\alpha}(x) \equiv 0 \pmod{p^\alpha}$ 无解;

(5) 对任何不同的素数 $p$ 和 $q$, 同余方程 $\Phi_{pq}(x) \equiv 0 \pmod{pq}$ 无解;

(6) 同余方程 $\Phi_m(x) \equiv 0 \pmod{m}$ 有解的充要条件为 $m = 1$ 或 $m$ 为素数.

# 第四章

# 单位群 $(\mathbb{Z}/m\mathbb{Z})^{\times}$

上一章我们介绍了同余方程的约化理论, 在那里已言明目前并无求解高次同余方程的统一方法. 尽管如此, 对一些特殊的同余方程, 我们还是有很多理论来研究它们. 这一章我们通过研究模 $m$ 单位群 $(\mathbb{Z}/m\mathbb{Z})^\times$(参见定义 2.3.3) 的结构来讨论 $a$ 次同余方程

$$x^a \equiv c \pmod{m} \tag{4.1}$$

解的性质, 共分为三节. 第一节主要介绍 $(\mathbb{Z}/m\mathbb{Z})^\times$ 中元素的阶, 包括阶的性质与计算方法. 本章最重要的结果是当 $m = p^\alpha$ 时, $(\mathbb{Z}/m\mathbb{Z})^\times$ 为循环群, 其中 $p$ 为奇素数, 这是第二节的主要内容. 按照通常的做法, 我们先对 $m = p$ 证明这个结论, 然后推出 $m = p^\alpha$ 的情形. 如数论中经常发生的那样, 2 作为一个特殊的素数, 当 $\alpha \geqslant 3$ 时 $(\mathbb{Z}/2^\alpha\mathbb{Z})^\times$ 不再是循环群. 最后, 利用中国剩余定理, 我们对一般的 $m$ 得到 $(\mathbb{Z}/m\mathbb{Z})^\times$ 的群结构. 作为一个重要的应用, 当 $(\mathbb{Z}/m\mathbb{Z})^\times$ 为循环群时, 在第三节中我们通过选定 $(\mathbb{Z}/m\mathbb{Z})^\times$ 的一个生成元, 将同余方程 (4.1) 转化为线性同余方程. 本章中, $m$ 依然为固定的正整数.

## 4.1　$(\mathbb{Z}/m\mathbb{Z})^\times$ 中元素的阶

为了研究单位群 $(\mathbb{Z}/m\mathbb{Z})^\times$ 的群结构, 这一节介绍 $(\mathbb{Z}/m\mathbb{Z})^\times$ 中元素阶的基本性质与计算方法.

### 4.1.1　阶的定义与基本性质

设整数 $a$ 与 $m$ 互素. 由 Euler 定理知 $a^{\varphi(m)} \equiv 1 \pmod{m}$. 实际上我们感兴趣的是使 $a^d \equiv 1 \pmod{m}$ 成立的最小正整数. 这一小节实际上为 A.1.3 小节中 $G = (\mathbb{Z}/m\mathbb{Z})^\times$ 的特殊情形.

**定义4.1.1**　设整数 $a$ 和 $m$ 互素. 使 $a^d \equiv 1 \pmod{m}$ 成立的最小正整数 $d$ 称为 $a$ 模 $m$ 的阶, 记为 $\mathrm{ord}_m(a)$. 在不引起混淆的情况下, 常简记为 $\mathrm{ord}(a)$.

由命题 A.1.3, 我们有如下性质:

**命题4.1.1**　设整数 $a$ 与 $m$ 互素.

(1) $\mathrm{ord}(a)$ 为下列映射

$$\mathbb{N} \to (\mathbb{Z}/m\mathbb{Z})^\times$$
$$n \mapsto [a^n]$$

的最小正周期, 即对任何自然数 $n$ 和 $k$, 我们有

$$[a^n] = [a^k] \in (\mathbb{Z}/m\mathbb{Z})^\times \iff n \equiv k \pmod{\mathrm{ord}(a)};$$

$$a^n \equiv 1 \pmod{m} \iff \mathrm{ord}(a) \mid n.$$

(2) $a$ 模 $m$ 的阶等于 $[a]$ 在群 $(\mathbb{Z}/m\mathbb{Z})^\times$ 中的阶, 并且 $\mathrm{ord}(a) \mid \varphi(m)$.

(3) 对任何正整数 $k$, $\mathrm{ord}(a^k) = \dfrac{\mathrm{ord}(a)}{\gcd(\mathrm{ord}(a), k)}$.

(4) 设整数 $b$ 也和 $m$ 互素, 则 $\mathrm{ord}(ab) \mid \mathrm{lcm}(\mathrm{ord}(a), \mathrm{ord}(b))$. 若 $\mathrm{ord}(a)$ 与 $\mathrm{ord}(b)$ 互素, 则 $\mathrm{ord}(ab) = \mathrm{ord}(a) \cdot \mathrm{ord}(b)$.

### 4.1.2 阶的计算

设整数 $a$ 与 $m$ 互素. 由于 $\mathrm{ord}(a) \mid \varphi(m)$, 则 $\mathrm{ord}(a)$ 可通过计算 $a^d$ 模 $m$ 的值得到, 其中 $d$ 取遍 $\varphi(m)$ 的正因子. 下面给出两个便于阶之计算的引理, 其中引理 4.1.1 可将 $m$ 约化为素数幂的情形, 引理 4.1.3 又进一步约化为素数的情形.

**引理4.1.1** 设 $m$ 为两两互素的正整数 $m_1, m_2, \cdots, m_k$ 之积, 整数 $a$ 与 $m$ 互素. 则 $a$ 模 $m$ 的阶等于 $a$ 分别模 $m_1, m_2, \cdots, m_k$ 阶的最小公倍数.

**证明** 对每个 $i$, 令 $d_i = \mathrm{ord}_{m_i}(a)$, $d = \mathrm{lcm}(d_1, d_2, \cdots, d_k)$. 对任何正整数 $n$, 根据命题 4.1.1 (1), 我们有

$$a^n \equiv 1 \pmod{m} \iff a^n \equiv 1 \pmod{m_i}, 1 \leqslant i \leqslant k$$
$$\iff d_i \mid n, 1 \leqslant i \leqslant k \iff d \mid n.$$

于是 $\mathrm{ord}_m(a) = d$. □

**例4.1.1** 求 2 模 105 的阶.

**解** 通过计算得 2 模 3, 5, 7 的阶分别为 2, 4, 3, 因此 2 模 $105 = 3 \times 5 \times 7$ 的阶等于 $\mathrm{lcm}(2, 4, 3) = 12$.

**引理4.1.2** (1) 设 $p$ 为奇素数, 整数 $a \equiv 1 \pmod{p}$, 正整数 $j$ 使得 $p^j \parallel a - 1$. 则对任何自然数 $\alpha$, 都有 $p^{\alpha+j} \parallel a^{p^\alpha} - 1$.

(2) 设整数 $a \equiv 1 \pmod{4}$, 整数 $j \geqslant 2$ 使得 $2^j \parallel a - 1$. 则对任何自然数 $\alpha$, 都有 $2^{\alpha+j} \parallel a^{2^\alpha} - 1$.

**证明** (1) 首先我们有恒等式

$$a^{p^\alpha} - 1 = (a-1) \prod_{i=1}^{\alpha} \frac{a^{p^i} - 1}{a^{p^{i-1}} - 1}.$$

任取 $1 \leqslant i \leqslant \alpha$. 由 $a \equiv 1 \pmod{p}$ 知 $a^{p^{i-1}} \equiv 1 \pmod{p}$, 于是存在整数 $b$ 使 $a^{p^{i-1}} = 1 + bp$. 由于 $p$ 为奇素数, 从而

$$\frac{a^{p^i}-1}{a^{p^{i-1}}-1} = \frac{(1+bp)^p-1}{(1+bp)-1} = \sum_{i=1}^{p}\binom{p}{i}(bp)^{i-1} \equiv p \pmod{p^2}.$$

因此 $p \parallel \dfrac{a^{p^i}-1}{a^{p^{i-1}}-1}$, 故 (1) 成立.

(2) 考虑恒等式

$$a^{2^\alpha}-1 = (a-1)(a+1)\prod_{i=2}^{\alpha}(a^{2^{i-1}}+1). \tag{4.2}$$

由于奇数的平方均模 4 余 1, 因此当 $i \geqslant 2$ 时 $2 \parallel a^{2^{i-1}}+1$. 由 $a \equiv 1 \pmod 4$ 知 $2 \parallel a+1$, 从而 (2) 成立. $\qquad\square$

**引理4.1.3** 给定素数 $p$ 及与之互素的整数 $a$. 对每个正整数 $\alpha$, 令 $d_\alpha$ 为 $a$ 模 $p^\alpha$ 的阶.

(1) 当 $p > 2$ 时, 取整数 $i \geqslant 1$ 使得 $p^i \parallel a^{d_1}-1$. 我们有

$$d_\alpha = \begin{cases} d_1, & \alpha \leqslant i, \\ d_1 p^{\alpha-i}, & \alpha > i. \end{cases}$$

(2) 当 $p = 2$ 时, 取整数 $i \geqslant 2$ 使得 $2^i \parallel a^{d_2}-1$. 我们有

$$d_\alpha = \begin{cases} d_2, & 2 \leqslant \alpha \leqslant i, \\ d_2 2^{\alpha-i}, & \alpha > i. \end{cases}$$

**证明** (1) 由 $a^{d_\alpha} \equiv 1 \pmod{p^\alpha}$ 可推出 $a^{d_\alpha} \equiv 1 \pmod p$. 从而根据命题 4.1.1 (1), 我们有 $d_1 \mid d_\alpha$.

设 $\alpha \leqslant i$. 由 $p^i \parallel a^{d_1}-1$ 知 $a^{d_1} \equiv 1 \pmod{p^\alpha}$. 再由命题 4.1.1 (1) 知 $d_\alpha \mid d_1$. 结合 $d_1 \mid d_\alpha$ 立得 $d_\alpha = d_1$.

设 $\alpha > i$. 将引理 4.1.2 (1) 应用到整数 $a^{d_1}$ 上, 可知 $p^\alpha \mid a^{d_1 p^{\alpha-i}}-1$ 但 $p^\alpha \nmid a^{d_1 p^{\alpha-i-1}}-1$. 再由命题 4.1.1 (1) 得 $d_\alpha \mid d_1 p^{\alpha-i}$ 但 $d_\alpha \nmid d_1 p^{\alpha-i-1}$. 结合 $d_1 \mid d_\alpha$ 立得 $d_\alpha = d_1 p^{\alpha-i}$.

(2) 的证明和 (1) 极为相似, 只需将引理 4.1.2 (2) 应用到整数 $a^{d_2}$ 上, 故略去. $\qquad\square$

**例4.1.2** 分别计算 3 模 $13^{100}$ 和 $2^{50}$ 的阶.

**解** 易知 3 模 13 和 $2^2$ 的阶分别为 3 和 2. 根据引理 4.1.3, 由 $13 \parallel 3^3-1$ 知 3 模 $13^{100}$ 的阶为 $3 \times 13^{100-1} = 3 \times 13^{99}$, 由 $2^3 \parallel 3^2-1$ 知 3 模 $2^{50}$ 的阶为 $2 \times 2^{50-3} = 2^{48}$.

## 4.2 $(\mathbb{Z}/m\mathbb{Z})^{\times}$ 的结构

本节主要刻画乘法群 $(\mathbb{Z}/m\mathbb{Z})^{\times}$ 的结构, 所采取的步骤为先考虑 $m$ 为素数的情形, 然后再研究 $m$ 为素数幂的情形, 最后利用中国剩余定理得出 $m$ 为任何正整数的情形. 需要指出的是, 当 $m$ 为 2 的幂时需单独处理.

### 4.2.1 $(\mathbb{Z}/p\mathbb{Z})^{\times}$ 的结构

本小节利用剩余类域的乘法群结构来证明当 $p$ 为素数时, $(\mathbb{Z}/p\mathbb{Z})^{\times}$ 为循环群.

**定理 4.2.1** 设 $p$ 为素数, 则 $(\mathbb{Z}/p\mathbb{Z})^{\times}$ 为 $p-1$ 阶循环群. 对 $p-1$ 的任何正因子 $d$, $(\mathbb{Z}/p\mathbb{Z})^{\times}$ 有 $\varphi(d)$ 个 $d$ 阶元. 特别地, 循环群 $(\mathbb{Z}/p\mathbb{Z})^{\times}$ 有 $\varphi(p-1)$ 个生成元.

**证明** 由定理 3.3.2 知 $\mathbb{Z}/p\mathbb{Z}$ 为域. 从而由引理 A.3.1 知 $(\mathbb{Z}/p\mathbb{Z})^{\times}$ 为 $p-1$ 阶循环群. 对任何 $d \mid p-1$, 根据命题 A.1.4 (3), $(\mathbb{Z}/p\mathbb{Z})^{\times}$ 有 $\varphi(d)$ 个 $d$ 阶元. 特别地, 循环群 $(\mathbb{Z}/p\mathbb{Z})^{\times}$ 有 $\varphi(p-1)$ 个生成元. $\qquad\square$

**例 4.2.1** (1) 取 $p=7$, $(\mathbb{Z}/7\mathbb{Z})^{\times} = \{[1], [2], [3], [4], [5], [6]\}$. $\varphi(7) = 6$ 的正因子为 $1, 2, 3, 6$. 于是模 7 单位群 $(\mathbb{Z}/7\mathbb{Z})^{\times}$ 有

$\varphi(1) = 1$ 个 1 阶元, 其为 $[1]$;

$\varphi(2) = 1$ 个 2 阶元, 其为 $[6]$;

$\varphi(3) = 2$ 个 3 阶元, 其为 $[2], [4]$;

$\varphi(6) = 2$ 个 6 阶元, 其为 $[3], [5]$.

特别地, 6 阶循环群 $(\mathbb{Z}/7\mathbb{Z})^{\times}$ 的生成元分别为 $[3], [5]$.

(2) 取 $p = 19$, $(\mathbb{Z}/19\mathbb{Z})^{\times} = \{[1], [2], \cdots, [18]\}$. $\varphi(19) = 18$ 的正因子为 $1, 2, 3, 6, 9, 18$. 于是模 19 单位群 $(\mathbb{Z}/19\mathbb{Z})^{\times}$ 有

$\varphi(1) = 1$ 个 1 阶元, 其为 $[1]$;

$\varphi(2) = 1$ 个 2 阶元, 其为 $[18]$;

$\varphi(3) = 2$ 个 3 阶元, 其为 $[7], [11]$;

$\varphi(6) = 2$ 个 6 阶元, 其为 $[8], [12]$;

$\varphi(9) = 6$ 个 9 阶元, 其为 $[4], [5], [6], [9], [16], [17]$;

$\varphi(18) = 6$ 个 18 阶元, 其为 $[2], [3], [10], [13], [14], [15]$.

特别地, 18 阶循环群 $(\mathbb{Z}/19\mathbb{Z})^{\times}$ 有 6 个生成元, 分别为 $[2], [3], [10], [13], [14], [15]$.

### 4.2.2　$(\mathbb{Z}/p^{\alpha}\mathbb{Z})^{\times}$ 的结构

上一小节证明了当 $p$ 为素数时, $(\mathbb{Z}/p\mathbb{Z})^{\times}$ 为 $p-1$ 阶循环群. 利用这个结果这一小节证明对任何正整数 $\alpha$ 和奇素数 $p$, $(\mathbb{Z}/p^{\alpha}\mathbb{Z})^{\times}$ 也为循环群.

**引理4.2.1**　设 $p$ 为奇素数, 整数 $a$ 与 $p$ 互素. 对任何整数 $\alpha \geqslant 2$, 下列条件等价:

(1) $a$ 模 $p$ 的阶为 $p-1$ 且 $p \parallel a^{p-1}-1$.

(2) $a$ 模 $p^{\alpha}$ 的阶为 $(p-1)p^{\alpha-1}$.

**证明**　令 $d_1$ 和 $d_{\alpha}$ 分别为 $a$ 模 $p$ 和 $p^{\alpha}$ 的阶. 则存在正整数 $i$ 使得 $p^i \parallel a^{d_1}-1$. 由引理 4.1.3 知 $d_{\alpha}=d_1 p^{\max\{\alpha-i,0\}}$.

假设 $\mathrm{ord}_p(a)=p-1$ 且 $p \parallel a^{p-1}-1$. 则 $d_1=p-1$ 且 $i=1$. 因此 $d_{\alpha}=(p-1)p^{\alpha-1}$.

反之, 假设 $d_{\alpha}=(p-1)p^{\alpha-1}$. 因此 $d_1 p^{\max\{\alpha-i,0\}}=(p-1)p^{\alpha-1}$. 由命题 4.1.1 (2) 知 $d_1 \mid p-1$, 从而 $d_1$ 和 $p-1$ 均与 $p$ 互素. 故 $d_1=p-1$ 且 $\max\{\alpha-i,0\}=\alpha-1$. 由于 $\alpha \geqslant 2$, 我们有 $i=1$. □

**定理4.2.2**　设 $p$ 为奇素数, $\alpha$ 为正整数, 则 $(\mathbb{Z}/p^{\alpha}\mathbb{Z})^{\times}$ 为 $(p-1)p^{\alpha-1}$ 阶循环群.

**证明**　由定理 4.2.1 知存在整数 $t$ 模 $p$ 的阶为 $p-1$. 由于 $p$ 为奇素数, 则

$$(t+p)^{p-1}-t^{p-1}=\sum_{i=1}^{p-1}\binom{p-1}{i}p^i t^{p-1-i} \equiv (p-1)t^{p-2}p \not\equiv 0 \pmod{p^2}.$$

因此 $p^2 \mid t^{p-1}-1$ 和 $p^2 \mid (t+p)^{p-1}-1$ 不能同时成立. 总有 $a=t$ 或者 $a=t+p$ 使得 $p \parallel a^{p-1}-1$ 且 $\mathrm{ord}_p(a)=p-1$. 根据引理 4.2.1, $\mathrm{ord}_{p^{\alpha}}(a)=(p-1)p^{\alpha-1}$, 即 $[a]$ 在群 $(\mathbb{Z}/p^{\alpha}\mathbb{Z})^{\times}$ 中的阶为 $(p-1)p^{\alpha-1}$. 由于群 $(\mathbb{Z}/p^{\alpha}\mathbb{Z})^{\times}$ 的阶也为 $\varphi(p^{\alpha})=(p-1)p^{\alpha-1}$, 从而根据引理 A.1.1, $(\mathbb{Z}/p^{\alpha}\mathbb{Z})^{\times}$ 为 $(p-1)p^{\alpha-1}$ 阶循环群. □

### 4.2.3　$(\mathbb{Z}/2^{\alpha}\mathbb{Z})^{\times}$ 的结构

上一小节讨论了当 $p$ 为奇素数时单位群 $(\mathbb{Z}/p^{\alpha}\mathbb{Z})^{\times}$ 的结构, 这一小节则考虑 $p=2$ 的情形. 和奇素数的情形略有不同的是, 当 $\alpha \geqslant 3$ 时 $(\mathbb{Z}/2^{\alpha}\mathbb{Z})^{\times}$ 不再是循环群. 我们需要如下引理:

**引理4.2.2**　设整数 $\alpha \geqslant 3$, $a$ 为奇数.

(1) $a$ 模 $2^{\alpha}$ 的阶整除 $2^{\alpha-2}$;

(2) 若 $a \equiv \pm 3 \pmod 8$, 则 $a$ 模 $2^{\alpha}$ 的阶为 $2^{\alpha-2}$. 当 $\alpha \geqslant 4$ 时, 反之亦然.

**证明**　令 $d_3$ 和 $d_{\alpha}$ 分别为 $a$ 模 $2^3$ 和 $2^{\alpha}$ 的阶. 取整数 $i \geqslant 3$ 使得 $2^i \parallel a^{d_3}-1$. 从而根据引理 4.1.3 (2), 我们有 $d_{\alpha}=d_3 \cdot 2^{\max\{\alpha-i,0\}}$. 由于奇数的平方均模 8 余 1, 故 $d_3=1$ 或 $d_3=2$. 因此 $d_{\alpha} \mid 2^{\alpha-2}$, 并且 $d_{\alpha}=2^{\alpha-2}$ 当且仅当 $d_3=2$, $\max\{\alpha-i,0\}=\alpha-3$.

假设 $a \equiv \pm 3 \pmod 8$. 由 $2^3 \parallel a^2 - 1$ 知 $d_3 = 2$, $i = 3$, $\max\{\alpha - i, 0\} = \alpha - 3$.

反之, 假设 $\alpha \geqslant 4$ 且 $\mathrm{ord}(a) = 2^{\alpha - 2}$. 于是 $d_3 = 2$ 且 $\max\{\alpha - i, 0\} = \alpha - 3$. 故 $i = 3$. 由 $2^3 \parallel a^2 - 1$ 知 $a \equiv \pm 3 \pmod 8$. □

**定理 4.2.3**   设 $\alpha$ 为正整数, 我们有群同构

$$(\mathbb{Z}/2^\alpha \mathbb{Z})^\times = \begin{cases} \mathbb{Z}/2^{\alpha - 1}\mathbb{Z}, & \alpha \leqslant 2, \\ \mathbb{Z}/2^{\alpha - 2}\mathbb{Z} \times \mathbb{Z}/2\mathbb{Z}, & \alpha \geqslant 3. \end{cases}$$

特别地, 当 $\alpha \geqslant 3$ 时, $(\mathbb{Z}/2^\alpha \mathbb{Z})^\times$ 不是循环群.

**证明**   显然有 $(\mathbb{Z}/2\mathbb{Z})^\times = \{[1]\} \simeq \mathbb{Z}/1\mathbb{Z}$, $(\mathbb{Z}/4\mathbb{Z})^\times = \{[1], [-1]\} \simeq \mathbb{Z}/2\mathbb{Z}$.

下设 $\alpha \geqslant 3$. 任取整数 $a$ 满足 $a \equiv 3 \pmod 8$. 由引理 4.2.2 知 $[a]$ 在 $(\mathbb{Z}/2^\alpha \mathbb{Z})^\times$ 中的阶为 $2^{\alpha - 2}$. 令 $H$ 为 $[a]$ 在 $(\mathbb{Z}/2^\alpha \mathbb{Z})^\times$ 中生成的 $2^{\alpha - 2}$ 阶循环子群, $N$ 为 $[-1]$ 在 $(\mathbb{Z}/2^\alpha \mathbb{Z})^\times$ 中生成的 2 阶循环子群. 故

$$H = \{[a^i] \mid 1 \leqslant i \leqslant 2^{\alpha - 2}\}, \quad N = \{[1], [-1]\}.$$

由 $a \equiv 3 \pmod 8$ 知, 当 $k$ 为正偶数时, $a^k \equiv 1 \pmod 8$; 而当 $k$ 为正奇数时, $a^k \equiv 3 \pmod 8$; 故对任何正整数 $k$ 都有 $a^k \not\equiv -1 \pmod 8$, 从而 $a^k \not\equiv -1 \pmod{2^\alpha}$. 因此 $H \cap N = \{[1]\}$.

由于 $(\mathbb{Z}/2^\alpha \mathbb{Z})^\times$ 是交换群, 则映射

$$f : H \times N \to (\mathbb{Z}/2^\alpha \mathbb{Z})^\times$$

$$(x, y) \mapsto xy$$

为群同态. 由 $H \cap N = \{[1]\}$ 知 $f$ 为单同态. 同态 $f$ 左端 $H \times N$ 的元素个数

$$\mathrm{card}(H) \cdot \mathrm{card}(N) = 2^{\alpha - 2} \times 2 = 2^{\alpha - 1}$$

等于右端 $(\mathbb{Z}/2^\alpha \mathbb{Z})^\times$ 的元素个数 $\varphi(2^\alpha) = 2^{\alpha - 1}$. 从而根据命题 A.1.2, $f$ 为群同构. 由命题 A.1.4 (1) 知 $H \simeq \mathbb{Z}/2^{\alpha - 2}\mathbb{Z}$, $N \simeq \mathbb{Z}/2\mathbb{Z}$. 于是

$$(\mathbb{Z}/2^\alpha \mathbb{Z})^\times \simeq \mathbb{Z}/2^{\alpha - 2}\mathbb{Z} \times \mathbb{Z}/2\mathbb{Z}.$$

于是当 $\alpha \geqslant 3$ 时, $2^{\alpha - 1}$ 阶群 $(\mathbb{Z}/2^\alpha \mathbb{Z})^\times$ 中任何元素的阶都整除 $2^{\alpha - 2}$. 于是根据引理 A.1.1, $(\mathbb{Z}/2^\alpha \mathbb{Z})^\times$ 不是循环群. □

### 4.2.4   $(\mathbb{Z}/m\mathbb{Z})^\times$ 的结构

前文我们讨论了当 $m$ 为素数幂时 $(\mathbb{Z}/m\mathbb{Z})^\times$ 的群结构, 这一节利用中国剩余定理来研究 $m$ 为任意正整数的情形. 主要结果为下面的定理.

**定理 4.2.4**    设正整数 $m = 2^{\alpha_0} p_1^{\alpha_1} p_2^{\alpha_2} \cdots p_k^{\alpha_k}$, 其中 $\alpha_0$, $k$ 为自然数, $p_1, p_2, \cdots, p_k$ 为两两不同的奇素数, $\alpha_1, \alpha_2, \cdots, \alpha_k$ 为正整数. 则我们有群同构

$$(\mathbb{Z}/m\mathbb{Z})^\times \simeq (\mathbb{Z}/2^{\alpha_0}\mathbb{Z})^\times \times \prod_{i=1}^{k} (\mathbb{Z}/p_i^{\alpha_i}\mathbb{Z})^\times$$

$$\simeq \begin{cases} \displaystyle\prod_{i=1}^{k} \mathbb{Z}/(p_i - 1)p_i^{\alpha_i - 1}\mathbb{Z}, & m \not\equiv 0 \pmod 4, \\[2mm] \mathbb{Z}/2\mathbb{Z} \times \mathbb{Z}/2^{\alpha_0 - 2}\mathbb{Z} \times \displaystyle\prod_{i=1}^{k} \mathbb{Z}/(p_i - 1)p_i^{\alpha_i - 1}\mathbb{Z}, & m \equiv 0 \pmod 4. \end{cases}$$

**证明**    由注记 3.2.1 或中国剩余定理, 我们有典范的环同构

$$\bar{\pi}: \mathbb{Z}/m\mathbb{Z} \simeq \mathbb{Z}/2^{\alpha_0}\mathbb{Z} \times \prod_{i=1}^{k} \mathbb{Z}/p_i^{\alpha_i}\mathbb{Z}$$

$$[a]_m \mapsto ([a]_{2^{\alpha_0}}, ([a]_{p_i^{\alpha_i}})_{1 \leqslant i \leqslant k}).$$

环同构 $\bar{\pi}$ 诱导了环的单位群之间的同构

$$(\mathbb{Z}/m\mathbb{Z})^\times \simeq (\mathbb{Z}/2^{\alpha_0}\mathbb{Z})^\times \times \prod_{i=1}^{k} (\mathbb{Z}/p_i^{\alpha_i}\mathbb{Z})^\times.$$

第二个等式则为定理 4.2.2 和定理 4.2.3 直接推论.    $\square$

利用单位群的结构定理, 我们可给出 $(\mathbb{Z}/m\mathbb{Z})^\times$ 为循环群的如下判定:

**定理 4.2.5**    设 $m$ 为正整数. 则 $(\mathbb{Z}/m\mathbb{Z})^\times$ 为循环群当且仅当 $m$ 形如 $1, 2, 4, p^\alpha, 2p^\alpha$, 其中 $p$ 为奇素数, $\alpha$ 为正整数. 此时,

$$(\mathbb{Z}/m\mathbb{Z})^\times \simeq \begin{cases} \{1\}, & m = 1,\, 2, \\[1mm] \mathbb{Z}/2\mathbb{Z}, & m = 4, \\[1mm] \mathbb{Z}/(p-1)p^{\alpha-1}\mathbb{Z}, & m = p^\alpha \text{ 或 } 2p^\alpha. \end{cases}$$

**证明**    将 $m$ 写为定理 4.2.4 中的形式 $m = p_0^{\alpha_0} p_1^{\alpha_1} \cdots p_k^{\alpha_k}$, 其中 $p_0 = 2$. 由定理 4.2.3 知 $(\mathbb{Z}/2^{\alpha_0}\mathbb{Z})^\times$ 为循环群当且仅当 $0 \leqslant \alpha \leqslant 2$, 并且 $(\mathbb{Z}/1\mathbb{Z})^\times \simeq (\mathbb{Z}/2\mathbb{Z})^\times$ 为平凡群, $(\mathbb{Z}/4\mathbb{Z})^\times \simeq \mathbb{Z}/2\mathbb{Z}$ 为 $2$ 阶群. 由定理 4.2.2 知对任何 $1 \leqslant i \leqslant k$, $(\mathbb{Z}/p_i^{\alpha_i}\mathbb{Z})^\times$ 为偶数 $(p_i - 1)p_i^{\alpha_i - 1}$ 阶循环群.

根据引理 A.1.4, $(\mathbb{Z}/m\mathbb{Z})^\times$ 为循环群当且仅当对任何 $0 \leqslant i \leqslant k$, $(\mathbb{Z}/p_i^{\alpha_i}\mathbb{Z})^\times$ 皆为循环群并且它们的阶 $(p_i - 1)p_i^{\alpha_i - 1}$ 两两互素. 因此 $(\mathbb{Z}/m\mathbb{Z})^\times$ 为循环群当且仅当 $m$ 形如 $2^\alpha p^\beta$, 其中 $p$ 为奇素数, $0 \leqslant \alpha \leqslant 1$, $\beta > 0$ 或 $0 \leqslant \alpha \leqslant 2$, $\beta = 0$. 这就完成了定理的证明.    $\square$

# 4.3 原根与指标

上一节刻画了 $(\mathbb{Z}/m\mathbb{Z})^\times$ 的群结构. 这一节讨论当 $(\mathbb{Z}/m\mathbb{Z})^\times$ 为循环群时, 如何将同余方程 (4.1) 化为线性同余方程.

## 4.3.1 原根

任给与 $m$ 互素的整数 $a$, 模 $m$ 单位群 $(\mathbb{Z}/m\mathbb{Z})^\times$ 为循环群且 $[a]$ 为其生成元, 等价于 $\mathrm{ord}_m(a) = \varphi(m)$. 我们有如下定义:

**定义4.3.1** 对与 $m$ 互素的整数 $a$, 若 $\mathrm{ord}_m(a) = \varphi(m)$, 则称 $a$ 为模 $m$ 的**原根**.

**引理4.3.1** 对任何与 $m$ 互素的整数 $a$, 下列条件等价:

(1) $a$ 为模 $m$ 的原根.

(2) $[a]$ 为 $(\mathbb{Z}/m\mathbb{Z})^\times$ 的生成元.

(3) $(\mathbb{Z}/m\mathbb{Z})^\times = \{[a^i] \mid 0 \leqslant i < \varphi(m)\}$.

(4) $\{a^i \mid 0 \leqslant i < \varphi(m)\}$ 为模 $m$ 的既约剩余系.

**证明** 由于单位群 $(\mathbb{Z}/m\mathbb{Z})^\times$ 的阶为 $\varphi(m)$, 从而命题为引理 2.3.2 和引理 A.1.1 的直接推论. $\square$

**定理4.3.1** 设 $m$ 为正整数. 则模 $m$ 的原根存在当且仅当 $m$ 形如 $1, 2, 4, p^\alpha, 2p^\alpha$, 其中 $p$ 为奇素数, $\alpha$ 为正整数. 此时, 共有 $\varphi(\varphi(m))$ 个模 $m$ 两两不同余的原根.

**证明** 定理的第一部分即为定理 4.2.5 的等价形式. 此时, $(\mathbb{Z}/m\mathbb{Z})^\times$ 为 $\varphi(m)$ 阶循环群. 从而根据命题 A.1.4 (3), $(\mathbb{Z}/m\mathbb{Z})^\times$ 有 $\varphi(\varphi(m))$ 个生成元. 换言之, 共有 $\varphi(\varphi(m))$ 个模 $m$ 两两不同余的原根. $\square$

## 4.3.2 原根的计算

上一小节给出了原根存在的充要条件, 这一小节介绍原根的求法. 需要指明的是, 寻找原根是一个极为困难的问题. 因此这一小节只是介绍如何将求模为一般整数的原根问题约化成模为奇素数的情形, 而对模为奇素数的情形, 也只是给出一些有助于原根判定的简单法则. 首先考虑模为奇素数的情形, 我们有如下引理:

**引理4.3.2** 设 $p$ 为奇素数, 整数 $a$ 与 $p$ 互素. 若对 $p-1$ 的任一素因子 $q$, 都有 $a^{\frac{p-1}{q}} \not\equiv 1 \pmod{p}$, 则 $a$ 是模 $p$ 的原根, 即 $\mathrm{ord}(a) = p-1$.

**证明** 由命题 4.1.1 (2) 知 $\mathrm{ord}(a) \mid p-1$. 若 $\mathrm{ord}(a) \neq p-1$, 则存在素数 $q$ 整除整数 $\dfrac{p-1}{\mathrm{ord}(a)}$, 即 $\mathrm{ord}(a) \,\Big|\, \dfrac{p-1}{q}$. 由命题 4.1.1 (1) 知 $a^{\frac{p-1}{q}} \equiv 1 \pmod{p}$, 这与条件矛盾. 故

$\operatorname{ord}(a) = p - 1$.  □

**例4.3.1** 求模 43 的一个原根.

**解** 由于 $\varphi(43) = 42$ 的素因子为 $2, 3, 7$, 对任何与 43 互素的整数 $a$, 根据引理 4.3.2, $a$ 为模 43 的原根当且仅当 $a^{21}, a^{14}, a^6$ 均不和 1 模 43 同余.

先考虑整数 2. 由 $2^7 \equiv -1 \pmod{43}$ 得 $2^{14} \equiv 1 \pmod{43}$, 从而 2 不是模 43 的原根. 再考虑整数 3. 我们有 $3^6 \equiv 81 \times 9 \equiv (-5) \times 9 \equiv -2 \not\equiv 1 \pmod{43}$, $3^7 \equiv 3^6 \times 3 \equiv -6 \not\equiv 1 \pmod{43}$, $3^{14} \equiv (3^7)^2 \equiv 36 \not\equiv 1 \pmod{43}$, $3^{21} \equiv (3^7)^3 \equiv -216 \equiv -1 \not\equiv 1 \pmod{43}$. 于是 3 为模 43 的原根.

利用引理 4.2.1, 我们可以用模奇素数 $p$ 的原根来构造模 $p^{\alpha}$ 的原根. 设 $a$ 为模 $p$ 的原根. 于是对任何正整数 $\alpha$, 当 $p \parallel a^{p-1} - 1$ 时, $a$ 为模 $p^{\alpha}$ 的原根, 否则 $a + p$ 为模 $p^{\alpha}$ 的原根.

**例4.3.2** 求模 $43^{\alpha}$ 的一个原根, 其中 $\alpha$ 为正整数.

**解** 由例 4.3.1 知 3 为模 43 的一个原根. 经计算知 $3^{42} \not\equiv 1 \pmod{43^2}$, 从而 3 也为模 $43^{\alpha}$ 的原根.

下面的引理帮助我们通过模 $p^{\alpha}$ 的原根来构造模 $2p^{\alpha}$ 的原根.

**引理4.3.3** 设 $p$ 为奇素数, $\alpha$ 为正整数, 整数 $a$ 为模 $p^{\alpha}$ 的原根, 则当 $a$ 为奇数时, $a$ 为模 $2p^{\alpha}$ 的原根, 否则 $a + p^{\alpha}$ 为模 $2p^{\alpha}$ 的原根.

**证明** 任给与 $p^{\alpha}$ 互素的奇数 $b$. 对任何正整数 $n$, $b^n \equiv 1 \pmod{p^{\alpha}}$ 当且仅当 $b^n \equiv 1 \pmod{2p^{\alpha}}$. 于是根据命题 4.1.1 (1), $\operatorname{ord}_{p^{\alpha}}(b) = \operatorname{ord}_{2p^{\alpha}}(b)$. 由于 $\varphi(2p^{\alpha}) = \varphi(p^{\alpha})$, 因此 $b$ 为模 $p^{\alpha}$ 的原根当且仅当 $b$ 为模 $2p^{\alpha}$ 的原根. 由假设 $a$ 为模 $p^{\alpha}$ 的原根. 从而当 $a$ 为奇数时, $a$ 为模 $2p^{\alpha}$ 的原根; 而当 $a$ 为偶数时, $a + p^{\alpha}$ 为模 $2p^{\alpha}$ 的原根.  □

**例4.3.3** 求模 $2 \times 43^{\alpha}$ 的原根, 其中 $\alpha$ 为正整数.

**解** 由例 4.3.2 知 3 为模 $43^{\alpha}$ 的原根. 由于 3 为奇数, 根据引理 4.3.3, 3 也为模 $2 \times 43^{\alpha}$ 的原根.

### 4.3.3 指标

前文介绍了原根的性质和计算方法, 这一小节通过引入指标来刻画单位群 $(\mathbb{Z}/m\mathbb{Z})^{\times}$ 中的元素.

<u>**定义4.3.2**</u> 假设整数 $g$ 为模 $m$ 的原根, 即 $[g]_m$ 为 $(\mathbb{Z}/m\mathbb{Z})^{\times}$ 的生成元. 则

$$(\mathbb{Z}/m\mathbb{Z})^{\times} = \{[g^i]_m \mid 0 \leqslant i \leqslant \varphi(m) - 1\}.$$

于是对任何自然数 $n$ 和 $k$, 我们有

$$g^n \equiv g^k \pmod{m} \iff n \equiv k \pmod{\varphi(m)} \iff [n]_{\varphi(m)} = [k]_{\varphi(m)} \in \mathbb{Z}/\varphi(m)\mathbb{Z}.$$

故对任何与 $m$ 互素的整数 $a$, 存在自然数 $r$ 使得 $g^r \equiv a \pmod{m}$, 并且 $[r]_{\varphi(m)} \in \mathbb{Z}/\varphi(m)\mathbb{Z}$ 不依赖于自然数 $r$ 的选取. 我们称 $\mathbb{Z}/\varphi(m)\mathbb{Z}$ 中的元素 $[r]_{\varphi(m)}$ 为 $a$ 对模 $m$ 的原根 $g$ 的**指标**, 记为 $\mathrm{ind}_g(a)$. 若整数 $b \equiv a \pmod{m}$, 我们有 $\mathrm{ind}_g(b) = \mathrm{ind}_g(a)$. 因此下列**指标映射**

$$\mathrm{ind}_g : (\mathbb{Z}/m\mathbb{Z})^\times \to \mathbb{Z}/\varphi(m)\mathbb{Z}$$

$$[a]_m \mapsto \mathrm{ind}_g(a)$$

是良好定义的双射. 同样, 若整数 $h \equiv g \pmod{m}$, 则 $h$ 也为模 $m$ 的原根, 并且指标映射 $\mathrm{ind}_h = \mathrm{ind}_g$.

**定理 4.3.2**　(1) 假设 $g$ 为模 $m$ 的原根, 则指标映射

$$\mathrm{ind}_g : (\mathbb{Z}/m\mathbb{Z})^\times \to \mathbb{Z}/\varphi(m)\mathbb{Z}$$

$$[a]_m \mapsto \mathrm{ind}_g(a)$$

为群同构. 反之, 任何群同构 $(\mathbb{Z}/m\mathbb{Z})^\times \simeq \mathbb{Z}/\varphi(m)\mathbb{Z}$ 均为模 $m$ 的一个原根所定义的指标映射.

(2) 假设模 $m$ 的原根存在, 则恰有 $\varphi(\varphi(m))$ 个模 $m$ 的指标映射.

**证明**　(1) 对任何 $[a]_m, [b]_m \in (\mathbb{Z}/m\mathbb{Z})^\times$, 取自然数 $r$ 和 $s$ 使得 $a \equiv g^r \pmod{m}$, $b \equiv g^s \pmod{m}$, 则 $ab \equiv g^{r+s} \pmod{m}$. 根据指标的定义, 我们有

$$\mathrm{ind}_g(ab) = [r+s]_{\varphi(m)} = [r]_{\varphi(m)} + [s]_{\varphi(m)} = \mathrm{ind}_g(a) + \mathrm{ind}_g(b) \in \mathbb{Z}/\varphi(m)\mathbb{Z}.$$

这就证明了 $\mathrm{ind}_g$ 为群同态. 从而根据命题 A.1.2, $\mathrm{ind}_g$ 为群同构.

反之, 任给群同构 $\phi : (\mathbb{Z}/m\mathbb{Z})^\times \simeq \mathbb{Z}/\varphi(m)\mathbb{Z}$. 取整数 $g$ 使得 $\phi([g]_m) = [1]_{\varphi(m)}$, 则 $[g]_m$ 为 $(\mathbb{Z}/m\mathbb{Z})^\times$ 的生成元. 换言之, $g$ 为模 $m$ 的原根, 并且 $\mathrm{ind}_g([g]_m) = [1]_{\varphi(m)} = \phi([g]_m)$. 由于 $[g]_m$ 为 $(\mathbb{Z}/m\mathbb{Z})^\times$ 的生成元, 从而 $\phi = \mathrm{ind}_g$.

(2) 假设模 $m$ 的原根存在, 则 $(\mathbb{Z}/m\mathbb{Z})^\times$ 为 $\varphi(m)$ 阶循环群, 其有 $\varphi(\varphi(m))$ 个生成元. 根据 (1), $[g]_m \mapsto \mathrm{ind}_g$ 给出了从 $(\mathbb{Z}/m\mathbb{Z})^\times$ 的生成元到模 $m$ 的指标映射上的一一对应, 故恰有 $\varphi(\varphi(m))$ 个模 $m$ 的指标映射. $\qquad\square$

**注记 4.3.1**　指标映射

$$\mathrm{ind}_g : (\mathbb{Z}/m\mathbb{Z})^\times \simeq \mathbb{Z}/\varphi(m)\mathbb{Z}$$

类似于对数函数

$$\ln : (\mathbb{R}^+, \cdot) \simeq (\mathbb{R}, +),$$

我们一般称之为**离散对数**.

之前我们说过, 对给定的 $m$, 计算 $(\mathbb{Z}/m\mathbb{Z})^\times$ 的原根是一个极其困难的问题. 即便给定 $(\mathbb{Z}/m\mathbb{Z})^\times$ 的一个原根 $g$, 如何计算 $(\mathbb{Z}/m\mathbb{Z})^\times$ 中元素对 $g$ 的指标同样是一个困难的问题, 一般称之为离散对数问题.

### 4.3.4    二项式同余方程

原根与指标理论可将二项式同余方程转化为线性同余方程.

**定理 4.3.3**    考虑同余方程

$$x^a \equiv c \pmod{m}, \tag{4.3}$$

其中 $a$ 为正整数, $c$ 为与 $m$ 互素的整数. 令 $d = \gcd(a, \varphi(m))$. 假设模 $m$ 的原根存在.

(1) 同余方程 (4.3) 要么无解, 要么有 $d$ 组解.

(2) 同余方程 (4.3) 有解的充要条件为 $c^{\frac{\varphi(m)}{d}} \equiv 1 \pmod{m}$.

(3) 对给定的正整数 $a$, 恰有 $\dfrac{\varphi(m)}{d}$ 个模 $m$ 两两不同余且与 $m$ 互素的整数 $c$, 使同余方程 (4.3) 有解.

**证明**    取定模 $m$ 的原根 $g$. 由引理 4.3.1 知存在整数 $b$ 使得 $c \equiv g^b \pmod{m}$. 因此

$$c^{\frac{\varphi(m)}{d}} \equiv 1 \pmod{m} \iff g^{\frac{b\varphi(m)}{d}} \equiv 1 \pmod{m} \iff d \mid b, \tag{4.4}$$

其中最后一个等价由命题 4.1.1 (1) 得出. 作变量替换 $x = g^y$, 则

$$x^a \equiv c \pmod{m} \iff g^{ay} \equiv g^b \pmod{m} \iff ay \equiv b \pmod{\varphi(m)}.$$

因此在变量替换 $x = g^y$ 下, 同余方程 (4.3) 等价于关于未知数 $y$ 的线性同余方程

$$ay \equiv b \pmod{\varphi(m)}. \tag{4.5}$$

将定理 3.2.1 应用到线性同余方程 (4.5) 上再结合 (4.4) 即得本定理.

实际上我们还可以用循环群的结构来研究同余方程 (4.3). 根据假设, $(\mathbb{Z}/m\mathbb{Z})^\times$ 为 $\varphi(m)$ 阶循环群. 考虑群同态

$$f \colon (\mathbb{Z}/m\mathbb{Z})^\times \to (\mathbb{Z}/m\mathbb{Z})^\times$$

$$h \mapsto h^a.$$

则原命题中的三个结论分别等价于:

(1') $(\mathbb{Z}/m\mathbb{Z})^\times$ 的任何元素在映射 $f$ 下的原像为空集或者 $d$ 元集.

(2') $\operatorname{im}(f) = \{h \in (\mathbb{Z}/m\mathbb{Z})^\times \mid h^{\frac{\varphi(m)}{d}} = 1\}$.

(3') $\operatorname{card}(\operatorname{im}(f)) = \dfrac{\varphi(m)}{d}$.

由于 $f$ 为群同态, 从而 $(\mathbb{Z}/m\mathbb{Z})^\times$ 中的任何元素在映射 $f$ 下的原像要么为空集, 要么为 $\ker(f)$ 在 $(\mathbb{Z}/m\mathbb{Z})^\times$ 中的陪集. 由于 $\ker(f)$ 在 $(\mathbb{Z}/m\mathbb{Z})^\times$ 中的任一陪集均与 $\ker(f)$ 有相同的元素个数, 因此 (1') 等价于 $\operatorname{card}(\ker(f)) = d$.

对任何 $h \in (\mathbb{Z}/m\mathbb{Z})^\times$, 由命题 A.1.3 (2) 有 $h^{\varphi(m)} = 1$. 由定理 1.2.1 知存在整数 $u, v$ 使得 $ua + v\varphi(m) = d$, 从而

$$h \in \ker(f) \iff h^a = 1 \iff h^d = 1.$$

由命题 A.1.4 (2) 知 $\mathrm{card}(\ker(f)) = d$. 这就证明了 (1'). 根据推论 A.1.1, 有

$$\mathrm{card}(\mathrm{im}(f)) = \frac{\mathrm{card}((\mathbb{Z}/m\mathbb{Z})^{\times})}{\mathrm{card}(\ker(f))} = \frac{\varphi(m)}{d},$$

即 $\mathrm{im}(f)$ 为 $(\mathbb{Z}/m\mathbb{Z})^{\times}$ 的 $\dfrac{\varphi(m)}{d}$ 阶子群, 这就证明了 (3'). 再由命题 A.1.4 (2) 知

$$\mathrm{im}(f) = \{h \in (\mathbb{Z}/m\mathbb{Z})^{\times} \mid h^{\frac{\varphi(m)}{d}} = 1\}. \qquad \square$$

**注记 4.3.2**    固定同余方程 (4.3) 的一个解 $x \equiv x_0 \pmod{m}$. 若 $x \equiv x_1 \pmod{m}$ 满足同余方程 $x^a \equiv 1 \pmod{m}$, 则 $x \equiv x_0 x_1 \pmod{m}$ 也满足 (4.3), 并且 (4.3) 的所有解都可以这样实现. 因此若要求出同余方程 (4.3) 的所有解, 我们只需求出它的一个特解 $x \equiv x_0 \pmod{m}$ 以及同余方程 $x^a \equiv 1 \pmod{m}$ 的所有解.

若同余方程 (4.3) 有整数解, 我们一般称 $c$ 为模 $m$ 的 $a$ 次剩余, 即 $c$ 与某个整数的 $a$ 次幂模 $m$ 同余. 高次剩余的概念会在下一章引入. 特别地, 我们将在下一章介绍二次剩余的相关理论, 这也是本书的核心内容之一.

# 习题

**1.** 求 2 模 225 的阶.

**2.** 求 7 模 $2^{10000}$ 的阶.

**3.** 给定整数 $a$ 和奇素数 $p \nmid a$. 若 $\mathrm{ord}_p(a) = 3$, 证明: $\mathrm{ord}_p(a+1) = \mathrm{ord}_p(-a) = 6$.

**4.** 求出模 41 的所有原根, 分别求出模 $41^5$ 和 $2 \times 41^5$ 的一个原根.

**5.** 证明: 大于 1 的整数 $m$ 为素数的充要条件为存在和 $m$ 互素的整数 $a$ 使得 $\mathrm{ord}_m(a) = m - 1$.

**6.** 设 $a$ 为模奇素数 $p$ 的原根. 证明: 当 $p \equiv 1 \pmod{4}$ 时, $-a$ 也为模 $p$ 的原根; 当 $p \equiv 3 \pmod{4}$ 时, $-a$ 模 $p$ 的阶为 $\dfrac{p-1}{2}$.

**7.** 设 $a$ 和 $b$ 模 $m$ 的阶分别为 $d$ 和 $e$. 证明: $ab$ 模 $m$ 的阶整除 $\mathrm{lcm}(d, e)$, 并且当 $\gcd(d, e) = 1$ 时, $ab$ 模 $m$ 的阶为 $de$.

**8.** 已知 5 为模 97 的原根. 分别求模 $97^2$ 和 $2 \times 97^2$ 的一个原根.

**9.** 设整数 $\alpha \geqslant 3$. 对任何整数 $1 \leqslant j \leqslant \alpha - 2$, 求整数 $a$ 使得 $\mathrm{ord}_{2^{\alpha}}(a) = 2^j$.

**10.** 设第 $n$ 个 Fermat 数 $F_n = 2^{2^n} + 1$. 证明:

(1) $\mathrm{ord}_{F_n}(2) = 2^{n+1}$;

(2) 若 $p$ 为 $F_n$ 的素因子, 则 $\mathrm{ord}_p(2) = 2^{n+1}$;

(3) 若 $p$ 为 $F_n$ 的素因子, 则 $p \equiv 1 \pmod{2^{n+1}}$.

**11.** 考虑 Mersenne 数 $M_p = 2^p - 1$, 其中 $p$ 为素数. 证明:

(1) $\mathrm{ord}_{M_p}(2) = p$;

(2) 若 $q$ 为 $M_p$ 的素因子, 则 $\mathrm{ord}_q(2) = p$;

(3) 若 $q$ 为 $M_p$ 的素因子, 则 $q \equiv 1 \pmod p$.

**12.** 设 $p, q$ 为不同的奇素数. 证明: 不存在整数 $a$ 同时满足

$$\sum_{i=0}^{p-1} a^i \equiv 0 \pmod q, \quad \sum_{i=0}^{q-1} a^i \equiv 0 \pmod p.$$

**13.** 设素数 $p$ 和 $q$ 满足 $p = 2q + 1$, 整数 $a$ 满足 $1 < a < p - 1$. 证明: $p - a^2$ 为模 $p$ 的原根.

**14.** 求以 14 为原根的最小素数.

**15.** 解同余方程 $3x^6 \equiv 5 \pmod 7$.

**16.** 解同余方程 $x^4 \equiv 4 \pmod{99}$.

**17.** 对哪些整数 $a$, 同余方程 $ax^5 \equiv 7 \pmod{11}$ 可解?

**18.** 对哪些整数 $b$, 同余方程 $5x^8 \equiv b \pmod{41}$ 可解?

**19.** 求同余方程 $x^x \equiv x \pmod{19}$ 满足 $\gcd(x, 19) = 1$ 的全部解.

**20.** 求同余方程 $3x^6 \equiv 17 \pmod{128}$ 的全部解.

**21.** 证明: 对任何正整数 $n$, $n^4 + 1$ 的奇素因子均模 8 余 1.

**22.** 证明: 存在无穷多个形如 $8k + 1$ 的素数, 其中 $k$ 为正整数.

**23.** 设 $p$ 和 $q$ 为奇素数满足 $q \mid ap - 1$. 证明: $q \mid a - 1$ 或者 $q = 2kp + 1$, 其中 $k \in \mathbb{Z}$.

**24.** 设素数 $p \equiv 1 \pmod 4$, $a$ 为模 $p$ 的原根. 证明: $a^{\frac{p-1}{4}}$ 满足同余方程 $x^2 + 1 \equiv 0 \pmod p$.

**25.** 设 $p$ 为奇素数, $\alpha$ 为正整数. 证明: 当 $p^\alpha > 3$ 时, 所有模 $p^\alpha$ 两两不同余的原根之积模 $p^\alpha$ 余 1.

**26.** 证明: 对任何整数 $k \geqslant 3$, $\{(-1)^\alpha \cdot 3^\beta \mid 0 \leqslant \alpha \leqslant 1, 0 \leqslant \beta < 2^{k-2}\}$ 为模 $2^k$ 的既约剩余系.

**27.** 设 $m$ 为正整数, $\Phi_m(x)$ 为第三章习题 20 中定义的分圆多项式, 素数 $p \nmid m$. 证明如下命题:

(1) 对任何 $m$ 的正因子 $d$, 若 $d < m$, 则 $\Phi_m(x) \ \Big| \ \dfrac{x^m - 1}{x^d - 1}$;

(2) 对任何整数 $a$, $p \mid \Phi_m(a)$ 当且仅当 $\mathrm{ord}_p(a) = m$;

(3) 存在整数 $a$ 使得 $p \mid \varPhi_m(a)$ 当且仅当 $p \equiv 1 \pmod{m}$;

(4) 存在无穷个素数形如 $km + 1$, 其中 $k$ 为正整数.

**28.** 给定奇素数 $p$ 及与之互素的整数 $a$. 证明:

$$\sum_{k=1}^{p-1} (-1)^k a^{k^2} \equiv 0 \pmod{p}$$

的充要条件为 $a$ 模 $p$ 的阶为奇数.

**29.** 设整数 $a$ 和大于 $2$ 的整数 $m$ 互素. 若存在正整数 $k$ 使得 $a^k \equiv -1 \pmod{m}$, 则称使 $a^k \equiv -1 \pmod{m}$ 成立的最小正整数 $k$ 为 $a$ 模 $m$ 的**半阶**. 证明:

(1) 若 $a$ 模 $m$ 的半阶存在, 则 $a$ 模 $m$ 的阶是其半阶的 $2$ 倍;

(2) 若 $m$ 为奇素数 $p$ 的幂, 则 $a$ 模 $m$ 的半阶存在当且仅当 $a$ 模 $p$ 的阶为偶数;

(3) 设奇数 $m$ 的标准分解式为 $\displaystyle\prod_{i=1}^{k} p_i^{\alpha_i}$, 则 $a$ 模 $m$ 的半阶存在之充要条件为对任何 $1 \leqslant i \leqslant k$, $\mathrm{ord}_{p_i}(a)$ 为偶数并且 $\dfrac{1}{\mathrm{ord}_{p_i}(a)} \mathrm{lcm}(\mathrm{ord}_{p_1}(a), \mathrm{ord}_{p_2}(a), \cdots, \mathrm{ord}_{p_k}(a))$ 为奇数.

**30.** 设 $k$ 为大于 $1$ 的整数. 证明:

(1) 存在能被 $2^k$ 整除的十进制 $k$ 位数, 其至少一半数字为 $9$;

(2) $5^k \| 2^{4 \cdot 5^{k-1}} - 1$;

(3) $2$ 为模 $5^k$ 的原根;

(4) 存在一个 $2$ 的幂, 在其最末 $k$ 位数字中至少有一半是 $9$.

**31.** 令

$$d = \gcd(2^{561} - 2, 3^{561} - 3, \cdots, 561^{561} - 561).$$

(1) 对任何 $d$ 的素因子 $p$, 同余方程

$$x^{561} - x \equiv 0 \pmod{p}$$

有整数解 $x = 0, 1, \cdots, 561$, 并由此推出 $p \leqslant 561$;

(2) 对任何 $d$ 的素因子 $p$, 存在 $1 \leqslant a \leqslant 561$ 使得 $a$ 为模 $p$ 的原根, 并由此推出 $p - 1 \mid 560$;

(3) 若素数 $p$ 满足 $p - 1 \mid 560$, 证明: $p \mid d$;

(4) 若素数 $p$ 满足 $p - 1 \mid 560$, 证明: $p \| d$;

(5) 求出 $d$ 的值.

# 第五章

# 二次剩余

这一章主要研究二次同余方程

$$x^2 \equiv a \pmod{m}$$

解的存在性问题, 其中 $m$ 为正整数, $a$ 为与 $m$ 互素的整数. 若此方程有解, 则称 $a$ 为模 $m$ 的二次剩余. 本章的主要结果为二次互反律, 二次互反律表明两个同余方程 $x^2 \equiv q \pmod{p}$ 和 $x^2 \equiv p \pmod{q}$ 解的存在性之间有着密切的联系, 其中 $p, q$ 为不同的奇素数. 围绕二次互反律, 第一节介绍 $k$ 次剩余的基本性质与计数问题, 并将二次剩余判定问题中模从任意正整数的情形约化成奇素数的情形. 对模为奇素数的情形, 第二节通过引入 Legendre 符号来刻画二次同余方程的解数, 并给出 Legendre 符号的一些特殊值. 第三节介绍 Gauss 和以及二次互反律的证明, 并引入 Jacobi 符号给出二次剩余判定的一个有效算法. 作为应用, 第四节探讨二次同余方程解的存在性及其结构.

## 5.1 二次剩余的约化

这一节主要介绍二次剩余判定问题中模如何从一般整数约化成奇素数的情形.

### 5.1.1 模 $m$ 的 $k$ 次剩余

当 $\gcd(a,m) = 1$ 时, 同余方程 $x^2 \equiv a \pmod{m}$ 有解等价于 $[a]$ 在群 $(\mathbb{Z}/m\mathbb{Z})^\times$ 中有平方根. 实际上, 我们有如下更一般的定义:

**定义5.1.1** 对群 $G$ 和正整数 $k$, 定义

$$G^k = \{g^k \mid g \in G\};$$
$$G[k] = \{g \in G \mid g^k = 1\}.$$

**例5.1.1** (1) 设 $G = \mathbb{Z}/m\mathbb{Z}$, 其中 $m$ 为正整数. 对任何正整数 $k$, 令 $d = \gcd(m,k)$. 由定理 3.2.1 可知

$$G^k = d\mathbb{Z}/m\mathbb{Z}, \ G[k] = (m/d)\mathbb{Z}/m\mathbb{Z}.$$

(2) 设 $G = \mathbb{Z}/2\mathbb{Z} \times \mathbb{Z}/2^\alpha\mathbb{Z}$, 其中 $\alpha$ 为正整数. 则

$$G[2] = \mathbb{Z}/2\mathbb{Z} \times 2^{\alpha-1}\mathbb{Z}/2^\alpha\mathbb{Z}, \ G^2 = \{0\} \times 2\mathbb{Z}/2^\alpha\mathbb{Z}.$$

**例5.1.2**

$$((\mathbb{Z}/13\mathbb{Z})^\times)^2 = \{[1],[3],[4],[9],[10],[12]\}, \quad ((\mathbb{Z}/13\mathbb{Z})^\times)[2] = \{[1],[12]\};$$

$$((\mathbb{Z}/12\mathbb{Z})^\times)^2 = \{[1]\}, \qquad ((\mathbb{Z}/12\mathbb{Z})^\times)[2] = \{[1], [5], [7], [11]\};$$

$$((\mathbb{Z}/21\mathbb{Z})^\times)^2 = \{[1], [4], [16]\}, \qquad ((\mathbb{Z}/21\mathbb{Z})^\times)[2] = \{[1], [8], [13], [20]\};$$

$$((\mathbb{Z}/40\mathbb{Z})^\times)^2 = \{[1], [9]\}, \qquad ((\mathbb{Z}/40\mathbb{Z})^\times)[2] = \{[1], [9], [11], [19], [21],$$
$$[29], [31], [39]\}.$$

**引理5.1.1**　若 $G$ 为 Abel 群, $k$ 为正整数, 则 $G^k$ 和 $G[k]$ 均为 $G$ 的子群. 若 $G$ 为有限 Abel 群, 我们有

$$\mathrm{card}(G) = \mathrm{card}(G^k) \cdot \mathrm{card}(G[k]), \tag{5.1}$$
$$\mathrm{card}(G/G^k) = \mathrm{card}(G[k]).$$

**证明**　考虑映射

$$\phi : G \to G$$
$$g \mapsto g^k.$$

对任何 $g, h \in G$, 由 $G$ 的交换性知

$$\phi(gh) = (gh)^k = g^k h^k = \phi(g)\phi(h).$$

于是 $\phi$ 为群同态. 因此 $\mathrm{im}(\phi) = G^k$ 和 $\ker(\phi) = G[k]$ 皆为 $G$ 的子群. 从而当 $G$ 为有限 Abel 群时, 命题中的两个等式均由推论 A.1.1 直接得出. $\qquad\square$

由群直积的定义 (定义 A.1.9) 我们有如下引理:

**引理5.1.2**　设 $\{G_i\}_{i \in I}$ 为一族 Abel 群. 对任何正整数 $k$, 我们有 Abel 群的典范同构

$$\left(\prod_{i \in I} G_i\right)[k] = \prod_{i \in I} G_i[k],$$
$$\left(\prod_{i \in I} G_i\right)^k = \prod_{i \in I} G_i^k.$$

现将上面的结果应用到我们感兴趣的模 $m$ 单位群 $(\mathbb{Z}/m\mathbb{Z})^\times$ 上. 首先我们有如下定义:

**定义5.1.2**　设 $m$ 和 $k$ 为正整数, 整数 $a$ 和 $m$ 互素. 若存在整数 $b$ 使得 $a \equiv b^k \pmod{m}$, 则称 $a$ 为模 $m$ 的 $k$ **次剩余**, 否则称之为模 $m$ 的 $k$ **次非剩余**.

不难看出, $a$ 为模 $m$ 的 $k$ 次剩余等价于 $[a] \in ((\mathbb{Z}/m\mathbb{Z})^\times)^k$. 定理 4.3.3 可重新表述为如下的定理:

**定理5.1.1**　设 $m$ 和 $k$ 为正整数, 令 $d = \gcd(\varphi(m), k)$. 假设模 $m$ 的原根存在.

(1) $(\mathbb{Z}/m\mathbb{Z})^\times$ 中有 $d$ 个元素 $g$ 满足 $g^k = 1$, 即 $\mathrm{card}(((\mathbb{Z}/m\mathbb{Z})^\times)[k]) = d$.

(2) $g \in ((\mathbb{Z}/m\mathbb{Z})^\times)^k$ 当且仅当 $g^{\frac{\varphi(m)}{d}} = 1$.

(3) $\mathrm{card}(((\mathbb{Z}/m\mathbb{Z})^\times)^k) = \dfrac{\varphi(m)}{d}$.

换句话说, 在模 $m$ 的一个既约剩余系中, 有 $d$ 个整数 $a$ 满足 $a^k \equiv 1 \pmod m$; 有 $\dfrac{\varphi(m)}{d}$ 个模 $m$ 的 $k$ 次剩余; 并且对任何与 $m$ 互素的整数 $a$, $a$ 为模 $m$ 的 $k$ 次剩余当且仅当 $a^{\frac{\varphi(m)}{d}} \equiv 1 \pmod m$.

### 5.1.2   模 $2^\alpha$ 的二次剩余

上一小节研究了模 $m$ 的 $k$ 次剩余. 现在我们来讨论二次剩余的判定问题, 即对给定的与 $m$ 互素的整数 $a$, 判断其是否为模 $m$ 的二次剩余. 利用中国剩余定理, $a$ 为模 $m$ 的二次剩余当且仅当 $a$ 为模 $p^{v_p(m)}$ 的二次剩余, 其中 $p$ 取遍 $m$ 的素因子. 于是对于二次剩余判定的问题, 我们只需考虑 $m$ 为素数幂的情形. 需要指明的是, 素数 2 与奇素数的情形略有不同, 故我们先做讨论.

**定理5.1.2**   设整数 $\alpha \geqslant 3$. 则整数 $a$ 为模 $2^\alpha$ 的二次剩余当且仅当 $a \equiv 1 \pmod 8$.

**证明**   必要性显然, 这是因为任何奇数的平方均模 8 余 1. 对充分性, 假设 $a \equiv 1 \pmod 8$, 我们只需证明对任何 $\alpha \geqslant 3$, 存在整数 $x_\alpha$ 使得 $x_\alpha^2 \equiv a \pmod{2^\alpha}$.

对 $\alpha$ 作归纳. 取 $x_3 = 1$ 即知命题对 $\alpha = 3$ 显然成立. 假设命题对 $\alpha = k \geqslant 3$ 成立, 即存在奇数 $x_k$ 使得 $x_k^2 \equiv a \pmod{2^k}$. 取整数 $t$ 使得 $x_k^2 = a + 2^k t$, 令 $x_{k+1} = x_k + 2^{k-1}t$. 由于 $k \geqslant 3$, 我们有

$$x_{k+1}^2 = x_k^2 + 2^k x_k t + 2^{2k-2}t^2 \equiv a + 2^k t(x_k + 1) + 2^{2k-2}t^2 \equiv a \pmod{2^{k+1}}.$$

这就完成了对充分性的归纳证明.   □

由例 3.3.1 解中的情形 (5), 我们有:

**例5.1.3**   设整数 $\alpha \geqslant 3$. 则

$$((\mathbb{Z}/2^\alpha\mathbb{Z})^\times)[2] = \{[1], [-1], [2^{\alpha-1} + 1], [2^{\alpha-1} - 1]\}.$$

**例5.1.4**   解同余方程

$$x^2 \equiv 41 \pmod{2^6}.$$

**解**   由于 $41 \equiv 1 \pmod 8$, 根据定理 5.1.2, 原方程有解.

令 $x_3 = 5$, 则 $x_3^2 \equiv 41 \pmod{2^3}$.

取 $t_3 = \dfrac{x_3^2 - 41}{2^3} = -2$, $x_4 = x_3 + 2^2 t_3 = -3$, 则 $x_4^2 \equiv 41 \pmod{2^4}$.

取 $t_4 = \dfrac{x_4^2 - 41}{2^4} = -2$, $x_5 = x_4 + 2^3 t_4 = -19$, 则 $x_5^2 \equiv 41 \pmod{2^5}$.

取 $t_5 = \dfrac{x_5^2 - 41}{2^5} = 10$, $x_6 = x_5 + 2^4 t_5 = 141$, 则 $x_6^2 \equiv 41 \pmod{2^6}$.

由 $141 \equiv 13 \pmod{2^6}$ 知 $x \equiv 13 \pmod{2^6}$ 为原方程的一个解. 由例 5.1.3 知, $x^2 \equiv 1 \pmod{2^6}$ 的解为 $x \equiv 1, -1, 33, 31 \pmod{2^6}$. 根据注记 4.3.2, 原方程有 4 组同余解, 分别为

$$x \equiv 13, -13, 13 \times 33, 13 \times 31 \pmod{2^6}.$$

### 5.1.3　模奇素数幂 $p^\alpha$ 的二次剩余

对二次剩余的问题, 上一小节我们考虑了 $m = 2^\alpha$ 的情形. 这一小节利用 Hensel 引理将模为奇素数幂的情形约化成奇素数的情形, 主要结果为下面的定理:

**定理 5.1.3**　给定奇素数 $p$ 和与之互素的整数 $a$. 则对任何正整数 $\alpha$, 下列条件等价:

(1) $a$ 为模 $p$ 的二次剩余.

(2) $a$ 为模 $p^\alpha$ 的二次剩余.

**证明**　若 $a$ 为模 $p^\alpha$ 的二次剩余, 则 $a$ 显然为模 $p$ 的二次剩余. 反之, 假设 $a$ 为模 $p$ 的二次剩余, 即存在整数 $b$ 使得 $b^2 \equiv a \pmod{p}$. 下面我们给出三种方法来证明 $a$ 亦为模 $p^\alpha$ 的二次剩余. 显然有 $p \nmid a, p \nmid b$.

证法一: 同余方程

$$f(x) = x^2 - a \equiv 0 \pmod{p}$$

的整数解 $x = b$ 满足 $p \nmid f'(b) = 2b$. 由引理 3.3.2 知存在整数 $c$ 使得 $c^2 \equiv a \pmod{p^\alpha}$, 即 $a$ 也为模 $p^\alpha$ 的二次剩余.

证法二: 根据定理 4.3.1, 存在模 $p^\alpha$ 的原根 $g$, 于是存在正整数 $k$ 使得 $a \equiv g^k \pmod{p^\alpha}$. 根据引理 4.2.1, $g$ 也为模 $p$ 的原根. 于是存在整数 $l$ 使得 $b \equiv g^l \pmod{p}$. 我们有

$$g^k \equiv a \equiv b^2 \equiv g^{2l} \pmod{p}.$$

由 $g$ 为模 $p$ 的原根知 $k \equiv 2l \pmod{p-1}$. 故 $k$ 为偶数, 设 $k = 2n$. 我们有 $a \equiv (g^n)^2 \pmod{p^\alpha}$, 即 $a$ 为模 $p^\alpha$ 的二次剩余.

证法三: 根据定理 5.1.1, $a^{\frac{p-1}{2}} \equiv 1 \pmod{p}$. 由 Euler 定理知

$$a^{(p-1)p^{\alpha-1}} \equiv 1 \pmod{p^\alpha},$$

即 $p^\alpha$ 整除 $(a^{\frac{(p-1)p^{\alpha-1}}{2}} + 1)(a^{\frac{(p-1)p^{\alpha-1}}{2}} - 1)$. 由于 $a^{\frac{(p-1)p^{\alpha-1}}{2}} + 1$ 和 $a^{\frac{(p-1)p^{\alpha-1}}{2}} - 1$ 不能同时

被 $p$ 整除, 因此 $p^\alpha$ 必整除 $a^{\frac{(p-1)p^{\alpha-1}}{2}}+1$ 和 $a^{\frac{(p-1)p^{\alpha-1}}{2}}-1$ 之一. 由 $a^{\frac{p-1}{2}} \equiv 1 \pmod{p}$ 得 $a^{\frac{(p-1)p^{\alpha-1}}{2}} \not\equiv -1 \pmod{p}$, 因而 $a^{\frac{(p-1)p^{\alpha-1}}{2}} \not\equiv -1 \pmod{p^\alpha}$, 故 $a^{\frac{(p-1)p^{\alpha-1}}{2}} \equiv 1 \pmod{p^\alpha}$. 再由定理 5.1.1 知 $a$ 为模 $p^\alpha$ 的二次剩余. $\qquad\square$

## 5.2 Legendre 符号

关于二次剩余的判定问题, 根据上一节的结论, 我们只需考虑模为奇素数的情形. 本节引入 Legendre 符号来刻画模奇素数的二次剩余, 并给出 Legendre 符号的一些特殊值公式. 在本节中, 固定一个奇素数 $p$.

### 5.2.1 Legendre 符号

对于判定整数 $a$ 是否为模 $p$ 的二次剩余, Euler 给出了如下结果:

**定理 5.2.1(Euler)** (1) 对任何与 $p$ 互素的整数 $a$, $a$ 为模 $p$ 的二次剩余当且仅当 $a^{\frac{p-1}{2}} \equiv 1 \pmod{p}$; $a$ 为模 $p$ 的二次非剩余当且仅当 $a^{\frac{p-1}{2}} \equiv -1 \pmod{p}$.

(2) 在模 $p$ 的一个既约剩余系中, 有 $\dfrac{p-1}{2}$ 个模 $p$ 的二次剩余, 有 $\dfrac{p-1}{2}$ 个模 $p$ 的二次非剩余. 任何一个模 $p$ 的二次剩余 $a$, 均存在唯一的 $1 \leqslant i \leqslant \dfrac{p-1}{2}$, 使得 $a \equiv i^2 \pmod{p}$.

**证明** 由 Fermat 小定理知

$$1 \equiv a^{p-1} \equiv (a^{\frac{p-1}{2}})^2 \pmod{p},$$

即 $p \mid (a^{\frac{p-1}{2}}+1)(a^{\frac{p-1}{2}}-1)$. 由定理 1.4.1 知 $p \mid a^{\frac{p-1}{2}}+1$ 或 $a^{\frac{p-1}{2}}-1$, 即 $a^{\frac{p-1}{2}} \equiv -1 \pmod{p}$ 或 $a^{\frac{p-1}{2}} \equiv 1 \pmod{p}$. 由于 $p$ 为奇素数, 则 $a^{\frac{p-1}{2}} \equiv -1 \pmod{p}$ 当且仅当 $a^{\frac{p-1}{2}} \not\equiv 1 \pmod{p}$.

由定理 4.3.1 知模 $p$ 的原根存在. 从而根据定理 5.1.1, $a$ 为模 $p$ 的二次剩余当且仅当 $a^{\frac{p-1}{2}} \equiv 1 \pmod{p}$, 并且有 $\dfrac{p-1}{2}$ 个模 $p$ 两两不同余的二次剩余. 根据上面的讨论, $a$ 为模 $p$ 的二次非剩余当且仅当 $a^{\frac{p-1}{2}} \equiv -1 \pmod{p}$, 并且有 $(p-1) - \dfrac{p-1}{2} = \dfrac{p-1}{2}$ 个模 $p$ 两两不同余的二次非剩余.

对任何 $1 \leqslant i < j \leqslant \dfrac{p-1}{2}$, 都有 $1 \leqslant j-i, j+i \leqslant p-1$. 由定理 1.4.1 得 $j^2 - i^2 =$

$(j+i)(j-i) \not\equiv 0 \pmod{p}$. 故 $\left\{ i^2 \mid 1 \leqslant i \leqslant \dfrac{p-1}{2} \right\}$ 均为模 $p$ 的二次剩余, 并且它们模 $p$ 两两不同余. 这就完成了定理的证明. $\qquad\square$

为了刻画一个整数是否为模 $p$ 的二次剩余, 我们引入如下定义:

**定义5.2.1** 对任何整数 $a$, 定义

$$\left(\frac{a}{p}\right) = \begin{cases} 1, & a \text{ 是模 } p \text{ 的二次剩余}, \\ -1, & a \text{ 是模 } p \text{ 的二次非剩余}, \\ 0, & a \equiv 0 \pmod{p}. \end{cases}$$

我们称 $\left(\dfrac{a}{p}\right)$ 为整数 $a$ 对 $p$ 的 **Legendre 符号**.

**命题5.2.1** Legendre 符号具有以下性质:

(1) 若 $a \equiv b \pmod{p}$, 则 $\left(\dfrac{a}{p}\right) = \left(\dfrac{b}{p}\right)$;

(2) $\left(\dfrac{a}{p}\right) \equiv a^{\frac{p-1}{2}} \pmod{p}$;

(3) $\left(\dfrac{a_1}{p}\right)\left(\dfrac{a_2}{p}\right)\cdots\left(\dfrac{a_k}{p}\right) = \left(\dfrac{a_1 a_2 \cdots a_k}{p}\right)$;

(4) 当 $p \nmid a$ 时, $\left(\dfrac{a^2}{p}\right) = 1$;

(5) $\left(\dfrac{1}{p}\right) = 1, \left(\dfrac{-1}{p}\right) = (-1)^{\frac{p-1}{2}}$.

**证明** (1) 和 (4) 从 Legendre 符号的定义可知, (2) 等价于定理 5.2.1 (1), (5) 则为 (2) 的直接推论. 由 (2) 得

$$\prod_{i=1}^{k} \left(\frac{a_i}{p}\right) \equiv \prod_{i=1}^{k} a_i^{\frac{p-1}{2}} \equiv \left(\prod_{i=1}^{k} a_i\right)^{\frac{p-1}{2}} \equiv \left(\frac{a_1 a_2 \cdots a_k}{p}\right) \pmod{p}.$$

由于函数 $\left(\dfrac{\cdot}{p}\right)$ 的取值只有 $0, \pm 1$, 故 (3) 成立. $\qquad\square$

**注记 5.2.1** 由命题 5.2.1 知 Legendre 符号可以看作定义在剩余类环 $\mathbb{Z}/p\mathbb{Z}$ 上的函数, 并且它诱导了群同态

$$\left(\frac{\cdot}{p}\right) : (\mathbb{Z}/p\mathbb{Z})^{\times} \to \{\pm 1\}$$
$$[a] \mapsto \left(\frac{a}{p}\right).$$

定理 5.2.1 表明上述同态为满同态, 并且它的核为 $((\mathbb{Z}/p\mathbb{Z})^{\times})^2$.

注记 5.2.2　Legendre 符号可以刻画二次同余方程的解数. 精确地说, 对任何整数 $a$, 同余方程

$$x^2 \equiv a \pmod{p}$$

的解数为 $\left(\dfrac{a}{p}\right) + 1$.

定理 5.2.2　存在无穷多个素数模 4 余 1.

**证明**　反证法: 假设只有有限个素数模 4 余 1, 设其为 $p_1, p_2, \cdots, p_k$. 令 $n = 4p_1^2 p_2^2 \cdots p_k^2 + 1$. 任取 $n$ 的素因子 $p$. 对任何 $i$, 由 $p_i \nmid n$ 知 $p \neq p_i$. 同余方程

$$x^2 \equiv -1 \pmod{p}$$

显然有整数解 $x = 2p_1 p_2 \cdots p_k$, 因此 $1 = \left(\dfrac{-1}{p}\right)$. 由命题 5.2.1 知 $(-1)^{\frac{p-1}{2}} = 1$, 即 $p \equiv 1 \pmod 4$, 矛盾. 命题得证. □

## 5.2.2　Gauss 引理

命题 5.2.1 (2) 给出了 Legendre 符号的计算公式, 但这个公式对大素数 $p$ 而言计算极其复杂. 对 Legendre 符号稍微有效一点的计算则由下面的 Gauss 引理给出.

引理 5.2.1(Gauss 引理)　设 $p$ 是奇素数, 整数 $a$ 与 $p$ 互素. 对任何 $1 \leqslant i \leqslant \dfrac{p-1}{2}$, 令 $t_i$ 为 $ai$ 除以 $p$ 的余数. 设 $n$ 为这 $\dfrac{p-1}{2}$ 个余数中大于 $\dfrac{p}{2}$ 的个数, 则

$$\left(\frac{a}{p}\right) = (-1)^n.$$

**证明**　取 $t_1, t_2, \cdots, t_{\frac{p-1}{2}}$ 的一个排列 $r_1, r_2, \cdots, r_n, s_1, s_2, \cdots, s_k$, 使得对任何 $1 \leqslant i \leqslant n$ 和 $1 \leqslant j \leqslant k$, 都有 $r_i > \dfrac{p}{2}$, $s_j < \dfrac{p}{2}$. 当 $1 \leqslant i < j \leqslant \dfrac{p-1}{2}$ 时,

$$t_j \pm t_i \equiv a(j \pm i) \not\equiv 0 \pmod{p}.$$

因此 $p - r_1, p - r_2, \cdots, p - r_n, s_1, s_2, \cdots, s_k$ 均不超过 $\dfrac{p-1}{2}$ 且它们模 $p$ 两两不同余, 故它们必为 $1, 2, \cdots, \dfrac{p-1}{2}$ 的一个排列. 于是

$$\left(\frac{p-1}{2}\right)! a^{\frac{p-1}{2}} \equiv a(2a) \cdots (\tfrac{p-1}{2}a)$$

$$\equiv t_1 t_2 \cdots t_{\frac{p-1}{2}}$$

$$\equiv r_1 r_2 \cdots r_n s_1 s_2 \cdots s_k$$

$$\equiv (-1)^n (p - r_1)(p - r_2) \cdots (p - r_n) s_1 s_2 \cdots s_k$$

$$\equiv (-1)^n \left( \frac{p-1}{2} \right)! \pmod p.$$

由命题 2.1.1 (7) 得 $a^{\frac{p-1}{2}} \equiv (-1)^n \pmod p$, 再由命题 5.2.1 (2) 得 $\left( \dfrac{a}{p} \right) \equiv (-1)^n \pmod p$. 由于 $p \geqslant 3$, 我们有 $\left( \dfrac{a}{p} \right) = (-1)^n$. $\qquad\square$

**例5.2.1** 利用 Gauss 引理计算 $\left( \dfrac{11}{19} \right)$.

**解** 此时 $p = 19$, $a = 11$, $\dfrac{p-1}{2} = 9$. 将 $1,2,3,4,5,6,7,8,9$ 中的每个整数乘以 $11$ 之后再除以 $19$, 所得余数分别为 $11,3,14,6,17,9,1,12,4$, 其中恰有 $4$ 个余数大于 $\dfrac{19}{2}$. 根据 Gauss 引理, $\left( \dfrac{11}{19} \right) = (-1)^4 = 1$. 事实上, $11 \equiv 7^2 \pmod{19}$.

对较小的正整数 $a$, 利用 Gauss 引理, 我们可计算出 $\left( \dfrac{a}{p} \right)$ 的值. 下面仅以 $a = 2$ 为例.

**推论5.2.1** 我们有等式

$$\left( \frac{2}{p} \right) = (-1)^{\frac{p^2-1}{8}}$$

$$= \begin{cases} 1, & p \equiv \pm 1 \pmod 8; \\ -1, & p \equiv \pm 3 \pmod 8. \end{cases}$$

**证明** 对任何 $1 \leqslant i \leqslant \dfrac{p-1}{2}$, $2i$ 除以 $p$ 的余数为 $2i$. 令 $n$ 为 $\left\{ 2i \mid 1 \leqslant i \leqslant \dfrac{p-1}{2} \right\}$ 中大于 $\dfrac{p}{2}$ 的整数个数, 即 $n$ 为满足 $\dfrac{p}{4} < i \leqslant \dfrac{p-1}{2}$ 的整数 $i$ 之个数.

若 $p \equiv 1 \pmod 4$, 则存在整数 $k$ 使得 $p = 4k+1$, 故 $\dfrac{p}{4} < i \leqslant \dfrac{p-1}{2}$ 等价于 $k+1 \leqslant i \leqslant 2k$, 从而 $n = k$. 此时

$$\frac{p^2-1}{8} = (2k+1)k \equiv k \pmod 2.$$

若 $p \equiv -1 \pmod 4$, 则存在整数 $l$ 使得 $p = 4l-1$, 故 $\dfrac{p}{4} < i \leqslant \dfrac{p-1}{2}$ 等价于 $l \leqslant i \leqslant 2l-1$, 从而 $n = l$. 此时

$$\frac{p^2-1}{8} = (2l-1)l \equiv l \pmod 2.$$

不论哪种情形都有 $(-1)^n = (-1)^{\frac{p^2-1}{8}}$. 由 Gauss 引理,

$$\left(\frac{2}{p}\right) = (-1)^n = (-1)^{\frac{p^2-1}{8}}. \qquad \Box$$

## 5.3 二次互反律

上一节将二次剩余的判定问题归结为计算 Legendre 符号的值. 根据命题 5.2.1 (3), 对 Legendre 符号 $\left(\dfrac{q}{p}\right)$ 的计算又可归结为 $q$ 是素数的情形. 上一节的结尾讨论了 $q = 2$ 的情形, 因此只剩下 $q$ 为奇素数的情形. 这一节我们给出关于这种情形的一个重要结果——二次互反律.

**定理 5.3.1(Gauss, 二次互反律)**  设 $p$ 和 $q$ 为奇素数, 则

$$\left(\frac{q}{p}\right) = (-1)^{\frac{p-1}{2}\cdot\frac{q-1}{2}}\left(\frac{p}{q}\right)$$

$$= \begin{cases} \left(\dfrac{p}{q}\right), & p \equiv 1 \pmod 4 \text{ 或 } q \equiv 1 \pmod 4; \\[2mm] -\left(\dfrac{p}{q}\right), & p \equiv q \equiv 3 \pmod 4. \end{cases}$$

二次互反律最早是以猜想的形式由 Euler 在 1783 年提出, 随后 Legendre 给出了一些不完整的证明, 第一个完整的证明则由 Gauss 在 1795 年给出. 二次互反律是数论中核心定理之一, 其证明方法就目前而言已不下数百种, 本书所采用的证明方法主要用到 Gauss 和.

### 5.3.1  Gauss 和

**定义 5.3.1**    设 $G$ 为有限群, $G$ 的**特征**是指一个群同态 $\chi: G \to \mathbb{C}^\times$. 若 $\chi(G) = \{1\}$, 则称 $\chi$ 为**平凡特征**, 记为 $\chi = 1$; 否则称之为**非平凡特征**, 记为 $\chi \neq 1$.

**引理 5.3.1**    设 $\chi$ 为有限群 $G$ 的一个特征. 我们有

$$\frac{1}{\mathrm{card}(G)}\sum_{g\in G}\chi(g) = \begin{cases} 1, & \chi = 1, \\ 0, & \chi \neq 1. \end{cases}$$

**证明** 若 $\chi = 1$, 即对任何 $g \in G$ 都有 $\chi(g) = 1$, 显然有 $\dfrac{1}{\operatorname{card}(G)} \sum_{g \in G} \chi(g) = 1$.

若 $\chi \neq 1$, 则存在 $h \in G$ 使得 $\chi(h) \neq 1$. 故

$$\frac{1}{\operatorname{card}(G)} \sum_{g \in G} \chi(g) = \frac{1}{\operatorname{card}(G)} \sum_{g \in G} \chi(gh) = \frac{1}{\operatorname{card}(G)} \sum_{g \in G} \chi(g)\chi(h) = \chi(h) \frac{1}{\operatorname{card}(G)} \sum_{g \in G} \chi(g),$$

因此 $\dfrac{1}{\operatorname{card}(G)} \sum_{g \in G} \chi(g) = 0$. $\qquad\square$

我们仍用 $\mathbb{F}_p$ 简记剩余类域 $\mathbb{Z}/p\mathbb{Z}$. 任给 $p$ 次复单位根 $\zeta$, 即 $\zeta$ 为复数且 $\zeta^p = 1$. 于是当 $n \equiv k \pmod{p}$ 时, 都有 $\zeta^n = \zeta^k$. 从而我们有函数

$$\begin{aligned} \mathbb{F}_p &\to \mathbb{C} \\ [a] &\mapsto \zeta^a. \end{aligned} \tag{5.2}$$

实际上, 上述函数为模 $p$ 剩余类群 $\mathbb{F}_p$ 上的一个特征.

**推论5.3.1** 设 $p$ 为奇素数.

(1) 我们有

$$\sum_{[a] \in \mathbb{F}_p} \left(\frac{a}{p}\right) = \sum_{[a] \in \mathbb{F}_p^\times} \left(\frac{a}{p}\right) = 0.$$

(2) 对任何 $p$ 次**本原复单位根** $\zeta$, 即 $\zeta \in \mathbb{C}$, $\zeta \neq 1$ 且 $\zeta^p = 1$, 我们有

$$\sum_{[a] \in \mathbb{F}_p^\times} \zeta^a = -1.$$

(3) 对任何整数 $n$, 都有

$$\sum_{\substack{\zeta \in \mathbb{C} \\ \zeta^p = 1}} \zeta^n = \begin{cases} p, & p \mid n, \\ 0, & p \nmid n. \end{cases}$$

**证明** 由注记 5.2.1 知, $\left(\dfrac{\cdot}{p}\right)$ 为模 $p$ 单位群 $\mathbb{F}_p^\times$ 上的非平凡特征. 若 $\zeta$ 为 $p$ 次本原复单位根, 则 (5.2) 为模 $p$ 剩余类群 $\mathbb{F}_p$ 上的非平凡特征. 对任何整数 $n$,

$$\mu_p(\mathbb{C}) := \{\zeta \in \mathbb{C} \mid \zeta^p = 1\} \to \mathbb{C}^\times$$

$$\zeta \mapsto \zeta^n$$

为 $\mu_p(\mathbb{C})$ 上的平凡特征当且仅当 $p \mid n$. 从而命题为引理 5.3.1 的直接推论. $\qquad\square$

对任何奇素数 $p$, 考虑整系数多项式

$$G_p(x) = \sum_{a=0}^{p-1} \left(\frac{a}{p}\right) x^a \in \mathbb{Z}[x].$$

对每个 $p$ 次本原复单位根 $\zeta$, 定义 **Gauss** 和

$$G_p(\zeta) = \sum_{a=0}^{p-1} \left(\frac{a}{p}\right)\zeta^a = \sum_{[a]\in\mathbb{F}_p} \left(\frac{a}{p}\right)\zeta^a \in \mathbb{C}.$$

**命题5.3.1** 设 $p$ 为奇素数, $\zeta$ 为 $p$ 次本原复单位根. 我们有

$$G_p^2(\zeta) = (-1)^{\frac{p-1}{2}}p.$$

**证明** 我们有

$$G_p(\zeta)^2 = \sum_{[a]\in\mathbb{F}_p} \left(\frac{a}{p}\right)\zeta^a \cdot \sum_{[b]\in\mathbb{F}_p} \left(\frac{b}{p}\right)\zeta^b$$

$$= \sum_{[a],[b]\in\mathbb{F}_p} \left(\frac{a}{p}\right)\left(\frac{b}{p}\right)\zeta^a\zeta^b$$

$$= \sum_{[a],[b]\in\mathbb{F}_p} \left(\frac{ab}{p}\right)\zeta^{a+b} \qquad\qquad (\text{命题 } 5.2.1)$$

$$= \sum_{[c]\in\mathbb{F}_p} \zeta^c \sum_{[a]\in\mathbb{F}_p^\times} \left(\frac{a(c-a)}{p}\right) \qquad (c=a+b)$$

$$= \sum_{[a]\in\mathbb{F}_p^\times} \left(\frac{-a^2}{p}\right) + \sum_{[c]\in\mathbb{F}_p^\times} \zeta^c \sum_{[a]\in\mathbb{F}_p^\times} \left(\frac{a(c-a)}{p}\right) \qquad (\mathbb{F}_p = \{0\}\sqcup\mathbb{F}_p^\times)$$

$$= (p-1)(-1)^{\frac{p-1}{2}} + \sum_{[c]\in\mathbb{F}_p^\times} \zeta^c \sum_{[a]\in\mathbb{F}_p^\times} \left(\frac{-1}{p}\right)\left(\frac{a^2 d}{p}\right) \quad (a-c\equiv ad \pmod{p})$$

$$= (-1)^{\frac{p-1}{2}}\left(p-1 + \sum_{[c]\in\mathbb{F}_p^\times} \zeta^c \sum_{[1]\neq[d]\in\mathbb{F}_p} \left(\frac{d}{p}\right)\right) \qquad (\text{命题 } 5.2.1)$$

$$= (-1)^{\frac{p-1}{2}}\left(p-1 + (-1)\cdot\left(\sum_{[d]\in\mathbb{F}_p} \left(\frac{d}{p}\right) - \left(\frac{1}{p}\right)\right)\right) \qquad (\text{推论 } 5.3.1)$$

$$= (-1)^{\frac{p-1}{2}}p. \qquad\qquad (\text{推论 } 5.3.1) \qquad\qquad \square$$

### 5.3.2 二次互反律的证明

这一小节利用 Gauss 和给出二次互反律的一个证明.

**证明** 若奇素数 $p = q$, 则 $\left(\dfrac{p}{q}\right) = \left(\dfrac{q}{p}\right) = 0$, 定理 5.3.1 显然成立. 下设 $p \neq q$, 不妨设 $q > p$. 由 Fermat 小定理知存在整系数多项式 $r(x)$ 使得

$$G_p^q(x) = qr(x) + \sum_{a=0}^{p-1} \left(\frac{a}{p}\right) x^{aq}.$$

因此我们有

$$G_p^{q+1}(\zeta) = qG_p(\zeta)r(\zeta) + G_p(\zeta) \sum_{[a] \in \mathbb{F}_p} \left(\frac{a}{p}\right) \zeta^{aq}$$

$$= qG_p(\zeta)r(\zeta) + G_p(\zeta)\left(\frac{q}{p}\right) \sum_{[a] \in \mathbb{F}_p} \left(\frac{aq}{p}\right) \zeta^{aq}$$

$$= qG_p(\zeta)r(\zeta) + \left(\frac{q}{p}\right) G_p^2(\zeta).$$

根据命题 5.3.1, 我们有

$$qG_p(\zeta)r(\zeta) = G_p^2(\zeta)\left(G_p^{q-1}(\zeta) - \left(\frac{q}{p}\right)\right)$$

$$= (-1)^{\frac{p-1}{2}}p\left((-1)^{\frac{p-1}{2}\cdot\frac{q-1}{2}}p^{\frac{q-1}{2}} - \left(\frac{q}{p}\right)\right). \tag{5.3}$$

根据推论 5.3.1 (3), 对任何整数 $n$ 都有 $\displaystyle\sum_{\substack{1\neq\zeta\in\mathbb{C}\\\zeta^p=1}} \zeta^n \in \mathbb{Z}$. 由于 $G_p(x)r(x) \in \mathbb{Z}[x]$, 我们有

$\displaystyle\sum_{\substack{1\neq\zeta\in\mathbb{C}\\\zeta^p=1}} G_p(\zeta)r(\zeta) \in \mathbb{Z}$. 将等式 (5.3) 两边对所有 $p-1$ 个 $p$ 次本原复单位根求和, 我们有

$$(-1)^{\frac{p-1}{2}}p(p-1)\left((-1)^{\frac{p-1}{2}\cdot\frac{q-1}{2}}p^{\frac{q-1}{2}} - \left(\frac{q}{p}\right)\right) \equiv 0 \pmod{q}.$$

由定理 5.2.1 知 $p^{\frac{q-1}{2}} \equiv \left(\frac{p}{q}\right) \pmod{q}$. 由于 $q > p$, 从而 $p(p-1)$ 与 $q$ 互素. 因此

$$(-1)^{\frac{p-1}{2}\cdot\frac{q-1}{2}}\left(\frac{p}{q}\right) - \left(\frac{q}{p}\right) \equiv 0 \pmod{q}.$$

由 $q$ 为奇素数以及 Legendre 符号只取值 $0, \pm1$ 可知

$$(-1)^{\frac{p-1}{2}\cdot\frac{q-1}{2}}\left(\frac{p}{q}\right) = \left(\frac{q}{p}\right).$$

这就完成了二次互反律的证明. $\qquad\qquad\square$

在具体计算中, 我们也常用定理 5.3.1 的等价形式:

定理 5.3.2 设 $p, q$ 为奇素数. 令 $p^* = (-1)^{\frac{p-1}{2}}p$. 则

$$\left(\frac{p^*}{q}\right) = \left(\frac{q}{p}\right).$$

二次互反律可以简化 Legendre 符号的计算, 我们以下题为例:

**例5.3.1** 判断同余方程

$$x^2 \equiv 241 \pmod{383}$$

是否有解?

**解** 由于 383 和 241 均是素数, 该同余方程有解的充要条件为 $\left(\dfrac{241}{383}\right) = 1$. 具体计算如下:

$$\left(\frac{241}{383}\right) = \left(\frac{383}{241}\right) \qquad (\text{定理 5.3.1, 因 } 241 \equiv 1 \pmod 4)$$

$$= \left(\frac{142}{241}\right) \qquad (\text{命题 5.2.1, 因 } 383 \equiv 142 \pmod{241})$$

$$= \left(\frac{2}{241}\right)\left(\frac{71}{241}\right) \qquad (\text{命题 5.2.1, 因 } 142 = 2 \times 71)$$

$$= \left(\frac{241}{71}\right) \qquad (\text{推论 5.2.1, 定理 5.3.1, 因 } 241 \equiv 1 \pmod 8)$$

$$= \left(\frac{28}{71}\right) \qquad (\text{命题 5.2.1, 因 } 241 \equiv 28 \pmod{71})$$

$$= \left(\frac{2}{71}\right)^2\left(\frac{7}{71}\right) \qquad (\text{命题 5.2.1, 因 } 28 = 2^2 \times 7)$$

$$= -\left(\frac{71}{7}\right) \qquad (\text{定理 5.3.1, 因 } 71 \equiv 7 \equiv 3 \pmod 4)$$

$$= -\left(\frac{1}{7}\right) \qquad (\text{命题 5.2.1, 因 } 71 \equiv 1 \pmod 7)$$

$$= -1.$$

因此 241 为模 383 的二次非剩余, 即同余方程 $x^2 \equiv 241 \pmod{383}$ 无解.

### 5.3.3 Jacobi 符号

由上一小节知, 二次互反律虽然在一定程度上可简化 Legendre 符号的计算, 但是在具体的计算过程中需要用到素因子分解. 对于大数的因子分解原本就是一个非常困难的问题, 为了规避这个问题, 这一小节通过引入 Jacobi 符号给出 Legendre 符号的有效算法.

**定义5.3.2** 给定正奇数 $m$ 及其素因子分解式 $m = \prod\limits_{i=1}^{l} p_i$, 其中 $p_i$ 为素数. 对任何整数 $a$, 定义 $a$ 对 $m$ 的 **Jacobi** 符号为

$$\left(\frac{a}{m}\right) := \prod_{i=1}^{l} \left(\frac{a}{p_i}\right).$$

**注记5.3.1** Jacobi 符号从形式上看是 Legendre 符号的推广, 但实际意义却有很大的不同. Legendre 符号可以判定二次同余方程是否有解, 但是 Jacobi 符号等于1不是二次同余方程有解的充要条件. 例如, 根据 Jacobi 符号的定义, 有

$$\left(\frac{2}{25}\right) = \left(\frac{2}{5}\right)\left(\frac{2}{5}\right) = 1,$$

但同余方程

$$x^2 \equiv 2 \pmod{25}$$

无解, 这是因为更弱的同余方程 $x^2 \equiv 2 \pmod 5$ 无解.

虽然 Jacobi 符号不能直接用来判定二次同余方程解的存在性, 但是它可以帮助我们实现对 Legendre 符号的有效计算. 同时 Jacobi 符号有很多和 Legendre 符号类似的性质. 为了说明这些性质, 先给出如下引理:

**引理5.3.2** 设 $a_1, a_2, \cdots, a_k$ 为 $k\,(k \geqslant 1)$ 个奇数, $a = a_1 a_2 \cdots a_k$. 则

$$\sum_{j=1}^{k} \frac{a_j - 1}{2} \equiv \frac{a-1}{2} \pmod 2;$$

$$\sum_{j=1}^{k} \frac{a_j^2 - 1}{8} \equiv \frac{a^2 - 1}{8} \pmod 2.$$

**证明** 取整数 $b_j$ 满足 $a_j = 2b_j + 1$, 则

$$\frac{a-1}{2} \equiv \frac{\prod_{j=1}^{k}(2b_j + 1) - 1}{2} \equiv \sum_{j=1}^{k} b_k \equiv \sum_{j=1}^{k} \frac{a_j - 1}{2} \pmod 2.$$

取整数 $c_j$ 满足 $a_j^2 = 8c_j + 1$, 故

$$\frac{a^2 - 1}{8} \equiv \frac{\prod_{j=1}^{k}(8c_j + 1) - 1}{8} \equiv \sum_{j=1}^{k} c_j \equiv \sum_{j=1}^{k} \frac{a_j^2 - 1}{8} \pmod 2. \qquad \Box$$

**命题5.3.2** 设 $m$ 和 $n$ 为正奇数. Jacobi 符号具有下列性质:

(1) 若 $a \equiv b \pmod m$, 则 $\left(\dfrac{a}{m}\right) = \left(\dfrac{b}{m}\right)$;

(2) $\left(\dfrac{a_1}{m}\right)\left(\dfrac{a_2}{m}\right) \cdots \left(\dfrac{a_k}{m}\right) = \left(\dfrac{a_1 a_2 \cdots a_k}{m}\right)$;

(3) 当 $a$ 和 $m$ 互素时, $\left(\dfrac{a^2}{m}\right) = 1$;

(4) $\left(\dfrac{1}{m}\right) = 1$, $\left(\dfrac{-1}{m}\right) = (-1)^{\frac{m-1}{2}}$;

(5) $\left(\dfrac{2}{m}\right) = (-1)^{\frac{m^2-1}{8}}$;

(6) $\left(\dfrac{m}{n}\right) = (-1)^{\frac{m-1}{2} \cdot \frac{n-1}{2}} \left(\dfrac{n}{m}\right)$.

**证明**　设 $m = p_1 p_2 \cdots p_l$ 为其素因子分解式.

(1) 若 $a \equiv b \pmod{m}$, 则 $a \equiv b \pmod{p_i}$. 由命题 5.2.1 (1) 得

$$\left(\frac{a}{m}\right) = \prod_{i=1}^{l} \left(\frac{a}{p_i}\right) = \prod_{i=1}^{l} \left(\frac{b}{p_i}\right) = \left(\frac{b}{m}\right).$$

(2) 由命题 5.2.1 (3) 得

$$\prod_{j=1}^{k} \left(\frac{a_j}{m}\right) = \prod_{j=1}^{k} \prod_{i=1}^{l} \left(\frac{a_j}{p_i}\right) = \prod_{i=1}^{l} \prod_{j=1}^{k} \left(\frac{a_j}{p_i}\right) = \prod_{i=1}^{l} \left(\frac{a_1 a_2 \cdots a_k}{p_i}\right) = \left(\frac{a_1 a_2 \cdots a_k}{m}\right).$$

(3) 若 $\gcd(a, m) = 1$, 则 $\gcd(a, p_i) = 1$. 由命题 5.2.1 (4) 得

$$\left(\frac{a^2}{m}\right) = \prod_{i=1}^{l} \left(\frac{a^2}{p_i}\right) = 1.$$

(4) 由命题 5.2.1 (5) 得

$$\left(\frac{1}{m}\right) = \prod_{i=1}^{l} \left(\frac{1}{p_i}\right) = 1.$$

由引理 5.3.2 知

$$\left(\frac{-1}{m}\right) = \prod_{i=1}^{l} \left(\frac{-1}{p_i}\right) = \prod_{i=1}^{l} (-1)^{\frac{p_i-1}{2}} = (-1)^{\sum\limits_{i=1}^{l} \frac{p_i-1}{2}} = (-1)^{\frac{m-1}{2}}.$$

(5) 由推论 5.2.1 和引理 5.3.2 知

$$\left(\frac{2}{m}\right) = \prod_{i=1}^{l} \left(\frac{2}{p_i}\right) = \prod_{i=1}^{l} (-1)^{\frac{p_i^2-1}{8}} = (-1)^{\sum\limits_{i=1}^{l} \frac{p_i^2-1}{8}} = (-1)^{\frac{m^2-1}{8}}.$$

(6) 设 $n$ 的素因子分解式为 $n = q_1 q_2 \cdots q_k$. 则

$$\left(\frac{m}{n}\right) = \prod_{j=1}^{k}\left(\frac{m}{q_j}\right) = \prod_{j=1}^{k}\prod_{i=1}^{l}\left(\frac{p_i}{q_j}\right)$$

$$= \prod_{j=1}^{k}\prod_{i=1}^{l}(-1)^{\frac{p_i-1}{2}\cdot\frac{q_j-1}{2}}\left(\frac{q_j}{p_i}\right)$$

$$= (-1)^{\sum\limits_{j=1}^{k}\sum\limits_{i=1}^{l}\frac{p_i-1}{2}\cdot\frac{q_j-1}{2}}\prod_{j=1}^{k}\prod_{i=1}^{l}\left(\frac{q_j}{p_i}\right)$$

$$= (-1)^{\sum\limits_{j=1}^{k}\sum\limits_{i=1}^{l}\frac{p_i-1}{2}\cdot\frac{q_j-1}{2}}\left(\frac{n}{m}\right).$$

由引理 5.3.2 知

$$\sum_{j=1}^{k}\sum_{i=1}^{l}\frac{p_i-1}{2}\cdot\frac{q_j-1}{2} = \sum_{j=1}^{k}\frac{q_j-1}{2}\cdot\sum_{i=1}^{l}\frac{p_i-1}{2} \equiv \frac{n-1}{2}\cdot\frac{m-1}{2} \pmod{2}.$$

从而

$$\left(\frac{m}{n}\right) = (-1)^{\frac{n-1}{2}\cdot\frac{m-1}{2}}\left(\frac{n}{m}\right). \qquad\qquad \square$$

**例5.3.2** 判断同余方程

$$x^2 \equiv 181 \pmod{349}$$

是否有解.

**解** 我们有 Jacobi 符号的等式:

$$\left(\frac{181}{349}\right) = \left(\frac{349}{181}\right) \qquad \text{(命题 5.3.2 (6), 因 } 181 \equiv 1 \pmod{4})$$

$$= \left(\frac{168}{181}\right) \qquad \text{(命题 5.3.2 (1), 因 } 349 \equiv 168 \pmod{181})$$

$$= \left(\frac{2}{181}\right)^3\left(\frac{21}{181}\right) \qquad \text{(命题 5.3.2 (2), 因 } 168 = 2^3 \times 21)$$

$$= (-1)^3\left(\frac{21}{181}\right) \qquad \text{(命题 5.3.2 (5), 因 } 181 \equiv -3 \pmod{8})$$

$$= -\left(\frac{181}{21}\right) \qquad \text{(命题 5.3.2 (6), 因 } 21 \equiv 1 \pmod{4})$$

$$= -\left(\frac{13}{21}\right) \qquad \text{(命题 5.3.2 (1), 因 } 181 \equiv 13 \pmod{21})$$

$$= -\left(\frac{21}{13}\right) \qquad \text{(命题 5.3.2 (6), 因 } 21 \equiv 1 \pmod{4})$$

$$= -\left(\frac{2^3}{13}\right) \qquad \text{(命题 5.3.2 (1), 因 } 21 \equiv 8 \pmod{13})$$

$$= 1 \qquad \text{(命题 5.3.2 (5), 因 } 13 \equiv -3 \pmod 8)).$$

由于 349 为素数, 因此 181 为模 349 的二次剩余, 即同余方程 $x^2 \equiv 181 \pmod{349}$ 有解.

## 5.4　一元二次同余方程

这一节给出二次同余方程解存在的充要条件, 并计算其解数, 主要结果为下面的定理.

**定理 5.4.1**　设 $m$ 为正整数, $a$ 为和 $m$ 互素的整数. 考虑同余方程

$$x^2 \equiv a \pmod m. \tag{5.4}$$

(1) 同余方程 (5.4) 有解的充要条件为

(i) 对任何 $m$ 的奇素因子 $p$, $\left(\dfrac{a}{p}\right) = 1$;

(ii) 当 $m \equiv 4 \pmod 8$ 时, $a \equiv 1 \pmod 4$; 而当 $m \equiv 0 \pmod 8$ 时, $a \equiv 1 \pmod 8$.

(2) 设 $k$ 为 $m$ 所有两两不同的奇素因子个数. 若 (5.4) 有解, 则其解数为

$$\begin{cases} 2^k, & m \not\equiv 0 \pmod 4; \\ 2^{k+1}, & m \equiv 4 \pmod 8; \\ 2^{k+2}, & m \equiv 0 \pmod 8. \end{cases}$$

(3) 在每个模 $m$ 的既约剩余系中, 使得同余方程 (5.4) 有解的整数 $a$ 之个数为

$$\begin{cases} \dfrac{\varphi(m)}{2^k}, & m \not\equiv 0 \pmod 4; \\[2mm] \dfrac{\varphi(m)}{2^{k+1}}, & m \equiv 4 \pmod 8; \\[2mm] \dfrac{\varphi(m)}{2^{k+2}}, & m \equiv 0 \pmod 8. \end{cases}$$

**证明**　设正整数 $m = p_0^{\alpha_0} p_1^{\alpha_1} p_2^{\alpha_2} \cdots p_k^{\alpha_k}$, 其中 $\alpha_0, k$ 为自然数, $p_0 = 2, p_1, p_2, \cdots, p_k$ 为两两不同的奇素数, $\alpha_1, \alpha_2, \cdots, \alpha_k$ 为正整数. 根据定理 3.3.1, 同余方程 (5.4) 有解当且仅当同余方程组

$$x^2 \equiv a \pmod{p_i^{\alpha_i}}, \quad 0 \leqslant i \leqslant k$$

有解, 这又等价于对每个 $0 \leqslant i \leqslant k$, $a$ 为模 $p_i^{\alpha_i}$ 的二次剩余. 根据定理 5.1.3 和 Legendre 符号的定义知, 对任何 $1 \leqslant i \leqslant k$, $a$ 为模 $p_i^{\alpha_i}$ 的二次剩余的充要条件为 $\left(\dfrac{a}{p_i}\right) = 1$. 根据定理 5.1.2 知, $a$ 为模 $2^{\alpha_0}$ 的二次剩余的充要条件为: 当 $\alpha_0 = 2$ 时 $a \equiv 1 \pmod 4$; 而当 $\alpha_0 \geqslant 3$ 时 $a \equiv 1 \pmod 8$. 这就证明了 (1).

考虑群同态

$$f : (\mathbb{Z}/m\mathbb{Z})^\times \to (\mathbb{Z}/m\mathbb{Z})^\times$$

$$[b] \mapsto [b^2].$$

由于 $\ker(f) = ((\mathbb{Z}/m\mathbb{Z})^\times)[2]$ 恰为同余方程 $x^2 \equiv 1 \pmod m$ 的解集, 从而根据例 3.3.1 的结果, 我们有

$$\mathrm{card}(((\mathbb{Z}/m\mathbb{Z})^\times)[2]) = \begin{cases} 2^k, & m \not\equiv 0 \pmod 4; \\ 2^{k+1}, & m \equiv 4 \pmod 8; \\ 2^{k+2}, & m \equiv 0 \pmod 8. \end{cases}$$

当同余方程 (5.4) 有解时, 其解集 $f^{-1}([a])$ 为 $\ker(f) = ((\mathbb{Z}/m\mathbb{Z})^\times)[2]$ 在 $(\mathbb{Z}/m\mathbb{Z})^\times$ 中的陪集. 故 $f^{-1}([a])$ 和 $\ker(f)$ 的元素个数相等, 这就证明了 (2).

在每个模 $m$ 的既约剩余系中, 使得同余方程 (5.4) 有解的整数 $a$ 之个数等于群 $\mathrm{im}(f) = ((\mathbb{Z}/m\mathbb{Z})^\times)^2$ 的阶. 因此 (3) 由 (2) 和引理 5.1.1 的结论

$$\varphi(m) = \mathrm{card}((\mathbb{Z}/m\mathbb{Z})^\times) = \mathrm{card}(\mathrm{im}(f)) \cdot \mathrm{card}(\ker(f))$$

立即推出. $\qquad\qquad\square$

**例5.4.1** 解同余方程:

$$x^2 \equiv 25 \pmod{168}. \tag{5.5}$$

**解** 显然 $x \equiv 5 \pmod{168}$ 为 (5.5) 的一组解. 由于 $168 = 2^3 \times 3 \times 7$, 从而根据定理 5.4.1, 同余方程 (5.5) 有 16 组解. 由于同余方程 (5.5) 同解于同余方程组

$$x^2 \equiv 25 \pmod 8, \ x^2 \equiv 25 \pmod 3, x^2 \equiv 25 \pmod 7,$$

因此 $x \equiv a \pmod{168}$ 为 (5.5) 的解当且仅当 $a \equiv \pm 1, \pm 3 \pmod 8$, $a \equiv \pm 1 \pmod 3$, $a \equiv \pm 2 \pmod 7$, 这又等价于 $\gcd(a, 24) = 1$, $a \equiv \pm 2 \pmod 7$.

若 $a \equiv 2 \pmod 7$, 令 $a = 7b + 2$. 我们有

$$\gcd(a, 24) = 1 \iff 2 \nmid b, 3 \nmid 7b + 2 \iff b \equiv 3, 5 \pmod 6 \iff a \equiv 23, 37 \pmod{42}.$$

若 $a \equiv -2 \pmod 7$, 同理我们有

$$\gcd(a, 24) = 1 \iff a \equiv -23, -37 \pmod{42}.$$

这就证明了 $x = a$ 为 (5.5) 的整数解之充要条件为 $a \equiv \pm 23,\ \pm 37 \pmod{42}$. 故原方程有 16 组解, 分别为

$$x \equiv 42t \pm 23,\ 42t \pm 37 \pmod{168},\ 0 \leqslant t \leqslant 3.$$

**例5.4.2**   证明: 对任何正整数 $m$, 同余方程

$$f(x) = (x^2 - 17)(x^2 - 19)(x^2 - 323) \equiv 0 \pmod m$$

均有解.

**证明**   根据定理 3.3.1, 只需证明对任何素数 $p$ 和正整数 $\alpha$, 同余方程

$$f(x) \equiv 0 \pmod{p^\alpha}$$

有解. 从而只需证明 17, 19 和 323 中至少有一个为模 $p^\alpha$ 的二次剩余.

当 $p = 2$ 时, 由定理 5.1.2 知 17 为模 $2^\alpha$ 的二次剩余.

当 $p = 17$ 时, 由推论 5.2.1 知 $\left(\dfrac{19}{17}\right) = \left(\dfrac{2}{17}\right) = 1$. 根据定理 5.1.3 知 19 为模 $17^\alpha$ 的二次剩余.

当 $p = 19$ 时, 由定理 5.3.1 得 $\left(\dfrac{17}{19}\right) = \left(\dfrac{19}{17}\right) = 1$. 根据定理 5.1.3 知 17 为模 $19^\alpha$ 的二次剩余.

当 $p \neq 2,\ 17,\ 19$ 时, 由等式

$$\left(\dfrac{17}{p}\right)\left(\dfrac{19}{p}\right)\left(\dfrac{323}{p}\right) = 1$$

知 $\left(\dfrac{17}{p}\right),\ \left(\dfrac{19}{p}\right)$ 和 $\left(\dfrac{323}{p}\right)$ 中必有一数等于 1, 因此 17, 19, 323 中至少有一个为模 $p^\alpha$ 的二次剩余.                                                          □

## 习题

**1.** (1) 计算 Legendre 符号 $\left(\dfrac{1777}{2027}\right)$, 并判断下列同余方程是否有解:

$$x^2 \equiv 1777 \pmod{2027}.$$

(2) 计算 Jacobi 符号 $\left(\dfrac{4653}{8383}\right)$, 并判断下列同余方程是否有解:

$$x^2 \equiv 4653 \pmod{8383}.$$

**2.** 设整数 $m > 2$, $a$ 为模 $m$ 的二次剩余. 证明: 同余方程 $x^2 \equiv a \pmod{m}$ 恰有两个同余解当且仅当模 $m$ 的原根存在.

**3.** 分别计算下列同余方程的解数:

$$x^2 \equiv 31 \pmod{75},$$

$$x^2 \equiv 1156 \pmod{3^2 \times 5^3 \times 7^5 \times 11^6}.$$

**4.** 分别求解下列两个同余方程:

$$x^2 \equiv 221 \pmod{315},$$

$$x^2 \equiv 339 \pmod{520}.$$

**5.** 证明: (1) 对任何正整数 $n$, Fermat 数 $F_n := 2^{2^n} + 1$ 为素数的充要条件为

$$3^{\frac{F_n-1}{2}} \equiv -1 \pmod{F_n}.$$

(2) 若 $F_n$ 为素数, 则 3 为模 $F_n$ 的原根.

(3) 设 $n \geqslant 2$ 且 $F_n$ 为素数, 则 5 为模 $F_n$ 的原根.

(4) 设 $F_n$ 为素数, 整数 $a$ 与 $F_n$ 互素. 则 $a$ 要么为模 $F_n$ 的原根, 要么为模 $F_n$ 的二次剩余, 但不能既是原根又为二次剩余.

**6.** 设素数 $p > 3$, 证明:

$$\left(\frac{3}{p}\right) = \begin{cases} 1, & p \equiv \pm 1 \pmod{12}, \\ -1, & p \equiv \pm 5 \pmod{12}. \end{cases}$$

**7.** 证明: 对任何正整数 $m$, 下列同余方程有解:

$$f(x) = (x^2 - 13)(x^2 - 17)(x^2 - 221) \equiv 0 \pmod{m}.$$

**8.** 设 $p$ 为素数, 证明: 同余方程 $x^8 \equiv 16 \pmod{p}$ 一定有解.

**9.** 设 $m$ 为正整数, 对模 $m$ 单位群 $(\mathbb{Z}/m\mathbb{Z})^\times$ 上的一个特征 $f : (\mathbb{Z}/m\mathbb{Z})^\times \to \mathbb{C}^\times$, 定义整数上的函数 $\chi = \chi_f$ 如下:

$$\chi(n) = \begin{cases} f([n]), & \gcd(n, m) = 1, \\ 0, & \gcd(n, m) > 1. \end{cases}$$

我们称 $\chi$ 为模 $m$ 的一个 **Dirichlet 特征**. 定义 $\chi$ 的共轭特征为

$$\bar{\chi}(n) := \chi(n) \text{ 的复共轭}.$$

证明如下命题:

(1) 存在 $\varphi(m)$ 个模 $m$ 的 Dirichlet 特征, 并且它们每个都是完全积性且周期为 $m$ 的函数, 即对任何整数 $n, k$ 都有

$$\chi(1) = 1,$$
$$\chi(nk) = \chi(n)\chi(k),$$
$$\chi(n+m) = \chi(n);$$

(2) 若定义在整数上的函数 $\chi$ 是完全积性, 周期为 $m$, 并满足当 $\gcd(n, m) > 1$ 时都有 $\chi(n) = 0$, 则 $\chi$ 为模 $m$ 的 Dirichlet 特征;

(3) 令 $\chi_1, \chi_2, \cdots, \chi_{\varphi(m)}$ 为所有模 $m$ 的 Dirichlet 特征. 对任何正整数 $n, k$, 若 $\gcd(n, m) = 1$, 则

$$\frac{1}{\varphi(m)} \sum_{i=1}^{\varphi(m)} \chi_i(n)\bar{\chi}_i(k) = \begin{cases} 1, & n \equiv k \pmod{m}, \\ 0, & n \not\equiv k \pmod{m}; \end{cases}$$

(4) 对任何模 $m$ 的 Dirichlet 特征 $\chi$ 和整数 $n$, 定义 **Gauss 和**

$$G(n, \chi) := \sum_{k=1}^{m} \chi(k)\mathrm{e}^{2kn\pi\mathrm{i}/m}.$$

则当 $\gcd(n, m) = 1$ 时, $G(n, \chi) = \bar{\chi}(n)G(1, \chi)$.

此外, 若当 $\gcd(n, m) > 1$ 时都有 $G(n, \chi) = 0$, 则

$$|G(1, \chi)|^2 = m.$$

**10.** 设 $k$ 为正整数, $n = 2^k + 1$. 证明: $n$ 是素数当且仅当存在 $1, 2, \cdots, n-1$ 的一个排列 $a_1, a_2, \cdots, a_{n-1}$ 和整数 $g_1, g_2, \cdots, g_{n-1}$ 使得对任何 $1 \leqslant i \leqslant n-1$, 都有 $n | g_i^{a_i} - a_{i+1}$, 这里约定 $a_n = a_1$.

**11.** 设正整数 $a, b$ 使得 $15a + 16b$ 和 $16a - 15b$ 都是完全平方数. 求这两个平方数中较小的数所能取得的最小值.

**12.** 设素数 $p \equiv 7 \pmod{8}$. 证明: 对任何自然数 $n$, 都有

$$\sum_{k=1}^{p-1} \left\{ \frac{k^{2^n}}{p} + \frac{1}{2} \right\} = \frac{p-1}{2}.$$

**13.** 设 $p$ 是素数, $m$ 是整数. 证明:

$$\sum_{i=1}^{p-1} i^m \equiv \begin{cases} 0 \pmod{p}, & p-1 \nmid m, \\ -1 \pmod{p}, & p-1 \mid m; \end{cases}$$

$$\sum_{i=1}^{p-1} m^i \equiv \begin{cases} 0 \pmod{p}, & m \not\equiv 1 \pmod{p}, \\ -1 \pmod{p}, & m \equiv 1 \pmod{p}. \end{cases}$$

**14.** (1) 设奇素数 $p \equiv 1 \pmod 4$. 证明:

$$\sum_{a=1}^{p-1} a \left( \frac{a}{p} \right) = 0,$$

$$\sum_{\substack{1 \leqslant a \leqslant p-1 \\ \left( \frac{a}{p} \right) = 1}} a = \frac{p(p-1)}{4},$$

$$\sum_{a=1}^{p-1} a^3 \left( \frac{a}{p} \right) = \frac{3}{2} p \sum_{a=1}^{p-1} a^2 \left( \frac{a}{p} \right).$$

(2) 设奇素数 $p \equiv 3 \pmod 4$. 证明:

$$\sum_{a=1}^{p-1} a^2 \left( \frac{a}{p} \right) = p \sum_{a=1}^{p-1} a \left( \frac{a}{p} \right).$$

**15.** 给定两个不同的奇素数 $p$ 和 $q$. 令

$$a = \prod_{\substack{1 \leqslant k \leqslant \frac{pq-1}{2} \\ \gcd(k, pq) = 1}} k \in \mathbb{Z},$$

$$(b, c) = \prod_{\substack{1 \leqslant i \leqslant p-1 \\ 1 \leqslant j \leqslant \frac{q-1}{2}}} (i, j) \in \mathbb{Z} \times \mathbb{Z}.$$

(1) 证明:

$$a \equiv (-1)^{\frac{q-1}{2}} \left( \frac{q}{p} \right) \pmod{p}, \quad a \equiv (-1)^{\frac{p-1}{2}} \left( \frac{p}{q} \right) \pmod{q}.$$

(2) 证明:

$$b \equiv (-1)^{\frac{q-1}{2}} \pmod{p}, \quad c \equiv (-1)^{\frac{p-1}{2}} \cdot (-1)^{\frac{p-1}{2} \frac{q-1}{2}} \pmod{q}.$$

(3) 令 $N$ 为 $([-1]_p, [-1]_q)$ 在 $(\mathbb{Z}/p\mathbb{Z})^\times \times (\mathbb{Z}/q\mathbb{Z})^\times$ 中生成的 2 阶子群. 证明: 集合

$$\left\{ ([k]_p, [k]_q) \,\middle|\, 1 \leqslant k \leqslant \frac{pq-1}{2},\ \gcd(k, pq) = 1 \right\}$$

和

$$\left\{ ([i]_p, [j]_q) \,\middle|\, 1 \leqslant i \leqslant p-1, 1 \leqslant j \leqslant \frac{q-1}{2} \right\}$$

为 $N$ 在 $(\mathbb{Z}/p\mathbb{Z})^\times \times (\mathbb{Z}/q\mathbb{Z})^\times$ 的陪集空间之两组代表元.

(4) 证明:

$$([a]_p, [a]_q) = ([b]_p, [c]_q) \text{ 或 } ([-b]_p, [-c]_q) \in (\mathbb{Z}/p\mathbb{Z})^\times \times (\mathbb{Z}/q\mathbb{Z})^\times.$$

(5) 利用 (1) 至 (4) 的结果证明二次互反律.

**16.** 假设二次同余方程

$$x^2 \equiv a \pmod{p} \tag{5.6}$$

有解, 其中 $p$ 为奇素数, $a$ 为与 $p$ 互素的整数. 证明:

(1) 当 $p \equiv 3 \pmod 4$ 时, $x \equiv \pm a^{\frac{p+1}{4}} \pmod p$ 为 (5.6) 的解;

(2) 当 $p \equiv 5 \pmod 8$, $a^{\frac{p-1}{4}} \equiv 1 \pmod p$ 时, $x \equiv \pm a^{\frac{p+3}{8}} \pmod p$ 为 (5.6) 的解;

(3) 当 $p \equiv 5 \pmod 8$, $a^{\frac{p-1}{4}} \equiv -1 \pmod p$ 时, $x \equiv \pm \left( \frac{p-1}{2} \right)! \cdot a^{\frac{p+3}{8}} \pmod p$ 为

(5.6) 的解.

**17.** 我们称一个整数 $n$ 能**既约表平方和**, 是指存在互素的整数 $a$ 和 $b$ 使得 $n = a^2 + b^2$. 证明:

(1) 给定正整数 $m$ 及其素因子 $p$. 若 $p$ 和 $m$ 能既约表平方和, 则 $\dfrac{m}{p}$ 也能既约表平方和;

(2) 对任何正整数 $n$, $n^2 + 1$ 的每个素因子都能表平方和;

(3) 每个模 4 余 1 的素数 $p$ 均能表平方和.

# 第六章

# 算术函数

在数论中, 经常会出现定义在正整数集上的复值函数, 这种函数被称为**算术函数**. 很多算术函数蕴含了正整数的重要算术性质, 它们在研究数论问题中起着重要的作用. 算术函数是数论的一个重要研究课题, 也是研究各种数论问题必不可少的工具. 因此, 这一章对算术函数做一个初步的一般性讨论, 介绍有关基础知识以及一些重要算术函数的性质.

第一节介绍算术函数的逐点加法和 Dirichlet 乘法运算, 并证明在这两种运算下算术函数构成一个环. 第二节讨论 Möbius 函数和 Möbius 变换, 并利用 Möbius 变换计算无平方因子的正整数之密度. 算术函数一般来说对自变量的变化极不规则, 但有时它们的算术平均值却有很好的渐近公式. 后面的几节主要研究几个特殊的算术函数——Dirichlet 函数 $d(n)$、$\sigma(n)$, Euler 函数 $\varphi(n)$ 和 $r(n)$ 的基本性质及其算术平均值的渐近公式.

## 6.1  算术函数环

### 6.1.1  算术函数的加法和乘法

给定两个算术函数 $f$ 和 $g$, 其加法定义为

$$(f + g)(n) := f(n) + g(n).$$

它们的乘法有两种定义方式, 第一种为逐点乘法, 定义为

$$(f \cdot g)(n) := f(n)g(n),$$

有时直接记为 $fg$; 第二种为 **Dirichlet 卷积**或 **Dirichlet 乘法**, 定义为

$$(f * g)(n) := \sum_{d|n} f(d)g\left(\frac{n}{d}\right) = \sum_{dd'=n} f(d)g(d'), \tag{6.1}$$

其中求和号 $\displaystyle\sum_{d|n}$ 和 $\displaystyle\sum_{dd'=n}$ 均是对 $n$ 的所有正因子 $d$ 求和. 后文中类似的记号亦是如此.

**例6.1.1**  我们有一些简单的算术函数:

$$I(n) := \begin{cases} 1, & n = 1, \\ 0, & n > 1, \end{cases}$$

$$0(n) := 0,$$

$$u(n) := 1,$$

$$N(n) := n.$$

**命题6.1.1** 设 $f, g, h$ 为算术函数. 则:

(1) $f * g = g * f$,

(2) $(f * g) * h = f * (g * h)$,

(3) $f * (g + h) = f * g + f * h$,

(4) $f * I = f$.

**证明** (1) 为 (6.1) 中第二个等式的推论, (2) 由等式

$$((f * g) * h)(n) = \sum_{dc=n} (f * g)(d)h(c) = \sum_{dc=n} \left( \sum_{ab=d} f(a)g(b) \right)h(c)$$

$$= \sum_{abc=n} f(a)g(b)h(c)$$

最右边求和中 $a, b, c$ 之对称性得出. 对 (3), 我们有

$$(f * (g + h))(n) = \sum_{d|n} f(d)g\left(\frac{n}{d}\right) + \sum_{d|n} f(d)h\left(\frac{n}{d}\right) = (f * g)(n) + (f * h)(n).$$

对 (4),

$$(f * I)(n) = \sum_{d|n} f(d)I\left(\frac{n}{d}\right) = f(n)I(1) = f(n). \qquad \square$$

**命题6.1.2** 设算术函数 $f$ 满足 $f(1) \neq 0$, 则存在唯一的算术函数 $f^{*-1}$ 满足 $f * f^{*-1} = I$. 我们称 $f^{*-1}$ 为 $f$ 的 **Dirichlet 逆**.

**证明** 我们归纳地定义 $f^{*-1}(n)$. 当 $n = 1$ 时, 由 $1 = I(1) = f(1) \cdot f^{*-1}(1)$ 得 $f^{*-1}(1) = \dfrac{1}{f(1)}$. 假设 $n > 1$ 且对所有 $1 \leqslant k < n$, $f^{*-1}(k)$ 已经被定义. 注意到 $f^{*-1}$ 必须满足

$$0 = I(n) = \sum_{d|n} f\left(\frac{n}{d}\right)f^{*-1}(d) = f(1)f^{*-1}(n) + \sum_{\substack{d|n \\ d<n}} f\left(\frac{n}{d}\right)f^{*-1}(d).$$

于是

$$f^{*-1}(n) = -\frac{1}{f(1)} \sum_{\substack{d|n \\ d<n}} f\left(\frac{n}{d}\right)f^{*-1}(d).$$

这就证明了 $f^{*-1}$ 的存在唯一性. $\qquad \square$

### 6.1.2 积性函数

**定义6.1.1** 称算术函数 $f$ 为**积性函数**, 是指 $f$ 不为零函数, 并且对任何互素的正整数 $m$ 和 $n$ 都有

$$f(mn) = f(m)f(n).$$

若上式对任何正整数 $m$ 和 $n$ 都成立, 则称 $f$ 为**完全积性函数**.

**引理6.1.1** 若 $f$ 为积性函数, 则 $f(1) = 1$.

**证明** 由积性函数的定义知 $f(1 \cdot 1) = f(1)^2$, 从而 $f(1) = 0$ 或 $f(1) = 1$. 若 $f(1) = 0$, 则对任何正整数 $n$, 都有 $f(n) = f(n \cdot 1) = f(n) \cdot f(1) = 0$, 这和 $f$ 的假设矛盾. 故 $f(1) = 1$. □

**命题6.1.3** 给定两个算术函数 $f$ 和 $g$.

(1) 若 $f$ 和 $g$ 是积性函数, 则 $f * g$ 亦然.

(2) 若 $f$ 和 $f * g$ 是积性函数, 则 $g$ 亦然.

(3) 若 $f$ 是积性函数, 则 $f^{*-1}$ 亦然.

**证明** (1) 若正整数 $m$ 和 $n$ 互素, 则 $mn$ 的任何正因子 $d$ 均可唯一写为 $m$ 的正因子 $d_1$ 和 $n$ 的正因子 $d_2$ 之积. 由于 $f$ 和 $g$ 为积性函数, 因此我们有

$$\begin{aligned}
(f * g)(mn) &= \sum_{d|mn} f(d)g\left(\frac{mn}{d}\right) \\
&= \sum_{d_1|m, d_2|n} f(d_1 d_2)g\left(\frac{mn}{d_1 d_2}\right) \\
&= \sum_{d_1|m, d_2|n} f(d_1)g\left(\frac{m}{d_1}\right)f(d_2)g\left(\frac{n}{d_2}\right) \\
&= \sum_{d_1|m} f(d_1)g\left(\frac{m}{d_1}\right) \cdot \sum_{d_2|n} f(d_2)g\left(\frac{n}{d_2}\right) \\
&= (f * g)(m)(f * g)(n).
\end{aligned}$$

(2) 假设 $f$ 和 $f * g$ 是积性函数. 若 $g$ 不是积性函数, 则存在互素之正整数 $m$ 和 $n$ 使得 $g(mn) \neq g(m)g(n)$, 取这样的正整数使 $mn$ 尽可能地小. 利用 (1) 证明中的计算和引理 6.1.1, 我们有

$$\begin{aligned}
&(f * g)(mn) - (f * g)(m)(f * g)(n) \\
&= \sum_{d_1|m, d_2|n} f(d_1)f(d_2)\left(g\left(\frac{mn}{d_1 d_2}\right) - g\left(\frac{m}{d_1}\right)g\left(\frac{n}{d_2}\right)\right) \\
&= g(mn) - g(m)g(n) \neq 0.
\end{aligned}$$

因此 $f * g$ 不是积性函数, 和假设矛盾.

(3) 由于 $f$ 和 $f * f^{*-1} = I$ 为积性函数, 则 (3) 为 (2) 的直接推论.　　□

本节的结果可以总结为如下的定理:

定理6.1.1　　(1) 所有算术函数组成的集合在逐点加法和 Dirichlet 乘法两种运算下构成一个环, 其加法单位元为零函数 $0$, 乘法单位元为 $I$. 我们称这个环为 **Dirichlet 环**.

(2) Dirichlet 环的可逆元为那些满足条件 $f(1) \neq 0$ 的算术函数 $f$.

(3) 所有积性函数组成的集合在 Dirichlet 乘法下构成 Dirichlet 环的单位群之子群.

**证明**　　显然所有算术函数组成的集合在逐点加法下构成一个以零函数为单位元的 Abel 群, 从而 (1) 为命题 6.1.1 的推论. (2) 和 (3) 分别为命题 6.1.2 和命题 6.1.3 的直接推论.　　□

# 6.2　Möbius 函数

## 6.2.1　Möbius 函数

**Möbius 函数** $\mu(n)$ 定义为

$$
\mu(n) := \begin{cases} 1, & n = 1, \\ (-1)^k, & n \text{ 为 } k \text{ 个不同的素数之积}, \\ 0, & \text{其他}. \end{cases}
$$

引理6.2.1　　Möbius 函数 $\mu(n)$ 为积性函数并且

$$
\sum_{d \mid n} \mu(d) = \begin{cases} 1, & n = 1, \\ 0, & n > 1. \end{cases} \tag{6.2}
$$

换句话说, $\mu = u^{*-1}$, 即 Möbius 函数 $\mu$ 为 $u$ 的 Dirichlet 逆.

**证明**　　任给互素的正整数 $m$ 和 $n$. 则对任何素数 $p$, $p^2 \mid mn$ 等价于 $p^2 \mid m$ 或 $p^2 \mid n$. 因此 $\mu(mn) = 0$ 等价于 $\mu(m)\mu(n) = 0$. 若 $\mu(m)\mu(n) \neq 0$, 记 $k$ 和 $l$ 分别为 $m$ 和 $n$ 的素因子个数, 则 $mn$ 为 $k + l$ 个两两不同的素数之积, 故 $\mu(mn) = (-1)^{k+l} = \mu(m)\mu(n)$. 这就证明了 $\mu$ 为积性函数. 根据命题 6.1.3, $(\mu * u)(n) = \sum_{d \mid n} \mu(d)$ 为积性函数. 因此要证 (6.2), 根据算术基本定理, 我们可不妨设 $n = q^s$, 其中 $q$ 为素数, $s$ 为自然数. 当 $s = 0$ 时

(6.2) 显然成立; 而当 $s \geqslant 1$ 时, 我们有

$$\sum_{d|q^s} \mu(d) = \sum_{i=0}^{s} \mu(q^i) = \mu(1) + \mu(q) + \sum_{i=2}^{s} \mu(q^i) = 1 - 1 + \sum_{i=2}^{s} 0 = 0. \qquad \square$$

### 6.2.2 Möbius 变换

**定义6.2.1**    若算术函数 $f$ 和 $F$ 满足 $F = f * u$, 即

$$F(n) = \sum_{d|n} f(d) = \sum_{d|n} f\left(\frac{n}{d}\right) \quad (n \geqslant 1),$$

则称 $F$ 为 $f$ 的 **Möbius 变换**, 而 $f$ 为 $F$ 的 **Möbius 逆变换**.

**定理6.2.1(Möbius 反演公式)**    若两个算术函数 $f$ 和 $F$ 满足

$$F(n) = \sum_{d|n} f(d) \quad (n \geqslant 1),$$

则有

$$f(n) = \sum_{d|n} \mu(d) F\left(\frac{n}{d}\right) \quad (n \geqslant 1).$$

反之亦然.

**证明**    假设第一个等式成立, 即 $F = f * u$. 由引理 6.2.1 知 $u * \mu = I$; 再由命题 6.1.1 得

$$F * \mu = (f * u) * \mu = f * (u * \mu) = f * I = f.$$

于是第二个等式成立. 反之亦然.    $\square$

### 6.2.3    无平方因子的正整数之密度

我们称正整数 $n$ **无平方因子**, 是指 $n$ 不能被任何素数之平方整除. 令 $Q$ 为所有无平方因子的正整数组成的集合. 对任何正实数 $x$, 令

$$Q(x) := \mathrm{card}(\{n \in Q \mid n \leqslant x\}).$$

下面我们通过 Möbius 变换给出 $Q(x)$ 的渐近公式. 为了方便, 对三个定义在正实数上的实值函数 $f, g, h$, 我们用记号

$$f = g + O(h)$$

表示存在正实数 $c$, 使得对任何正实数 $x$ 都有

$$|f(x) - g(x)| \leqslant c|h(x)|.$$

**定理 6.2.2**　我们有

$$Q(x) = \frac{6}{\pi^2}x + O(\sqrt{x}).$$

**证明**　首先我们有

$$\mu^2(n) = \begin{cases} 1, & n \in Q, \\ 0, & n \notin Q. \end{cases}$$

于是

$$Q(x) = \sum_{n \leqslant x} \mu^2(n).$$

令 $g = \mu^2 * \mu$. 对任何素数 $p$ 和正整数 $k$, 我们有

$$g(p^k) = \sum_{i=0}^{k} \mu^2(p^i)\mu(p^{k-i}) = \begin{cases} -1, & k = 2, \\ 0, & k \neq 2. \end{cases}$$

根据命题 6.1.3 和引理 6.2.1, $g$ 为积性函数. 因此 $g(n) = 0$ 除非 $n$ 为完全平方数, 并且对任何正整数 $m$, $g(m^2) = \mu(m)$. 由 Möbius 反演公式得 $\mu^2 = u * g$. 于是

$$Q(x) = \sum_{n \leqslant x} \mu^2(n) = \sum_{n \leqslant x} (u * g)(n) = \sum_{n \leqslant x} \sum_{d|n} g(d) = \sum_{d \leqslant x} g(d) \sum_{\substack{d|n \\ n \leqslant x}} 1 = \sum_{d \leqslant x} g(d) \left\lfloor \frac{x}{d} \right\rfloor$$

$$= \sum_{m \leqslant \sqrt{x}} \mu(m) \left\lfloor \frac{x}{m^2} \right\rfloor = \sum_{m \leqslant \sqrt{x}} \mu(m) \frac{x}{m^2} + O(\sqrt{x})$$

$$= x \sum_{m=1}^{+\infty} \frac{\mu(m)}{m^2} - x \sum_{m > \sqrt{x}} \frac{\mu(m)}{m^2} + O(\sqrt{x}).$$

因此我们只需证明

$$\sum_{m > \sqrt{x}} \frac{\mu(m)}{m^2} = O\left(\frac{1}{\sqrt{x}}\right), \tag{6.3}$$

$$\sum_{m=1}^{+\infty} \frac{\mu(m)}{m^2} = \frac{6}{\pi^2}. \tag{6.4}$$

不妨设 $x > 1$, 则 (6.3) 由下面的估计得到:

$$\left| \sum_{m > \sqrt{x}} \frac{\mu(m)}{m^2} \right| < \sum_{m > \sqrt{x}} \frac{1}{m^2} < \sum_{i=0}^{+\infty} \int_{\sqrt{x}+i-1}^{\sqrt{x}+i} \frac{\mathrm{d}y}{y^2} = \int_{\sqrt{x}-1}^{+\infty} \frac{\mathrm{d}y}{y^2} = \frac{1}{\sqrt{x}-1} = O\left(\frac{1}{\sqrt{x}}\right).$$

$$\tag{6.5}$$

由引理 6.2.1, 我们有

$$\sum_{m=1}^{+\infty} \frac{\mu(m)}{m^2} \sum_{d=1}^{+\infty} \frac{1}{d^2} = \sum_{n=1}^{+\infty} \frac{1}{n^2} \sum_{m|n} \mu(m) = 1.$$

从而 (6.4) 为 Euler 公式

$$\sum_{d=1}^{+\infty} \frac{1}{d^2} = \frac{\pi^2}{6} \tag{6.6}$$

的直接推论.    □

## 6.3    Dirichlet 函数 $d(n)$ 和 $\sigma(n)$

### 6.3.1    $d(n)$ 和 $\sigma(n)$ 的基本性质

**Dirichlet 函数** $d(n)$ 计数 $n$ 的所有正因子:

$$d(n) := \sum_{d|n} 1.$$

于是 $d(n) = 2$ 当且仅当 $n$ 为素数, 并且当 $n$ 为 $k$ 个不同素数之积时, 我们有 $d(n) = 2^k$. 同样可定义算术函数

$$\sigma(n) := \sum_{d|n} d.$$

**命题6.3.1**    设大于 1 的整数 $n$ 的标准分解式为 $n = \prod_{i=1}^{k} p_i^{\alpha_i}$. 则

$$d(n) = \prod_{i=1}^{k} (\alpha_i + 1),$$

$$\sigma(n) = \prod_{i=1}^{k} \frac{p_i^{\alpha_i+1} - 1}{p_i - 1}.$$

**证明**    由 $d = u * u$, $\sigma = u * N$ 和命题 6.1.3 知 $d$ 和 $\sigma$ 皆为积性函数. 故我们只需考虑 $n$ 为素数幂的情形, 即 $n = p_1^{\alpha_1}$. 此时, $n$ 恰有 $\alpha_1 + 1$ 个正因子 $1, p_1, \cdots, p_1^{\alpha_1}$, 这些正因子之和为 $\sum_{i=0}^{\alpha_1} p_1^i = \frac{p_1^{\alpha_1+1} - 1}{p_1 - 1}$.    □

### 6.3.2 $d(n)$ 均值的渐近估计

关于算术函数 $d(n)$, 我们有如下估计:

**定理 6.3.1** (1) 对任何 $\varepsilon > 0$, 均存在正实数 $c$, 使得对任何正整数 $n$ 都有

$$d(n) < cn^{\varepsilon}.$$

(2) 不存在正实数 $c_1, c_2$ 使得

$$d(n) \leqslant c_1 \ln^{c_2} n$$

对任何 $n \geqslant 2$ 都成立.

**证明** 考虑 $n$ 的标准分解式 $n = \prod_{i=1}^{k} p_i^{\alpha_i}$. 根据命题 6.3.1, 我们有

$$\frac{d(n)}{n^{\varepsilon}} = \prod_{i=1}^{k} \frac{\alpha_i + 1}{p_i^{\alpha_i \varepsilon}}.$$

对命题 (1), 可不妨设 $\varepsilon < 1$. 于是我们有

$$p_i^{\alpha_i \varepsilon} \geqslant 2^{\alpha_i \varepsilon} = e^{\alpha_i \varepsilon \ln 2} > 1 + \alpha_i \varepsilon \ln 2 > (\alpha_i + 1)\varepsilon \ln 2.$$

于是

$$\frac{\alpha_i + 1}{p_i^{\alpha_i \varepsilon}} < \frac{1}{\varepsilon \ln 2}.$$

而当 $p_i \geqslant 2^{\frac{1}{\varepsilon}}$ 时,

$$\frac{\alpha_i + 1}{p_i^{\alpha_i \varepsilon}} \leqslant \frac{\alpha_i + 1}{2^{\alpha_i}} \leqslant 1.$$

因此

$$\frac{d(n)}{n^{\varepsilon}} < \prod_{\mathbb{P} \ni p < 2^{\frac{1}{\varepsilon}}} \left( \frac{1}{\varepsilon \ln 2} \right).$$

注意到上式右边只依赖于 $\varepsilon$ 而不依赖于 $n$, 这就证明了 (1).

对 (2), 只需证明对任何正实数 $c$, 数列 $\left\{ \dfrac{d(n)}{\ln^c n} \right\}_{n \geqslant 3}$ 无界. 令 $l = \lceil c \rceil, p_1, p_2, \cdots, p_{2l}$ 为两两不同的素数. 对任何正整数 $\alpha$, 令 $n_\alpha = \left( \prod_{i=1}^{2l} p_i \right)^\alpha$. 我们有

$$d(n_\alpha) = (\alpha + 1)^{2l} > \alpha^{2l} = \frac{\ln^{2l} n_\alpha}{\ln^l (p_1^2 p_2^2 \cdots p_{2l}^2)}.$$

从而

$$\frac{d(n_\alpha)}{\ln^c n_\alpha} > \frac{\ln^l n_\alpha}{\ln^l (p_1^2 p_2^2 \cdots p_{2l}^2)} = \left(\frac{\alpha}{2}\right)^l.$$

这就完成了 (2) 的证明. □

当 $n$ 为素数时, $d(n) = 2$, 但是 $n+1$ 可能会有很多正因子, 因此 $d(n+1)$ 可能会变得很大. 所以 Dirichlet 函数 $d(n)$ 的取值极不规则. 但是它的算术平均值

$$\frac{1}{n} \sum_{i=1}^{n} d(i)$$

却有很好的渐近公式.

**定理 6.3.2 (Dirichlet)**　我们有

$$\sum_{n \leqslant x} d(n) = x \ln x + (2\gamma - 1)x + O(\sqrt{x}),$$

其中 $\gamma$ 为 **Euler-Mascheroni** 常数, 其定义为

$$\gamma := \lim_{n \to +\infty} \left( \sum_{i=1}^{n} \frac{1}{i} - \ln n \right).$$

**证明**　由于

$$\sum_{i=1}^{n} \frac{1}{i} - \ln n = \frac{1}{n} + \sum_{i=1}^{n-1} \frac{1}{i} - \int_1^n \frac{\mathrm{d}x}{x} = \frac{1}{n} + \sum_{i=1}^{n-1} \left( \frac{1}{i} - \int_i^{i+1} \frac{\mathrm{d}x}{x} \right) \geqslant \frac{1}{n},$$

我们有

$$0 < \gamma - \sum_{i=1}^{n-1} \left( \frac{1}{i} - \int_i^{i+1} \frac{\mathrm{d}x}{x} \right) = \sum_{i=n}^{+\infty} \left( \frac{1}{i} - \int_i^{i+1} \frac{\mathrm{d}x}{x} \right) < \sum_{i=n}^{+\infty} \left( \frac{1}{i} - \frac{1}{i+1} \right) = \frac{1}{n}.$$

从而

$$\sum_{i=1}^{n} \frac{1}{i} - \ln n = \gamma + O\left(\frac{1}{n}\right). \tag{6.7}$$

令 $u = \lfloor \sqrt{x} \rfloor$, 则 $u^2 = (\sqrt{x} - \{\sqrt{x}\})^2 = x + O(\sqrt{x})$. 因此我们有

$$\sum_{n \leqslant x} d(n) = \sum_{n \leqslant x} \sum_{m|n} 1 = \sum_{m \leqslant x} \sum_{\substack{n \leqslant x \\ m|n}} 1 = \sum_{\substack{m,k \leqslant x \\ mk \leqslant x}} 1 = \sum_{m \leqslant u} \sum_{k \leqslant \frac{x}{m}} 1 + \sum_{k \leqslant u} \sum_{m \leqslant \frac{x}{k}} 1 - \sum_{m \leqslant u} \sum_{k \leqslant u} 1$$

$$= 2 \sum_{m \leqslant u} \sum_{k \leqslant \frac{x}{m}} 1 - u^2 = 2 \sum_{m \leqslant u} \left\lfloor \frac{x}{m} \right\rfloor - u^2 = 2x \sum_{m \leqslant u} \frac{1}{m} - x + O(\sqrt{x})$$

$$= 2 \left( \gamma + \ln u + O\left(\frac{1}{u}\right) \right) x - x + O(\sqrt{x})$$

$$= x \ln x + (2\gamma - 1)x + O(\sqrt{x}).　\qquad \square$$

### 6.3.3　$\sigma(n)$ 均值的渐近估计

实际上, $\sigma(n)$ 并不比 $n$ 大很多.

**命题6.3.2**　对任何整数 $n \geqslant 2$, 我们有

$$n + 1 \leqslant \sigma(n) < n + n \ln n.$$

**证明**　左边的不等式显然, 这是因为 $1$ 和 $n$ 为 $n$ 的因子. 对右边不等式, 我们有

$$\sigma(n) = \sum_{d \mid n} \frac{n}{d} \leqslant n \sum_{d=1}^{n} \frac{1}{d} < n + n \sum_{d=2}^{n} \int_{d-1}^{d} \frac{\mathrm{d}x}{x} = n + n \int_{1}^{n} \frac{\mathrm{d}x}{x} = n + n \ln n. \qquad \square$$

和 $d(n)$ 一样, $\sigma(n)$ 的均值也有很好的渐近估计.

**定理6.3.3(Dirichlet)**　我们有

$$\sum_{n \leqslant x} \sigma(n) = \frac{\pi^2}{12} x^2 + O(x \ln x).$$

**证明**　由 $0 \leqslant \dfrac{x}{m} - \left\lfloor \dfrac{x}{m} \right\rfloor < 1$ 知当 $m \leqslant x$ 时, 都有

$$\left| \left\lfloor \frac{x}{m} \right\rfloor + \left\lfloor \frac{x}{m} \right\rfloor^2 - \frac{x^2}{m^2} \right| < \frac{5x}{m}.$$

于是我们有

$$\sum_{n \leqslant x} \sigma(n) = \sum_{n \leqslant x} \sum_{m \mid n} m = \sum_{n \leqslant x} \sum_{m \mid n} \frac{n}{m} = \sum_{m \leqslant x} \sum_{\substack{m \mid n \\ n \leqslant x}} \frac{n}{m} = \sum_{m \leqslant x} \sum_{k \leqslant \lfloor \frac{x}{m} \rfloor} k$$

$$= \sum_{m \leqslant x} \frac{1}{2} \left( \left\lfloor \frac{x}{m} \right\rfloor + \left\lfloor \frac{x}{m} \right\rfloor^2 \right) = \frac{1}{2} \sum_{m \leqslant x} \left( \frac{x^2}{m^2} + O\left( \frac{x}{m} \right) \right)$$

$$= \frac{x^2}{2} \sum_{m=1}^{+\infty} \frac{1}{m^2} - \frac{x^2}{2} \sum_{m > x} \frac{1}{m^2} + \frac{x}{2} \sum_{m \leqslant x} O\left( \frac{1}{m} \right)$$

$$= \frac{\pi^2}{12} x^2 + O(x \ln x),$$

其中最后一个等式由 (6.5), (6.6) 和 (6.7) 推出.　\qquad $\square$

## 6.4  Euler 函数

### 6.4.1  Euler 函数的基本性质

为了研究模 $n$ 的既约剩余系, 在定义 2.3.4 中我们引入了 Euler 函数. Euler 函数 $\varphi(n)$ 定义为所有不超过 $n$ 且与 $n$ 互素的正整数个数, 即

$$\varphi(n) := \sum_{\substack{1 \leqslant i \leqslant n \\ \gcd(i,n)=1}} 1.$$

这一节继续讨论 Euler 函数的性质及其均值的渐近公式.

**引理6.4.1**　$\varphi(n)$ 为积性函数, 且 $N = \varphi * u$, $\varphi = N * \mu$. 换言之, 对任何正整数 $n$, 都有

$$n = \sum_{d|n} \varphi(d), \tag{6.8}$$

$$\varphi(n) = n \sum_{d|n} \frac{\mu(d)}{d}. \tag{6.9}$$

**证明**　将 $n$ 个分数 $\dfrac{1}{n}, \dfrac{2}{n}, \cdots, \dfrac{n}{n}$ 均写为既约分数, 我们有

$$\left\{ \frac{1}{n}, \frac{2}{n}, \cdots, \frac{n}{n} \right\} = \left\{ \frac{a}{d} \ \middle| \ d \mid n, \ 1 \leqslant a \leqslant d, \ \gcd(a,d)=1 \right\}.$$

注意到右边恰有 $\varphi(d)$ 个分母为 $d$ 的既约分数, 从而比较上式两边元素个数可得 (6.8), 也即 $N = \varphi * u$. 因此 (6.9) 为定理 6.2.1 的直接推论. 显然 $N(n)$ 为积性函数, 于是根据命题 6.1.3, $\varphi(n)$ 也为积性函数. 实际上, 推论 A.1.2 利用循环群的结构也给出了 (6.8) 的一个证明. □

**定理6.4.1**　对任何正整数 $n$, 我们有

$$\varphi(n) = n \prod_{\mathbb{P} \ni p|n} \left( 1 - \frac{1}{p} \right).$$

**证明**　由引理 6.4.1 知 $\varphi(n)$ 为积性函数, 因此我们可不妨设 $n = p^k$, 其中 $p$ 为素数, $k$ 为正整数. 对任何整数 $a$, $p$ 和 $a$ 不互素当且仅当 $p \mid a$. 故 $1, 2, \cdots, p^k$ 中恰有 $p^{k-1}$ 个数与 $p$ 不互素, 它们为 $ip$, 其中 $1 \leqslant i \leqslant p^{k-1}$. 从而

$$\varphi(p^k) = p^k - p^{k-1} = p^k \left( 1 - \frac{1}{p} \right). \qquad \square$$

例如, $\varphi(6) = 6 \cdot \left(1 - \dfrac{1}{2}\right)\left(1 - \dfrac{1}{3}\right) = 2$, $\varphi(40) = 40 \cdot \left(1 - \dfrac{1}{2}\right)\left(1 - \dfrac{1}{5}\right) = 16$. Euler 函数 $\varphi(n)$ 的 Dirichlet 逆有如下简单的形式.

**命题6.4.1**　我们有

$$\varphi^{*-1}(n) = \begin{cases} 1, & n = 1, \\ \prod_{\mathbb{P} \ni p \mid n} (1 - p), & n > 1. \end{cases}$$

**证明**　由引理 6.4.1 知 $\varphi = N * \mu$, 再根据定理 6.1.1 (3) 和引理 6.2.1 知:

$$\varphi^{*-1} = N^{*-1} * \mu^{*-1} = N^{*-1} * u.$$

根据引理 6.2.1, 我们有

$$(N * (\mu N))(n) = \sum_{d \mid n} \frac{n}{d} \mu(d) d = n \sum_{d \mid n} \mu(d) = I(n),$$

即 $N^{*-1} = \mu N$. 因此

$$\varphi^{*-1}(n) = ((\mu N) * u)(n) = \sum_{d \mid n} d\mu(d).$$

根据引理 6.4.1 和定理 6.1.1 , $\varphi^{*-1}(n)$ 为积性函数. 从而要证本命题, 可不妨设 $n = p^k$ 为素数幂. 此时, 我们有

$$\varphi^{*-1}(p^k) = ((\mu N) * u)(p^k) = \sum_{d \mid p^k} d\mu(d) = \sum_{i=0}^{k} p^i \mu(p^i) = 1 - p. \qquad \square$$

### 6.4.2　Euler 函数均值的渐近估计

和 Dirichlet 函数一样, Euler 函数的均值也有很好的渐近估计.

**定理6.4.2(Mertens)**　我们有

$$\sum_{n \leqslant x} \varphi(n) = \frac{3}{\pi^2} x^2 + O(x \ln x).$$

**证明**　根据 (6.9), 我们有

$$\sum_{n \leqslant x} \varphi(n) = \sum_{n \leqslant x} \sum_{m \mid n} \mu(m) \frac{n}{m} = \sum_{m \leqslant x} \mu(m) \sum_{\substack{m \mid n \\ n \leqslant x}} \frac{n}{m} = \sum_{m \leqslant x} \mu(m) \sum_{k \leqslant \lfloor \frac{x}{m} \rfloor} k$$

$$= \sum_{m \leqslant x} \frac{\mu(m)}{2} \left( \left\lfloor \frac{x}{m} \right\rfloor + \left\lfloor \frac{x}{m} \right\rfloor^2 \right) = \frac{1}{2} \sum_{m \leqslant x} \left( \frac{\mu(m) x^2}{m^2} + O\left( \frac{x}{m} \right) \right)$$

$$= \frac{x^2}{2} \sum_{m=1}^{+\infty} \frac{\mu(m)}{m^2} - \frac{x^2}{2} \sum_{m>x} \frac{\mu(m)}{m^2} + \frac{x}{2} \sum_{m \leqslant x} O\left(\frac{1}{m}\right)$$

$$= \frac{3}{\pi^2} x^2 + O(x \ln x),$$

其中最后一个等式由 (6.4), (6.5) 和 (6.7) 推出. □

## 6.5 Gauss 圆内整点问题

一些整数可写为平方和, 例如 $5 = 1 + 4$, $13 = 4 + 9$, $41 = 16 + 25$. 而一些整数则不然, 比如 6 和 7 就不能写为两个整数的平方和. 为了研究正整数表平方和的种数, 考虑算术函数

$$r(n) := \mathrm{card}(\{(a,b) \in \mathbb{Z} \times \mathbb{Z} \mid a^2 + b^2 = n\}).$$

这一节中我们运用代数与几何两种方法来研究 $r(n)$ 的算术性质. 首先根据恒等式 $a^2 + b^2 = (a + bi)(a - bi)$, 前两个小节通过形如 $a + bi$ 的复数来研究 $r(n)$ 的具体取值, 这里 $a, b \in \mathbb{Z}$. 另一方面, $r(n)$ 亦为中心在原点、半径等于 $\sqrt{n}$ 的圆周上整点个数, 故在最后一小节我们用几何的方法研究 $r(n)$ 均值的渐近性质.

### 6.5.1 Gauss 整数环

这一小节主要研究 Gauss 整数, 其主要结果为 Gauss 整数环上的唯一分解定理, 这也是算术基本定理的自然推广.

**定义6.5.1** 记 i 为虚数单位. 令

$$\mathbb{Z}[\mathrm{i}] := \{a + b\mathrm{i} \mid a, b \in \mathbb{Z}\}.$$

我们通常称 $a + b\mathrm{i}$ 为 **Gauss 整数**.

显然, 对任何 $\xi, \eta \in \mathbb{Z}[\mathrm{i}]$, 有 $\xi \pm \eta, \xi\eta \in \mathbb{Z}[\mathrm{i}]$. 于是 $\mathbb{Z}[\mathrm{i}]$ 在复数的加法和乘法两种运算下构成一个环, 称之为 **Gauss 整数环**. 则 $(\mathbb{Z}[\mathrm{i}])^{\times} = \{\pm 1, \pm \mathrm{i}\}$. 我们称 $(\mathbb{Z}[\mathrm{i}])^{\times}$ 中的元素为 **Gauss 单位**. Gauss 整数和整数有很多类似的概念和性质, 例如整除、Bézout 定理、唯一分解定理等.

**定义6.5.2** (1) 对 $\xi, \eta \in \mathbb{Z}[\mathrm{i}]$, 称 $\xi$ **整除** $\eta$ 是指存在 $\lambda \in \mathbb{Z}[\mathrm{i}]$ 使得 $\eta = \xi\lambda$. 用记号 $\xi \mid \eta$ 表示 $\xi$ 整除 $\eta$, 否则记为 $\xi \nmid \eta$.

(2) 称 Gauss 整数 $\xi$ **不可约**, 是指 $\xi$ 不为 Gauss 单位, 并且当 $\xi_1, \xi_2 \in \mathbb{Z}[\mathrm{i}]$ 满足 $\xi = \xi_1\xi_2$ 时总有 $\xi_1$ 或 $\xi_2$ 为 Gauss 单位.

(3) 称两个 Gauss 整数 $\xi$ 和 $\eta$ **相伴**, 是指存在 Gauss 单位 $u$ 使得 $\eta = u\xi$.

对任何 $a, b \in \mathbb{Q}$, 定义 $a + bi$ 的**范数**为 $N(a + bi) = a^2 + b^2$, $a + bi$ 的**共轭**为 $a - bi$. 令

$$\mathbb{Q}(i) = \{a + bi \mid a, b \in \mathbb{Q}\}.$$

对任何 $\xi, \eta \in \mathbb{Q}(i)$, 我们有 $N(\xi\eta) = N(\xi)N(\eta)$. 于是 Gauss 整数 $\xi$ 为 Gauss 单位当且仅当 $N(\xi) = 1$.

类似于定理 1.1.1 给出的整数环 $\mathbb{Z}$ 上的带余除法, 对 Gauss 整数环我们有如下引理:

**引理6.5.1** 对任何 $\xi, \eta \in \mathbb{Z}[i]$, $\eta \neq 0$, 存在 $\lambda, \gamma \in \mathbb{Z}[i]$ 使得

$$\xi = \lambda\eta + \gamma, \quad N(\gamma) < N(\eta).$$

**证明** 取有理数 $a, b$ 使得 $\dfrac{\xi}{\eta} = a + bi$, 取整数 $c, d$ 使 $|c - a| \leqslant \dfrac{1}{2}$, $|d - b| \leqslant \dfrac{1}{2}$. 令 $\lambda = c + di$, $\gamma = \xi - \lambda\eta$. 我们有

$$N\left(\frac{\gamma}{\eta}\right) = N\left(\frac{\xi}{\eta} - \lambda\right) = N((a - c) + (b - d)i) = (a - c)^2 + (b - d)^2 < 1.$$

从而 $\xi = \lambda\eta + \gamma$ 且 $N(\gamma) < N(\eta)$. □

不可约 Gauss 整数和素数的性质很类似, 定理 1.4.1 可类比为:

**引理6.5.2** 设 $\xi$ 为不可约的 Gauss 整数. 假设存在 $\eta, \lambda \in \mathbb{Z}[i]$ 使得 $\xi \mid \eta\lambda$, 则 $\xi \mid \eta$ 或 $\xi \mid \lambda$.

**证明** 假设 $\xi \nmid \eta$, 我们来证明 $\xi \mid \lambda$. 在所有的数

$$u\xi + v\eta \neq 0, \quad (u, v \in \mathbb{Z}[i])$$

中存在一个范数最小的数 $r$. 由引理 6.5.1 知存在 $q \in \mathbb{Z}[i]$ 使得 $N(\eta - q\xi) < N(\xi)$. 由假设 $\xi \nmid \eta$ 知 $\eta - q\xi \neq 0$, 从而 $N(r) < N(\xi)$. 下证 $N(r) = 1$. 若不然, 假设 $N(r) > 1$. 根据引理 6.5.1, 存在 $a, b \in \mathbb{Z}[i]$ 满足

$$\xi = ar + b, \quad N(b) < N(r).$$

由 $\xi$ 的不可约性和 $1 < N(r) < N(\xi)$ 知 $b \neq 0$. 从而 $b = \xi - ar = (1 - au)\xi - av\eta$, 这和 $r$ 的选取矛盾. 这就证明了 $N(r) = 1$, 即 $r$ 为 Gauss 单位. 由 $r\lambda = u\xi\lambda + v\eta\lambda$ 和 $\xi \mid \eta\lambda$ 知 $\xi \mid r\lambda$, 从而 $\xi \mid \lambda$. □

利用素数, 我们可分类所有的不可约 Gauss 整数.

**定理6.5.1** 任何不可约 Gauss 整数均相伴于下面三种类型之一:

(i) $1 - i$,

(ii) $p$, 其中 $p$ 为模 4 余 3 的素数,

(iii) $a + bi$, 其中 $a, b \in \mathbb{Z}$ 且 $a^2 + b^2$ 为模 4 余 1 的素数.

**证明** 任取不可约的 Gauss 整数 $\xi = a + bi$, 其中 $a, b \in \mathbb{Z}$. 设 $N(\xi) = p_1 p_2 \cdots p_r$,

其中 $p_1, p_2, \cdots, p_r$ 为素数. 由于 $\xi \mid \mathrm{N}(\xi)$, 根据引理 6.5.2, $\xi$ 整除某个素数 $p$, 而且这样的素数 $p$ 是唯一的. 否则可设 $\xi \mid p$, $\xi \mid q$, 其中素数 $q \neq p$. 根据定理 1.2.1, 存在 $u, v \in \mathbb{Z}$ 使得 $up + vq = 1$. 于是 $\xi \mid 1$, 这和 $\xi$ 不可约矛盾.

若 $p = 2$, 则 $\xi$ 整除 $2 = \mathrm{i}(1 - \mathrm{i})^2$. 显然 $1 - \mathrm{i}$ 不可约, 根据引理 6.5.2, $\xi$ 相伴于 $1 - \mathrm{i}$.

若 $p \equiv 3 \pmod 4$, 则 $\mathrm{N}(\xi)$ 整除 $\mathrm{N}(p) = p^2$. 由 $\mathrm{N}(\xi) = a^2 + b^2 \not\equiv 3 \pmod 4$ 知 $\mathrm{N}(\xi) = p^2$. 取 Gauss 整数 $u$ 使 $p = u\xi$. 我们有 $p^2 = \mathrm{N}(u)\mathrm{N}(\xi)$, 从而 $\mathrm{N}(u) = 1$. 此时 $\xi$ 相伴于 $p$.

若 $p \equiv 1 \pmod 4$, 根据命题 5.2.1 (5) 知, 存在整数 $n$ 使得 $n^2 \equiv -1 \pmod p$. 于是 $p$ 整除 $n^2 + 1 = (n + \mathrm{i})(n - \mathrm{i})$. 显然 $p \nmid n + \mathrm{i}$ 且 $p \nmid n - \mathrm{i}$, 故 $p$ 可约. 因此 $\mathrm{N}(\xi) < \mathrm{N}(p) = p^2$, 从而 $\mathrm{N}(\xi) = a^2 + b^2 = p$. 于是由 $\xi \mid (a + b\mathrm{i})(a - b\mathrm{i})$ 知 $\xi$ 相伴于 $a + b\mathrm{i}$ 或 $a - b\mathrm{i}$. □

和算术基本定理 (定理 1.4.3) 类似, 我们有 Gauss 整数的唯一分解定理:

**定理 6.5.2**    (1) 任何范数大于 1 的 Gauss 整数 $\xi$ 均可写为有限个不可约 Gauss 整数之积.

(2) 假设 $\xi$ 有两种分解方式

$$\xi = \prod_{i=1}^{r} \eta_i = \prod_{j=1}^{r'} \eta_j',$$

其中 $\eta_i, \eta_j'$ 为不可约 Gauss 整数, 则 $r = r'$, 且将 $\eta_1, \eta_2, \cdots, \eta_r$ 经过合适的排序之后, 每个 $\eta_i$ 和 $\eta_i'$ 相伴.

**证明**    (1) 范数大于 1 的 Gauss 整数 $\xi$ 不可约当且仅当其不能写为两个范数更小的 Gauss 整数之积. 因此任何范数大于 1 的 Gauss 整数皆可写为有限个不可约的 Gauss 整数之积.

(2) 对 $\mathrm{N}(\xi)$ 作归纳证明分解之唯一性. 当 $\mathrm{N}(\xi) = 2$ 时命题显然成立. 假设当 $\mathrm{N}(\xi) < k$ 时命题成立, 其中 $k > 2$. 下证命题对 $\mathrm{N}(\xi) = k$ 也成立. 若 $\xi$ 不可约, 则 $r = r' = 1$, $\eta_1 = \eta_1'$, 命题显然成立. 否则 $r > 1, r' > 1$. 由 $\eta_r \mid \eta_1'\eta_2' \cdots \eta_{r'}'$ 和引理 6.5.2 知 $\eta_r$ 整除某个 $\eta_i'$. 不妨设 $\eta_r \mid \eta_{r'}'$, 即存在 Gauss 单位 $\varepsilon$ 使得 $\eta_{r'}' = \varepsilon\eta_r$. 于是

$$\eta_1\eta_2 \cdots \eta_{r-1} = (\varepsilon\eta_1')\eta_2' \cdots \eta_{r'-1}'.$$

根据归纳假设, $r - 1 = r' - 1$ 且将 $\eta_1, \eta_2, \cdots, \eta_{r-1}$ 经过合适的排序之后, 每个 $\eta_i$ 相伴于 $\eta_i'$. 这就完成了对分解唯一性的归纳证明. □

### 6.5.2    $r(n)$ 的精确公式

上一小节研究了 Gauss 整数的基本性质, 这一小节利用 Gauss 整数的唯一分解定理来计算 $r(n)$.

**命题6.5.1** 设正整数 $n$ 的标准分解式为

$$n = 2^\alpha \prod_{j=1}^r p_j^{\beta_j} \prod_{k=1}^s q_k^{\gamma_k}, \tag{6.10}$$

其中 $p_j \equiv 1 \pmod 4$, $q_k \equiv 3 \pmod 4$, $\alpha$ 允许为 0. 则

$$r(n) = \begin{cases} 4 \prod_{j=1}^r (\beta_j + 1), & \text{每个 } \gamma_k \text{ 为偶数}, \\ 0, & \text{其他}. \end{cases}$$

**证明** 根据定理 6.5.1, 对每个 $j$, 均存在不可约 Gauss 整数 $\eta_j$ 使得 $p_j = \eta_j \bar\eta_j$. 于是 $n$ 作为 Gauss 整数的分解式为

$$n = \mathrm{i}^\alpha (1-\mathrm{i})^{2\alpha} \prod_{j=1}^r \eta_j^{\beta_j} \bar\eta_j^{\beta_j} \prod_{k=1}^s q_k^{\gamma_k}.$$

假设整数 $a, b$ 满足 $n = a^2 + b^2$. 于是 $a + b\mathrm{i} \mid n$, 从而根据定理 6.5.2, 存在 Gauss 单位 $\varepsilon$ 和自然数 $\alpha', \beta_j', \beta_j'', \gamma_k'$ 使得

$$a + b\mathrm{i} = \varepsilon(1-\mathrm{i})^{\alpha'} \prod_{j=1}^r \eta_j^{\beta_j'} \bar\eta_j^{\beta_j''} \prod_{k=1}^s q_k^{\gamma_k'}.$$

取复共轭得

$$a - b\mathrm{i} = (\mathrm{i}^{\alpha'} \bar\varepsilon)(1-\mathrm{i})^{\alpha'} \prod_{j=1}^r \eta_j^{\beta_j''} \bar\eta_j^{\beta_j'} \prod_{k=1}^s q_k^{\gamma_k'}.$$

将其与上式相乘可得

$$\mathrm{i}^\alpha (1-\mathrm{i})^{2\alpha} \prod_{j=1}^r \eta_j^{\beta_j} \bar\eta_j^{\beta_j} \prod_{k=1}^s q_k^{\gamma_k} = \mathrm{i}^{\alpha'} (1-\mathrm{i})^{2\alpha'} \prod_{j=1}^r \eta_j^{\beta_j' + \beta_j''} \bar\eta_j^{\beta_j' + \beta_j''} \prod_{k=1}^s q_k^{2\gamma_k'}.$$

根据定理 6.5.2, 我们有 $\alpha' = \alpha$, $\beta_j' + \beta_j'' = \beta_j$, $2\gamma_k' = \gamma_k$, 并且 $a + b\mathrm{i}$ 被 $\varepsilon$ 和 $\alpha', \beta_j', \gamma_k'$ 唯一确定. Gauss 单位 $\varepsilon = \pm 1, \pm\mathrm{i}$ 有 4 种选择; $\alpha' = \alpha$ 被 $\alpha$ 唯一确定; $\beta_j'$ 满足 $0 \leqslant i \leqslant \beta_j$, 故有 $\beta_j + 1$ 种选择; $\gamma_k'$ 存在当且仅当 $\gamma_k$ 为偶数, 此时 $\gamma_k' = \frac{1}{2}\gamma_k$ 被 $\gamma_k$ 唯一确定. 这就完成了证明. $\qquad\square$

实际上, $r(n)$ 和 $d(n)$ 密切相关.

**命题6.5.2** 对任何正整数 $n$, 令 $d_1(n)$ 和 $d_3(n)$ 分别为 $n$ 所有模 4 余 1 和模 4 余 3 的正因子个数. 则

$$r(n) = 4(d_1(n) - d_3(n)).$$

**证明** 考虑 $n$ 的分解式 (6.10). 从而 $n$ 的正奇因子恰为

$$\prod_{j=1}^{r}(1+p_j+\cdots+p_j^{\beta_j})\prod_{k=1}^{s}(1+q_k+\cdots+q_k^{\gamma_k}) \tag{6.11}$$

展开中的单项式. 因此 $n$ 之模 4 余 1 的正因子为那些使得 $q_k$ 的幂次之和为偶数的单项式, 而 $n$ 之模 4 余 3 的正因子为那些使得 $q_k$ 的幂次之和为奇数的单项式. 因此将 $p_j=1, q_k=-1$ 代入 (6.11) 得

$$d_1(n)-d_3(n)=\begin{cases}\displaystyle\prod_{j=1}^{r}(\beta_j+1), & \text{每个 } \gamma_k \text{ 为偶数,}\\[2mm] 0, & \text{其他.}\end{cases} \qquad \Box$$

### 6.5.3　Gauss 圆内整点问题

算术函数 $r(n)$ 的取值也不规则, 但是它的算术平均值却有很好的几何意义. 实际上, $\displaystyle\sum_{i=0}^{n}r(i)$ 等于坐标平面内以原点 $O=(0,0)$ 为中心, $\sqrt{n}$ 为半径的圆盘 $B(\sqrt{n})$ 内整点的个数. 这里对任何正实数 $x$,

$$B(x):=\{(a,b)\in\mathbb{R}^2\mid a^2+b^2\leqslant x^2\},$$

坐标平面的点被称为**整点**是指它的两个坐标都为整数. 一个基本问题是问以原点为中心, $x$ 为半径的圆内有多少个整点. 圆内的整点问题最早由 Gauss 研究, 因此该问题现被称为 **Gauss 圆内整点问题**.

**定理 6.5.3(Gauss)**　我们有

$$\sum_{i=0}^{n}r(i)=\pi n+O(\sqrt{n}).$$

**证明**　易知 $\displaystyle\sum_{i=0}^{n}r(i)$ 为圆盘 $B(\sqrt{n})$ 内整点个数, 即

$$\sum_{i=0}^{n}r(i)=\mathrm{card}(\mathbb{Z}^2\cap B(\sqrt{n})),$$

其中 $\mathbb{Z}^2=\{(a,b)\in\mathbb{R}^2\mid a,b\in\mathbb{Z}\}$. 考虑以集合 $\mathbb{Z}^2\cap B(\sqrt{n})$ 中任一点为中心, 边长等于 1 且平行于坐标轴的正方形, 令 $K(\sqrt{n})$ 为这些正方形的并集.

对任何 $P\in K(\sqrt{n})$, 存在 $Q\in\mathbb{Z}^2\cap B(\sqrt{n})$, 使得 $P$ 落在以 $Q$ 为中心边长为 1 的正方形内. 因此 $d(P,Q)\leqslant\dfrac{\sqrt{2}}{2}$, 其中 $d(M,N)$ 表示坐标平面内两点 $M$ 和 $N$ 之间的距离. 根据三角不等式, 我们有

$$d(O,P)\leqslant d(O,Q)+d(P,Q)\leqslant\sqrt{n}+\frac{\sqrt{2}}{2}.$$

从而 $P\in B\left(\sqrt{n}+\dfrac{\sqrt{2}}{2}\right)$. 因此 $K(\sqrt{n})\subset B\left(\sqrt{n}+\dfrac{\sqrt{2}}{2}\right)$.

对任何 $M = (u, v) \in B\left(\sqrt{n} - \dfrac{\sqrt{2}}{2}\right)$, 取整数 $a, b$ 满足 $|a - u| \leqslant \dfrac{1}{2}$, $|b - v| \leqslant \dfrac{1}{2}$. 令

$N$ 为整点 $(a, b)$. 则 $d(M, N) = \sqrt{(a - u)^2 + (b - v)^2} \leqslant \dfrac{\sqrt{2}}{2}$. 从而

$$d(O, N) \leqslant d(O, M) + d(M, N) \leqslant \sqrt{n} - \frac{\sqrt{2}}{2} + \frac{\sqrt{2}}{2} = \sqrt{n}.$$

故 $N \in \mathbb{Z}^2 \cap B(\sqrt{n})$, 从而 $M \in K(\sqrt{n})$. 因此 $B\left(\sqrt{n} - \dfrac{\sqrt{2}}{2}\right) \subset K(\sqrt{n})$.

综上所述, 我们有

$$B\left(\sqrt{n} - \frac{\sqrt{2}}{2}\right) \subset K(\sqrt{n}) \subset B\left(\sqrt{n} + \frac{\sqrt{2}}{2}\right).$$

比较上式中三个集合的面积, 我们有

$$\pi\left(\sqrt{n} - \frac{\sqrt{2}}{2}\right)^2 < \sum_{i=0}^{n} r(i) < \pi\left(\sqrt{n} + \frac{\sqrt{2}}{2}\right)^2.$$

从而

$$\sum_{i=0}^{n} r(i) = \pi n + O(\sqrt{n}). \qquad \square$$

注记 **6.5.1**    定理 6.5.3 表明圆内整点个数与其面积相近, 因此真正的 Gauss
圆内整点问题是如何准确地描述圆内整点个数与面积的差异, 即估计误差项

$$E(x) := \pi x^2 - \mathrm{card}(\mathbb{Z}^2 \cap B(0, x)).$$

更精确地说, Gauss 圆内整点问题为求最小的实数 $\theta$, 使对任何实数 $\varepsilon > 0$ 皆有

$$E(x) = O(x^{\theta + \varepsilon}).$$

Gauss 的定理 6.5.3 是说 $\theta \leqslant 1$, 这个结果被 Sierpiński (1906) 改进为 $\theta \leqslant \dfrac{2}{3}$,

我国数学家华罗庚 (1942) 与陈景润 (1963) 分别得到 $\theta \leqslant \dfrac{13}{20}$ 与 $\theta \leqslant \dfrac{24}{37}$. 关于

$\theta$ 的下界, Hardy 和 Landau 在 1915 年独立证明了 $\theta \geqslant \dfrac{1}{2}$. 在后续文章中,

Hardy 证明了

$$\lim_{x \to +\infty} \frac{E(x)}{\sqrt{x \ln x}} \neq 0,$$

从而 $E(x) = O(x^{\frac{1}{2}})$ 不对. 基于上述结果, 人们普遍猜测 $\theta = \dfrac{1}{2}$, 但这个猜测
仍未被解决.

## 习题

**1.** 给定素数 $p$, 证明: 算术函数

$$|n|_p := p^{-v_p(n)}$$

为完全积性函数, 其中函数 $v_p$ 参见定义 1.4.2.

**2.** (1) 对任何奇素数 $p$, 证明: Legendre 符号 $\left(\dfrac{n}{p}\right)$ 为完全积性函数.

(2) 对任何正奇数 $m$, 证明: Jacobi 符号 $\left(\dfrac{n}{m}\right)$ 为完全积性函数.

**3.** 设 $f$ 为积性函数. 对任何正整数 $m$ 和 $n$, 证明:

$$f(mn) = f(\gcd(m,n)) \cdot f(\operatorname{lcm}(m,n)).$$

**4.** (1) 设 $f$ 为完全积性函数. 证明:

$$f \cdot (g * h) = (f \cdot g) * (f \cdot h)$$

对任何算术函数 $g$, $h$ 都成立.

(2) 设 $f$ 为积性函数并且 (1) 中的结论对 $g = \mu$, $h = \mu^{*-1}$ 成立. 证明: $f$ 为完全积性函数.

(3) 设 $f$ 为完全积性函数. 证明:

$$(f \cdot g)^{*-1} = f \cdot g^{*-1}$$

对任何算术函数 $g$ 都成立, 其中 $g(1) \neq 0$.

(4) 设 $f$ 为积性函数并且 (3) 中的结论对 $g = \mu^{*-1}$ 成立. 证明: $f$ 为完全积性函数.

**5.** 设正整数 $n$ 的标准分解式为 $n = \prod_{i=1}^{r} p_i^{\alpha_i}$. 定义

$$\omega(n) = \begin{cases} r, & n > 1, \\ 0, & n = 1, \end{cases}$$

即 $\omega(n)$ 为 $n$ 的不同素因子个数; 以及

$$\Omega(n) = \begin{cases} \displaystyle\sum_{i=1}^{r} \alpha_i, & n > 1, \\ 0, & n = 1, \end{cases}$$

即 $\Omega(n)$ 为 $n$ 的素因子个数 (按重数计算). 令

$$\nu(n) = (-1)^{\omega(n)},$$

$$\lambda(n) = (-1)^{\Omega(n)}.$$

一般称 $\lambda(n)$ 为 **Liouville 函数**.

(1) 证明: $\omega(n)$ 和 $\Omega(n)$ 不是积性函数, 但 $\nu(n)$ 和 $\lambda(n)$ 为积性函数.

(2) 分别求 Liouville 函数 $\lambda(n)$ 的 Möbius 变换和逆.

**6.** 对任何整数 $k \geqslant 2$, 证明: 下列函数为积性函数:

$$Q_k(n) = \begin{cases} 1, & n \text{ 无大于 1 的 } k \text{ 次方因子}, \\ 0, & \text{其他}. \end{cases}$$

**7.** 给定正整数 $k$.

(1) 令 $\tau_k(n)$ 为正整数 $n$ 写为 $k$ 个正整数 $d_1, d_2, \cdots, d_k$ 之积的种数. 证明: $\tau_k(n)$ 为积性函数, 并求其表达式.

(2) 令 $\tau_k^*(n)$ 为正整数 $n$ 写为 $k$ 个两两互素的正整数 $d_1, d_2, \cdots, d_k$ 之积的种数. 证明: $\tau_k^*(n)$ 为积性函数, 并求其表达式.

**8.** 设 $f(n)$ 为积性函数. 对任何正整数 $n$, 证明:

$$\sum_{d|n} \mu(d) f(d) = \prod_{\mathbb{P} \ni p|n} (1 - f(p)).$$

**9. Von Mangoldt 函数** $\Lambda(n)$ 定义为

$$\Lambda(n) = \begin{cases} \ln p, & n = p^k,\ k \geqslant 1,\ p \text{ 为素数}, \\ 0, & \text{其他}. \end{cases}$$

(1) 计算 $\Lambda(n)$ 的 Möbius 变换和 Möbius 逆变换.

(2) 对任何正整数 $n$, 证明:

$$\ln n = \sum_{d|n} \Lambda(d).$$

(3) 对任何实数 $x \geqslant 1$, 证明:

$$\sum_{n \leqslant x} \Lambda(n) \left\lfloor \frac{x}{n} \right\rfloor = \ln(\lfloor x \rfloor!).$$

(4) 证明 **Selberg 恒等式**:

$$\Lambda(n) \ln n + \sum_{d|n} \Lambda(d) \Lambda\left(\frac{n}{d}\right) = \sum_{d|n} \mu(d) \ln^2 \frac{n}{d}.$$

**10.** 对任何正整数 $n$, 证明:

$$\sum_{d|n} \frac{\mu^2(d)}{\varphi(d)} = \frac{n}{\varphi(n)}.$$

**11.** 对正整数 $m$, 令 $\Phi_m(x)$ 为第三章习题 20 中定义的分圆多项式. 证明:

$$\Phi_m(x) = \prod_{d|m} (x^{\frac{m}{d}} - 1)^{\mu(d)},$$

$$x^m - 1 = \prod_{d|m} \Phi_d(x).$$

**12.** 令 $P(n)$ 为所有不超过 $n$ 且和 $n$ 互素的正整数之积. 证明:

$$P(n) = n^{\varphi(n)} \prod_{d|n} \left( \frac{d!}{d^d} \right)^{\mu\left(\frac{n}{d}\right)}.$$

**13.** 对任何算术函数 $f(n)$, 定义其**导函数**为

$$f'(n) := f(n) \ln n \quad (n \geqslant 1).$$

对任何算术函数 $f$ 和 $g$, 证明:

(1) $(f + g)' = f' + g'$;

(2) $(f * g)' = f' * g + f * g'$;

(3) $(f^{*^{-1}})' = -f' * (f * f)^{*^{-1}}$, 这里要求 $f(1) \neq 0$.

**14.** 对任何正整数 $r$, 定义 $r$ 阶 Möbius 函数为

$$\mu_r(n) := \begin{cases} 1, & n = 1, \\ 0, & \text{存在素数 } p \text{ 使 } p^{r+1} \mid n, \\ (-1)^k, & n = \prod_{i=1}^{k} p_i^r \prod_{i>k} p_i^{\alpha_i}, 0 \leqslant a_i < r \\ 1, & \text{其他.} \end{cases}$$

证明:

(1) $\mu_r(n^r) = \mu(n)$;

(2) $\mu_r(n)$ 为积性函数;

(3) 若 $r \geqslant 2$, 则

$$\mu_r(n) = \sum_{d^r|n} \mu_{r-1}\left( \frac{n}{d^r} \right) \mu_{r-1}\left( \frac{n}{d} \right);$$

(4) $|\mu_r(n)| = \sum_{d^{r+1}|n} \mu(d)$.

**15.** 给定 Gauss 整数 $\alpha$ 和不可约 Gauss 整数 $\xi$.

(1) 若 $\xi \nmid \alpha$, 则 $\alpha^{N(\xi)-1} \equiv 1 \pmod{\xi}$, 其中对 $a, b, m \in \mathbb{Z}[i]$, 记号 $a \equiv b \pmod{m}$ 表示 $m \mid a - b$. 特别地, 若 $N(\xi) \neq 2$, 显然有 $4 \mid N(\xi) - 1$.

(2) 若 $\xi \nmid \alpha$ 且 $N(\xi) \neq 2$, 则存在唯一的整数 $j$, 使 $0 \leqslant j \leqslant 3$ 且 $\alpha^{\frac{N(\xi)-1}{4}} \equiv i^j \pmod{\xi}$.

**16.** 给定不可约的 Gauss 整数 $\xi$, 其中 $N(\xi) \neq 2$. 对任何 $\alpha \in \mathbb{Z}[i]$, 根据习题 15, 可定义 $\alpha$ 模 $\xi$ 的**四次剩余特征** $\left(\dfrac{\alpha}{\xi}\right)_4$ 为

$$\left(\frac{\alpha}{\xi}\right)_4 := \begin{cases} 0, & \xi \mid \alpha, \\ 1, & \alpha^{\frac{N(\xi)-1}{4}} \equiv 1 \pmod{\xi}, \\ i, & \alpha^{\frac{N(\xi)-1}{4}} \equiv i \pmod{\xi}, \\ -1, & \alpha^{\frac{N(\xi)-1}{4}} \equiv -1 \pmod{\xi}, \\ -i, & \alpha^{\frac{N(\xi)-1}{4}} \equiv -i \pmod{\xi}. \end{cases}$$

对任何 $\alpha, \beta \in \mathbb{Z}[i]$, 证明:

(1) 若 $\xi \nmid \alpha$, 则 $\left(\dfrac{\alpha}{\xi}\right)_4 = 1$ 当且仅当 $x^4 \equiv \alpha \pmod{\xi}$ 在 $\mathbb{Z}[i]$ 中有解;

(2) $\alpha^{\frac{N(\xi)-1}{4}} \equiv \left(\dfrac{\alpha}{\xi}\right)_4 \pmod{\xi}$;

(3) $\left(\dfrac{\alpha\beta}{\xi}\right)_4 = \left(\dfrac{\alpha}{\xi}\right)_4 \left(\dfrac{\beta}{\xi}\right)_4$;

(4) $\overline{\left(\dfrac{\alpha}{\xi}\right)_4} = \left(\dfrac{\bar{\alpha}}{\bar{\xi}}\right)_4$;

(5) 若 $\alpha \equiv \beta \pmod{\xi}$, 则 $\left(\dfrac{\alpha}{\xi}\right)_4 = \left(\dfrac{\beta}{\xi}\right)_4$;

(6) 若 Gauss 整数 $\xi'$ 和 $\xi$ 相伴, 则 $\left(\dfrac{\alpha}{\xi}\right)_4 = \left(\dfrac{\alpha}{\xi'}\right)_4$;

(7) 设素数 $p \equiv 3 \pmod 4$, 整数 $a$ 与 $p$ 互素, 则 $\left(\dfrac{a}{p}\right)_4 = 1$;

(8) 若素数 $p \equiv 3 \pmod 8$, 则 $\left(\dfrac{1+i}{p}\right)_4 = -i^{\frac{p+1}{4}}$, 若 $p \equiv 7 \pmod 8$, 则 $\left(\dfrac{1+i}{p}\right)_4 = i^{\frac{p+1}{4}}$;

(9) 设素数 $p \equiv 1 \pmod 4$, 整数 $a$ 与 $p$ 互素, 将 $p$ 写为不可约 Gauss 整数之积 $p = \eta\bar{\eta}$. 则 $\left(\dfrac{a}{\eta}\right)_4 \left(\dfrac{a}{\bar{\eta}}\right)_4 = 1$;

(10) 将素数 $p \equiv 1 \pmod 4$ 写为不可约 Gauss 整数之积 $p = \eta\bar{\eta}$, 则

$$\left(\frac{1+\mathrm{i}}{\eta}\right)_4 \left(\frac{1+\mathrm{i}}{\bar{\eta}}\right)_4 = \mathrm{i}^{\frac{p-1}{4}};$$

(11) 设整数 $n \equiv 1 \pmod 4$ 且 $n \neq 1$. 将 $n$ 写为不可约 Gauss 整数之积 $n = \prod_{j=1}^{r} \eta_i$,

则

$$\prod_{j=1}^{r} \left(\frac{\mathrm{i}}{\eta_j}\right)_4 = (-1)^{\frac{n-1}{4}}.$$

第七章

# 连分数

这一章将所讨论的对象扩大到实数范围, 共分为三节. 我们知道任何实数都可以用有理数来逼近, 因此第一节主要讨论用连分数最佳逼近无理数; 第二节主要研究一类特殊的连分数——循环连分数与实二次无理数的关系. 作为应用, 第三节利用循环连分数来研究一类特殊的二次不定方程——Pell 方程解的性质以及求解方法.

## 7.1  连分数的基本性质

这一节主要研究连分数的基本性质, 包括实数的连分数表示、无理数的连分数逼近以及实数的模等价.

### 7.1.1  连分式

一个连分式是指

$$a_0 + \cfrac{1}{a_1 + \cfrac{1}{a_2 + \cfrac{1}{a_3 + \cfrac{1}{a_4 + \cdots}}}},$$

其中 $a_0, a_1, \cdots$ 为不定元. 上述连分式有时也记为

$$[a_0, a_1, \cdots].$$

同样, 我们用

$$[a_0, a_1, \cdots, a_n]$$

记有限连分式

$$a_0 + \cfrac{1}{a_1 + \cdots + \cfrac{1}{a_{n-1} + \cfrac{1}{a_n}}}.$$

我们归纳定义关于不定元 $a_0, a_1, \cdots$ 的整系数多项式 $p_n, q_n$ 如下:

$$p_{-1} = 1, \quad p_0 = a_0, \quad p_n = a_n p_{n-1} + p_{n-2} \quad (n \geqslant 1), \tag{7.1}$$

$$q_{-1} = 0, \quad q_0 = 1, \quad q_n = a_n q_{n-1} + q_{n-2} \quad (n \geqslant 1). \tag{7.2}$$

**引理7.1.1**　*我们有*

$$\frac{p_n}{q_n} = [a_0, a_1, \cdots, a_n] \qquad (n \geqslant 0), \tag{7.3}$$

$$p_n q_{n-1} - p_{n-1} q_n = (-1)^{n-1} \quad (n \geqslant 0). \tag{7.4}$$

**证明** 当 $n = 0, 1$ 时, (7.3) 和 (7.4) 直接通过计算可得. 假设 (7.3) 对 $n = k \geqslant 1$ 成立. 我们有

$$\frac{p_{k+1}}{q_{k+1}} = \frac{a_{k+1} p_k + p_{k-1}}{a_{k+1} q_k + q_{k-1}}$$

$$= \frac{a_{k+1}(a_k p_{k-1} + p_{k-2}) + p_{k-1}}{a_{k+1}(a_k q_{k-1} + q_{k-2}) + q_{k-1}}$$

$$= \frac{(a_k a_{k+1} + 1) p_{k-1} + a_{k+1} p_{k-2}}{(a_k a_{k+1} + 1) q_{k-1} + a_{k+1} q_{k-2}}$$

$$= \frac{[a_k, a_{k+1}] p_{k-1} + p_{k-2}}{[a_k, a_{k+1}] q_{k-1} + q_{k-2}}$$

$$= [a_1, a_2, \cdots, a_{k-1}, [a_k, a_{k+1}]]$$

$$= [a_1, a_2, \cdots, a_{k+1}].$$

这就完成了对 (7.3) 的归纳证明. (7.4) 则通过下式归纳可得:

$$p_{k+1} q_k - p_k q_{k+1} = (a_{k+1} p_k + p_{k-1}) q_k - p_k (a_{k+1} q_k + q_{k-1}) = -(p_k q_{k-1} - p_{k-1} q_k). \quad \square$$

### 7.1.2 连分数的值

上一小节介绍了连分式的形式运算及其性质, 本小节主要研究连分式在实数上的取值.

假设 $a_0$ 为实数, $a_1, a_2, \cdots$ 为不小于 1 的实数. 根据 (7.2), 我们有

$$q_0 = 1, \quad q_1 - q_0 \geqslant 0, \quad q_{n+1} - q_n \geqslant 1, \quad q_n \geqslant n \quad (n \geqslant 1). \tag{7.5}$$

等式 (7.4) 等价于

$$\frac{p_n}{q_n} - \frac{p_{n-1}}{q_{n-1}} = \frac{(-1)^{n-1}}{q_{n-1} q_n} \quad (n \geqslant 1). \tag{7.6}$$

因此我们有

$$\frac{p_n}{q_n} = a_0 + \sum_{k=1}^{n} \frac{(-1)^{k-1}}{q_{k-1} q_k} \quad (n \geqslant 0).$$

从 (7.5) 和 (7.6) 知数列 $\frac{p_n}{q_n} = [a_0, a_1, \cdots, a_n]$ 收敛到一个实数 $\eta$, 我们称 $\eta$ 称为连分数 $[a_0, a_1, \cdots]$ 的值, 记为 $\eta = [a_0, a_1, \cdots]$. 实际上, 我们有

$$\eta = [a_0, a_1, \cdots] = \lim_{n \to \infty} [a_0, a_1, \cdots, a_n] = a_0 + \sum_{n=1}^{\infty} \frac{(-1)^{n-1}}{q_{n-1} q_n}. \tag{7.7}$$

于是

$$\frac{p_{n+1}}{q_{n+1}} - \frac{p_{n-1}}{q_{n-1}} = \left( \frac{p_{n+1}}{q_{n+1}} - \frac{p_n}{q_n} \right) + \left( \frac{p_n}{q_n} - \frac{p_{n-1}}{q_{n-1}} \right) = (-1)^n \left( \frac{1}{q_n q_{n+1}} - \frac{1}{q_{n-1} q_n} \right) \quad (n \geqslant 1).$$

由于正实数组成的数列 $\{q_n\}_{n \geqslant 1}$ 严格递增, 我们有

$$\frac{p_1}{q_1} > \frac{p_3}{q_3} > \cdots > \frac{p_{2m+1}}{q_{2m+1}} > \cdots > \eta > \cdots > \frac{p_{2n}}{q_{2n}} > \cdots > \frac{p_2}{q_2} > \frac{p_0}{q_0}. \tag{7.8}$$

因此

$$\left| \eta - \frac{p_n}{q_n} \right| < \left| \frac{p_{n+1}}{q_{n+1}} - \frac{p_n}{q_n} \right| = \frac{1}{q_n q_{n+1}} \leqslant \frac{1}{q_n^2} \quad (n \geqslant 0). \tag{7.9}$$

### 7.1.3　实数的连分数表示

上一小节证明了在一定条件下, 连分数可定义一个实数. 这一小节证明任一实数均为简单连分数的值.

**定义7.1.1**　如果连分数 $[a_0, a_1, \cdots]$ 中的 $a_0$ 为整数, $a_1, a_2, \cdots$ 为正整数, 则称之为**无限简单连分数**. 同样我们可以定义**有限简单连分数**. 无限简单连分数和有限简单连分数统称为**简单连分数**.

前两小节的结果对简单连分数都成立, 并且由等式 (7.4) 知 $\dfrac{p_n}{q_n}$ 为既约分数, 即 $p_n$ 和 $q_n$ 互素并且 $q_n \geqslant 1$.

**引理7.1.2**　设 $\eta$ 为无限简单连分数 $[a_0, a_1, \cdots]$ 的值. 则 $\eta$ 为无理数.

**证明**　假设存在整数 $p$ 和 $q$ 满足 $\eta = \dfrac{p}{q}$ 且 $q > 0$. 由 (7.9), 我们有

$$|p q_n - q p_n| = q q_n \left| \eta - \frac{p_n}{q_n} \right| < \frac{q}{q_{n+1}}.$$

由于 $\{q_n\}_{n \geqslant 1}$ 为严格递增的正整数序列, 故可取整数 $N \geqslant 1$ 使得 $q_N \geqslant q$. 从而对任何 $n \geqslant N$ 都有 $|p q_n - q p_n| < 1$, 也即 $p q_n = q p_n$. 特别地, $\dfrac{p}{q} = \dfrac{p_N}{q_N} = \dfrac{p_{N+1}}{q_{N+1}}$. 因此 $p_N q_{N+1} = p_{N+1} q_N$, 这与 (7.4) 矛盾. 这就证明了 $\eta$ 为无理数.　□

**定理7.1.1**　任何无理数为唯一简单连分数的值.

**证明**　给定无理数 $\eta$. 显然 $\eta$ 不为任何有限简单连分数的值. 假设 $\eta$ 为无限简单连分数 $[a_0, a_1, \cdots]$ 的值. 对任何 $n \geqslant 0$, 令 $\eta_n = [a_n, a_{n+1}, \cdots]$. 特别地, $\eta_0 = \eta$. 当 $n \geqslant 1$ 时我们有 $\eta_n > a_n \geqslant 1$. 由 $\eta_n = [a_n, \eta_{n+1}] = a_n + \dfrac{1}{\eta_{n+1}}$ 知 $a_n = \lfloor \eta_n \rfloor$ 且 $\eta_{n+1} = \dfrac{1}{\{\eta_n\}}$.

因此整数 $a_0, a_1, \cdots$ 被 $\eta$ 唯一确定, 这就证明了唯一性.

对存在性, 只需证明对如下归纳定义的 $a_n$ 和 $\eta_n$:

$$\eta_0 = \eta, \quad \eta_{n+1} = \frac{1}{\{\eta_n\}} \quad (n \geqslant 0),$$

$$a_n = \lfloor \eta_n \rfloor \qquad (n \geqslant 0),$$

我们有

$$\eta = \lim_{n \to \infty} [a_0, a_1, \cdots, a_n].$$

事实上, 对任何 $n \geqslant 0$, $\eta_n$ 皆为无理数, 从而 $\eta_{n+1} = \frac{1}{\{\eta_n\}} > 1$ 且 $a_{n+1} \geqslant 1$. 因此 $[a_0, a_1, \cdots]$ 为简单连分数. 根据 $\eta_n$ 和 $a_n$ 的构造, $\eta_n = [a_n, \eta_{n+1}]$, 从而 $\eta = [a_0, \cdots, a_n, \eta_{n+1}]$. 由 (7.1), (7.2) 和 (7.3) 知

$$\eta = \frac{p_n \eta_{n+1} + p_{n-1}}{q_n \eta_{n+1} + q_{n-1}}. \tag{7.10}$$

由 (7.4) 和 (7.5) 知

$$\left| \eta - \frac{p_n}{q_n} \right| = \left| \frac{p_{n-1} q_n - p_n q_{n-1}}{q_n (q_n \eta_{n+1} + q_{n-1})} \right| = \frac{1}{q_n (q_n \eta_{n+1} + q_{n-1})} < \frac{1}{n^2} \quad (n \geqslant 1).$$

这就证明了

$$\eta = \lim_{n \to \infty} \frac{p_n}{q_n} = \lim_{n \to \infty} [a_0, a_1, \cdots, a_n]. \qquad \square$$

根据定理 7.1.1, 下面的定义合理.

**定义 7.1.2** 若无理数 $\eta$ 为简单连分数 $[a_0, a_1, \cdots]$ 的值, 则称 $[a_0, a_1, \cdots]$ 为 $\eta$ 的**简单连分数展式**, 或简称**连分数展式**, $\frac{p_n}{q_n} := [a_0, a_1, \cdots, a_n]$ 为 $\eta$ 的第 $n$ 个**渐近分数**, $\eta_n := [a_n, a_{n+1}, \cdots]$ 为 $\eta$ 的第 $n$ 个**完全商**.

关于有理数表为简单连分数的唯一性, 我们有如下定理.

**定理 7.1.2** 任一有理数有且仅有两种方法表为简单连分数.

**证明** 将有理数 $\eta$ 写为既约分数 $\frac{p}{q}$. 我们对 $q$ 作归纳来证明 $\eta$ 有且仅有两种方法写为简单连分数. 设 $[a_0, a_1, \cdots, a_n]$ 为 $\eta = \frac{p}{q}$ 的一个简单连分数表示.

当 $q = 1$ 时, $\eta = p \in \mathbb{Z}$. 若 $n = 0$, 则 $\eta = p = [p]$. 若 $n \geqslant 1$, 则

$$p = a_0 + \frac{1}{[a_1, \cdots, a_n]},$$

从而 $a_0 = p - 1$, $n = 1$, $a_1 = 1$. 因此当 $q = 1$ 即 $\eta \in \mathbb{Z}$ 时, $\eta$ 有且仅有两种表为简单连分数的方法 $\eta = [\eta] = [\eta - 1, 1]$.

假设 $q \geqslant 2$ 并且命题对分母小于 $q$ 的既约分数都成立. 根据定理 1.1.1, 存在自然数 $a$ 和 $r$ 使得 $p = aq + r$ 且 $0 \leqslant r < q$. 由 $\frac{p}{q} \notin \mathbb{Z}$ 知 $r > 0$. 由

$$a_0 < \frac{p}{q} = [a_0, a_1, \cdots, a_n] = a_0 + \frac{1}{[a_1, a_2, \cdots, a_n]} < a_0 + 1$$

知 $n \geqslant 1$, $a_0 = a$ 并且 $[a_1, a_2, \cdots, a_n] = \frac{q}{r}$. 根据归纳假设, $\frac{q}{r}$ 有且仅有两种方法表为简单连分数. 从而 $\frac{p}{q} = \left[a_0, \frac{q}{r}\right]$ 有且仅有两种方法表为简单连分数. $\qquad \square$

**注记7.1.1** 实际上, 求有理数 $\frac{r_0}{r_1}$ 的简单连分数展开等价于用辗转相除法计算 $r_0$ 和 $r_1$ 的最大公因子, 这里只要求 $r_1$ 为正整数而并不要求其与 $r_0$ 互素. 由辗转相除法知存在自然数 $q_0, q_1, \cdots, q_n, r_2, r_3, \cdots, r_{n+1}$ 满足

$$\begin{aligned}
r_0 &= q_0 r_1 + r_2 && \text{且} \quad 0 < r_2 < r_1, \\
r_1 &= q_1 r_2 + r_3 && \text{且} \quad 0 < r_3 < r_2, \\
&\cdots, \\
r_{n-1} &= q_{n-1} r_n + r_{n+1} && \text{且} \quad 0 < r_{n+1} < r_n, \\
r_n &= q_n r_{n+1}.
\end{aligned}$$

我们有 $\frac{r_0}{r_1} = [q_0, q_1, \cdots, q_n]$, 并且当 $1 \leqslant k \leqslant n$ 时 $q_k \geqslant 1$, 当 $n \geqslant 1$ 时 $q_n \geqslant 2$. 从而 $\frac{r_0}{r_1}$ 可以如下两种方式展为简单连分数

$$\frac{r_0}{r_1} = [q_0, \cdots, q_{n-1}, q_n] = [q_0, \cdots, q_{n-1}, q_n - 1, 1].$$

### 7.1.4 无理数的连分数逼近

上一小节我们看到, 无理数均可通过其渐近分数来逼近. 下面的定理则说明通过简单连分数可实现对无理数的最佳逼近.

**定理7.1.3** 设 $\eta$ 为简单连分数 $[a_0, a_1, \cdots]$ 的值. 若整数 $p$ 和正整数 $n, q$ 满足 $q \leqslant q_n$ 并且 $\frac{p}{q} \neq \frac{p_n}{q_n}$, 则

$$|p_n - q_n \eta| < |p - q\eta|.$$

特别地,

$$\left|\eta - \frac{p_n}{q_n}\right| < \left|\eta - \frac{p}{q}\right|.$$

**证明** 注意到 $|p_n - q_n \eta| < |p - q\eta|$ 和 $q \leqslant q_n$ 可以推出

$$\left|\eta - \frac{p_n}{q_n}\right| = \frac{1}{q_n}\left|q_n\eta - p_n\right| < \frac{1}{q}\left|q\eta - p\right| = \left|\eta - \frac{p}{q}\right|.$$

因此我们只需证明第一个不等式.

由 (7.9) 知

$$\left|\eta - \frac{p_n}{q_n}\right| < \frac{1}{q_nq_{n+1}}, \quad \left|\eta - \frac{p_{n+1}}{q_{n+1}}\right| < \frac{1}{q_{n+1}q_{n+2}}.$$

我们有

$$\left|\eta - \frac{p_n}{q_n}\right| = \left|\frac{p_{n+1}}{q_{n+1}} - \frac{p_n}{q_n}\right| - \left|\frac{p_{n+1}}{q_{n+1}} - \eta\right| > \frac{1}{q_nq_{n+1}} - \frac{1}{q_{n+1}q_{n+2}} = \frac{a_{n+2}}{q_nq_{n+2}},$$

其中第一个等式由 (7.8), 中间的不等式由 (7.6), 最后一个等式由 (7.2) 分别推出. 从而

$$\frac{1}{q_{n+2}} < |p_n - q_n\eta| < \frac{1}{q_{n+1}} \quad (n \geqslant 0). \tag{7.11}$$

换言之,

$$|p_n - q_n\eta| < \frac{1}{q_{n+1}} < |p_{n-1} - q_{n-1}\eta| \quad (n \geqslant 1). \tag{7.12}$$

对 $1 \leqslant q \leqslant q_n$, 存在 $1 \leqslant k \leqslant n$ 使得 $q_{k-1} \leqslant q \leqslant q_k$. 令

$$a = (-1)^{k-1}(pq_{k-1} - qp_{k-1}), \quad b = (-1)^{k-1}(-pq_k + qp_k).$$

由 (7.4) 知 $p = ap_k + bp_{k-1}, q = aq_k + bq_{k-1}$, 再由 $q_{k-1} \leqslant q \leqslant q_k$ 知 $ab \leqslant 0$. 根据 (7.8),

$$(p_k - q_k\eta)(p_{k-1} - q_{k-1}\eta) < 0,$$

从而

$$a(p_k - q_k\eta) \cdot b(p_{k-1} - q_{k-1}\eta) \geqslant 0.$$

因此

$$|p - q\eta| = |a(p_k - q_k\eta) + b(p_{k-1} - q_{k-1}\eta)| = |a(p_k - q_k\eta)| + |b(p_{k-1} - q_{k-1}\eta)|.$$

由 (7.12) 知 $|p - q\eta| \geqslant |p_k - q_k\eta|$, 并且等号成立当且仅当 $p = p_k, q = q_k$. 从而当 $k = n$ 时, 由假设 $\frac{p}{q} \neq \frac{p_n}{q_n}$ 知 $|p - q\eta| > |p_n - q_n\eta|$; 而当 $k < n$ 时, 由 (7.12) 知

$$|p - q\eta| \geqslant |p_k - q_k\eta| > |p_n - q_n\eta|. \qquad \square$$

**例7.1.1** 圆周率 $\pi = [3, 7, 15, 1, 292, 1, 1, \cdots]$, 其渐近分数依次为

$$\frac{3}{1}, \frac{22}{7}, \frac{333}{106}, \frac{355}{113}, \frac{103993}{33102}, \cdots.$$

中国古代对圆周率最早的结果为 "周三径一", 南北朝数学家祖冲之给出了 "疏率" $\dfrac{22}{7}$ 与 "密率" $\dfrac{355}{113}$, 这些都为 $\pi$ 的渐近分数. 根据 (7.9),

$$\left| \pi - \frac{355}{113} \right| < \frac{1}{113 \times 33102} < \frac{1}{10^6}.$$

因此 $\dfrac{355}{113}$ 精确至 6 为小数, 这与近似值 $\dfrac{355}{113} = 3.1415929\cdots$ 相吻合, 并且分母不超过 113 的分数中, 没有比 $\dfrac{355}{113}$ 更接近 $\pi$ 的分数.

若既约分数 $\dfrac{p}{q}$ 为无理数 $\eta$ 的渐近分数, 由 (7.9) 知

$$\left| \eta - \frac{p}{q} \right| < \frac{1}{q^2}.$$

但这不足以保证 $\dfrac{p}{q}$ 为 $\eta$ 的渐近分数. 下求保证 $\dfrac{p}{q}$ 为 $\eta$ 渐近分数的充要条件.

**定理 7.1.4(Legendre)** 给定既约分数 $\dfrac{p}{q}$ 及其连分数展式 $[a_0, a_1, \cdots, a_n]$. 假设无理数 $\eta$ 和实数 $\theta$ 满足

$$(-1)^n \theta = q^2 \eta - pq, \quad 0 < \theta < 1.$$

则 $\dfrac{p}{q}$ 为 $\eta$ 的渐近分数当且仅当 $\theta < \dfrac{q_n}{q_n + q_{n-1}}$.

**证明** 令 $\xi = \dfrac{q_{n-1}\eta - p_{n-1}}{p_n - q_n \eta}$. 我们有

$$\eta = \frac{p_n \xi + p_{n-1}}{q_n \xi + q_{n-1}} = [a_0, \cdots, a_n, \xi]. \tag{7.13}$$

于是

$$\eta - \frac{p}{q} = \eta - \frac{p_n}{q_n} = \frac{p_n \xi + p_{n-1}}{q_n \xi + q_{n-1}} - \frac{p_n}{q_n} = \frac{(-1)^n}{q_n(q_n \xi + q_{n-1})}.$$

从而

$$\theta = (-1)^n (q_n^2 \eta - p_n q_n) = \frac{q_n}{q_n \xi + q_{n-1}}.$$

由 $0 < \theta < 1$ 和 (7.5) 知 $\xi > 0$. 因此 $\theta < \dfrac{q_n}{q_n + q_{n-1}}$ 等价于 $\xi > 1$.

假设 $\theta < \dfrac{q_n}{q_n + q_{n-1}}$, 即 $\xi > 1$. 设 $\xi$ 的连分数展式为 $[b_0, b_1, \cdots]$, 则 $b_0 \geqslant 1$. 根据 (7.13) 知 $[a_0, \cdots, a_n, b_0, b_1, \cdots]$ 为 $\eta$ 的连分数展式, 从而 $\dfrac{p}{q} = \dfrac{p_n}{q_n}$ 为 $\eta$ 的渐近分数.

反之, 假设 $\theta > \dfrac{q_n}{q_n + q_{n-1}}$, 即 $0 < \xi < 1$. 设 $\dfrac{1}{\xi}$ 的连分数展式为 $[c_0, c_1, \cdots]$, 则

$c_0 \geqslant 1$. 因此 $\eta$ 的连分数展式为 $[a_0, \cdots, a_{n-1}, a_n + c_0, c_1, c_2, \cdots]$. 当 $n = 0$ 时, $\eta$ 的第 0 个渐近分数为 $a_0 + c_0$, 故由不等式 (7.8) 知 $\frac{p_0}{q_0} = a_0$ 不是 $\eta$ 的渐近分数. 下设 $n \geqslant 1$. 于是 $\eta$ 的第 $n - 1$ 个渐近分数为 $\frac{p_{n-1}}{q_{n-1}}$, 第 $n$ 个渐近分数为

$$\frac{(a_n + c_0)p_{n-1} + p_{n-2}}{(a_n + c_0)q_{n-1} + q_{n-2}} = \frac{p_n + c_0 p_{n-1}}{q_n + c_0 q_{n-1}}.$$

由 $q_{n-1} \leqslant q_n < q_n + c_0 q_{n-1}$ 知 $\frac{p_n}{q_n}$ 不是 $\eta$ 的渐近分数.    $\square$

Legendre 的上述定理有如下推论, 这个推论将在第三节 Pell 方程理论中起到至关重要的作用.

**推论7.1.1**    设 $p, q$ 为互素的正整数, $\eta, \xi$ 为正无理数. 若

$$|(q\eta - p)(q\xi + p)| < \frac{\eta + \xi}{2},$$

则 $\frac{p}{q}$ 为 $\eta$ 的渐近分数.

**证明**    令 $\theta = |q^2\eta - qp|$. 根据定理 7.1.2 的证明过程, 存在 $\frac{p}{q}$ 的连分数展式 $[a_0, a_1, \cdots, a_n]$ 使得 $q^2\eta - qp = (-1)^n\theta, p = p_n, q = q_n$. 由条件 $|(q\eta - p)(q\xi + p)| < \frac{\eta + \xi}{2}$ 知存在 $\delta$ 使

$$(q_n\eta - p_n)(q_n\xi + p_n) = (-1)^n\delta\frac{\eta + \xi}{2}, \quad 0 < \delta < 1. \tag{7.14}$$

因此

$$\theta = \frac{\delta(\eta + \xi)q_n}{2(q_n\xi + p_n)}.$$

根据定理 7.1.4, 我们只需证明

$$\frac{\delta(\eta + \xi)q_n}{2(q_n\xi + p_n)} < \frac{q_n}{q_n + q_{n-1}}.$$

由于 $0 < \delta < 1$ 和 $q_n \geqslant 1$, 只需证

$$(\eta + \xi)(q_n + q_{n-1}) < 2(q_n\xi + p_n).$$

由 (7.14), 这等价于

$$\frac{(-1)^n\delta(\eta + \xi)}{q_n\xi + p_n} = 2(q_n\eta - p_n) < (\eta + \xi)(q_n - q_{n-1}).$$

由于 $\eta + \xi > 0$, 最后只需证

$$\frac{(-1)^n \delta}{q_n \xi + p_n} < q_n - q_{n-1}.$$

当 $n \neq 1$ 时, $q_n - q_{n-1} \geqslant 1$, $q_n = q \geqslant 1$, $p_n = p \geqslant 1$, 从而

$$\left| \frac{(-1)^n \delta}{q_n \xi + p_n} \right| < 1 \leqslant q_n - q_{n-1};$$

而当 $n = 1$ 时, $q_1 - q_0 \geqslant 0$, 从而

$$\frac{(-1)^n \delta}{q_n \xi + p_n} < 0 \leqslant q_n - q_{n-1}.$$

这就完成了证明. $\qquad\square$

### 7.1.5 模等价

这一小节通过群 $\mathrm{SL}_2(\mathbb{Z})$ 在复数上的作用给出复数上的一个等价关系, 并研究实数的等价与其连分数展式的联系.

考虑群

$$\mathrm{GL}_2(\mathbb{Z}) = \left\{ \gamma = \begin{pmatrix} p & q \\ r & s \end{pmatrix} \middle| p, q, r, s \in \mathbb{Z}, \ \det(\gamma) = ps - qr = \pm 1 \right\},$$

$$\mathrm{SL}_2(\mathbb{Z}) = \{ \gamma \in \mathrm{GL}_2(\mathbb{Z}) \mid \det(\gamma) = 1 \}.$$

这两个群的单位元均为单位矩阵 $\begin{pmatrix} 1 & 0 \\ 0 & 1 \end{pmatrix}$, 元素 $\gamma = \begin{pmatrix} p & q \\ r & s \end{pmatrix}$ 的逆为 $\det(\gamma) \begin{pmatrix} s & -q \\ -r & p \end{pmatrix}$.

**引理7.1.3** 对任何 $z \in \mathbb{C}$ 和 $\gamma = \begin{pmatrix} p & q \\ r & s \end{pmatrix} \in \mathrm{GL}_2(\mathbb{Z})$, 定义

$$\gamma z = \frac{sz + r}{qz + p}. \tag{7.15}$$

则 $(\gamma, z) \mapsto \gamma z$ 给出了 $\mathrm{GL}_2(\mathbb{Z})$ 及其子群 $\mathrm{SL}_2(\mathbb{Z})$ 在复数集 $\mathbb{C}$ 上的作用, 其中群在集合上的作用参见定义 A.1.11.

**证明** 任取 $z \in \mathbb{C}$ 和 $\gamma = \begin{pmatrix} p & q \\ r & s \end{pmatrix}$, $\tau = \begin{pmatrix} a & b \\ c & d \end{pmatrix} \in \mathrm{GL}_2(\mathbb{Z})$. 从而

$$\gamma(\tau z) = \frac{s\dfrac{dz + c}{bz + a} + r}{q\dfrac{dz + c}{bz + a} + p} = \frac{(rb + sd)z + (ra + sc)}{(pb + qd)z + (pa + qc)} = (\gamma\tau)z. \qquad\square$$

**定义 7.1.3**　我们称复数 $\xi$ **等价于** $\eta$, 是指存在 $\gamma \in \mathrm{GL}_2(\mathbb{Z})$ 使得 $\xi = \gamma\eta$. 特别地, 当 $\det(\gamma) = 1$ 时, 称 $\xi$ **正常等价于** $\eta$; 当 $\det(\gamma) = -1$ 时, 称 $\xi$ **反常等价于** $\eta$. 我们用记号 $\xi \sim \eta$ 表示 $\xi$ 等价于 $\eta$, $\xi \approx \eta$ 表示 $\xi$ 正常等价于 $\eta$.

由 A.1.6 小节的内容, 引理 7.1.3 有如下直接推论.

**命题 7.1.1**　(1) $\sim$ 和 $\approx$ 均给出了复数域 $\mathbb{C}$ 和实数域 $\mathbb{R}$ 上的两个等价关系.

(2) 设复数 $\xi$ 和 $\eta$ 反常等价. 则对任何复数 $\zeta$, $\eta$ 和 $\zeta$ 反常等价当且仅当 $\xi$ 和 $\zeta$ 正常等价.

**命题 7.1.2**　(1) 任何两个有理数都正常等价.

(2) 对任何无理数 $\eta$ 和自然数 $n$, $\eta$ 等价于它的第 $n$ 个完全商 $\eta_n$. 更精确地, 当 $n$ 为偶数时, $\eta$ 正常等价于 $\eta_n$, 而当 $n$ 为奇数时, $\eta$ 反常等价于 $\eta_n$.

**证明**　(1) 根据命题 7.1.1, 我们只需证任何既约分数 $\dfrac{b}{d}$ 正常等价于 $0$. 根据定理 1.2.1, 存在整数 $a, c$ 使得 $ad - bc = 1$. 从而 $\dfrac{b}{d} = \dfrac{a \cdot 0 + b}{c \cdot 0 + d}$, 故 $\dfrac{b}{d} \approx 0$.

(2) 设 $\eta = [a_0, a_1, \cdots]$. 对任何自然数 $n$, $\eta_{n+1}$ 为 $\eta_n$ 的第 $1$ 个完全商. 因此根据命题 7.1.1, 我们只需证 $\eta$ 反常等价于 $\eta_1$, 这个显然成立是因为

$$\eta = [a_0, \eta_1] = \frac{a_0\eta_1 + 1}{\eta_1 + 0}, \qquad a_0 \times 0 - 1 \times 1 = -1. \qquad \square$$

**定理 7.1.5**　给定无理数 $\xi$ 和 $\eta$. 则存在自然数 $m, n$ 满足 $\xi_m = \eta_n$ 的充要条件为存在 $\gamma \in \mathrm{GL}_2(\mathbb{Z})$ 使得 $\xi = \gamma\eta$, 并且我们可以要求 $\det(\gamma) = (-1)^{m+n}$.

简言之, 两个无理数等价的充要条件为它们的连分数展式自有限项之后完全相同.

**证明**　我们用记号 $\alpha \sim' \beta$ 表示两个无理数 $\alpha$ 和 $\beta$ 的连分数展式自有限项之后完全相同. 于是我们得到了无理数集上的两个等价关系 $\sim'$ 和 $\sim$.

设 $\eta$ 的连分数展式为 $[a_0, a_1, \cdots]$, 第 $n$ 个渐近分数 $\dfrac{p_n}{q_n} = [a_0, a_1, \cdots, a_n]$ 和第 $n$ 个完全商 $\eta_n = [a_n, a_{n+1}, \cdots]$. 根据命题 7.1.2 (2), 本定理对 $\xi$ 和 $\eta$ 成立的充要条件为存在 $m, n \in \mathbb{N}$ 使得定理对 $\xi_m$ 和 $\eta_n$ 成立. 从而将 $\xi$ 和 $\eta$ 分别换成 $\xi_1$ 和 $\eta_1$ 之后, 我们可不妨设 $\xi > 1$, $\eta > 1$. 显然定理的必要性为命题 7.1.2 的直接推论.

对充分性, 假设存在整数 $a, b, c, d$ 满足

$$\xi = \frac{a\eta + b}{c\eta + d} \quad \text{且} \quad ad - bc = \pm 1.$$

我们分两步来证明存在 $m, n \in \mathbb{N}$ 同时满足 $\xi_m = \eta_n$ 和 $(-1)^{m+n} = ad - bc$.

第一步: 约化成 $c > d > 0$ 的情形.

根据 (7.10), 我们有

$$\xi = \frac{(ap_{n-1} + bq_{n-1})\eta_n + (ap_{n-2} + bq_{n-2})}{(cp_{n-1} + dq_{n-1})\eta_n + (cp_{n-2} + dq_{n-2})} \quad (n \geqslant 1).$$

若 $c = 0$, 则所有的 $cp_n + dq_n = dq_n$ 的符号全部相同. 若 $c \neq 0$, 由于 $\eta = \lim\limits_{n \to \infty} \dfrac{p_n}{q_n}$ 为无理数, 因此当 $n$ 充分大时, $\dfrac{d}{c} + \dfrac{p_n}{q_n}$ 的符号全部相同, 从而 $cp_n + dq_n$ 的符号全部相同. 如果有必要将 $a, b, c, d$ 替换成 $-a, -b, -c, -d$, 我们不妨设对充分大的 $n$, 都有 $cp_n + dq_n > 0$. 从而

$$(cp_n + dq_n) - (cp_{n-1} + dq_{n-1})$$
$$= (a_n - 1)(cp_{n-1} + dq_{n-1}) + (cp_{n-2} + dq_{n-2}) > 0 \quad (n \gg 0).$$

将 $\eta$ 换成 $\eta_n$ 后, 其中 $n$ 足够大, 我们不妨设 $c > d > 0$.

第二步: 对正整数 $d$ 作归纳来证明当 $c > d > 0$ 时 $\xi \sim' \eta$.

当 $d = 1$ 时, $a = bc \pm 1$. 若 $a = bc + 1$, 则

$$\xi = \frac{(bc+1)\eta + b}{c\eta + 1} = [b, c, \eta] = [b, c, a_0, a_1, \cdots].$$

注意到 $\xi > 1$, 从而 $a_0 \geqslant 1$. 因此 $[b, c, a_0, a_1, \cdots]$ 为 $\xi$ 的连分数展式, 从而根据命题 7.1.2, $\xi$ 正常等价于 $\eta$.

若 $a = bc - 1$, 则

$$\xi = \frac{(bc-1)\eta + b}{c\eta + 1} = [b-1, 1, c-1, \eta].$$

由于 $c - 1 \geqslant 1$, 从而 $[b-1, 1, c-1, a_0, a_1, \cdots]$ 为 $\xi$ 的连分数展式, 从而根据命题 7.1.2, $\xi$ 反常等价于 $\eta$.

这就证明了当 $d = 1$ 时, 存在 $m, n \in \mathbb{N}$ 同时满足 $\xi_m = \eta_n$ 和 $(-1)^{m+n} = ad - bc$. 假设该命题对 $d < k$ 成立, 其中 $k \geqslant 2$. 下证当 $d = k$ 时该命题成立. 由 $ak - bc = \pm 1$ 知 $c$ 和 $k$ 互素. 因此根据定理 1.1.1, 存在正整数 $q$ 和 $r$ 满足

$$c = qk + r \quad \text{且} \quad 0 < r < k.$$

令 $\omega = [q, \eta] = q + \dfrac{1}{\eta}$. 由 $\eta > 1$ 知 $[q, a_0, a_1, \cdots]$ 为 $\omega$ 的连分数展式, 故 $\omega$ 与 $\eta$ 反常等价. 由 $\eta = \dfrac{1}{\omega - q}$ 知

$$\xi = \frac{a\eta + b}{c\eta + k} = \frac{b\omega + (a - bq)}{k\omega + r}.$$

由于 $0 < r < k$, 根据归纳假设, 命题对 $\xi$ 和 $\omega$ 成立. 由 $\omega = q + \dfrac{1}{\eta}$ 知 $\eta$ 为 $\omega$ 的第一个完全商, 因此命题对 $\xi$ 和 $\eta$ 也成立. 这就完成第二步的归纳证明. $\qquad \square$

## 7.2 循环连分数与实二次无理数

上一节介绍了简单连分数的基本性质, 这一节主要研究一类特殊的简单连分数, 并讨论这类连分数所对应无理数的性质.

### 7.2.1 循环连分数与实二次无理数

**定义7.2.1** 我们称简单连分数 $[a_0, a_1, \cdots]$ 为**循环连分数**, 是指存在自然数 $s$ 和正整数 $k$ 使得对任何 $n \geqslant s$ 都有 $a_{n+k} = a_n$. 我们将该循环连分数简记为

$$[a_0, a_1, \cdots, a_{s-1}, \overline{a_s, a_{s+1}, \cdots, a_{s+k-1}}].$$

换句话说, 无理数 $\eta$ 可展开为循环连分数是指存在自然数 $s$ 和正整数 $k$ 使得 $\eta_s = \eta_{s+k}$. 此时, 我们称满足条件的最小正整数 $k$ 为 $\eta$ 的**周期长度**.

**例7.2.1** **黄金分割数**的连分数展式为

$$\frac{-1 + \sqrt{5}}{2} = [0, 1, 1, \cdots] = [0, \overline{1}].$$

它的第 $n$ 个渐近分数为 $\dfrac{F_{n-1}}{F_n}$, 其中 $F_n$ 由 **Fibonacci** 数列给出:

$$F_{-1} = 0, \ F_0 = 1, \ F_n = F_{n-1} + F_{n-2} \quad (n \geqslant 1).$$

我们称实数 $\eta$ 为**实二次无理数**, 是指 $\eta$ 不为有理数且为某个二次整系数多项式的根. 我们用 $\bar{\eta}$ 记该多项式的另一根. 关于实二次无理数的诸多性质请参见 A.3.2 小节.

**定理 7.2.1(Lagrange)** 实数 $\eta$ 为二次无理数当且仅当 $\eta$ 可展为循环连分数.

**证明** 由引理 7.1.2 知我们可设 $\eta$ 为无理数. 记 $\eta = [a_0, a_1, \cdots]$ 为其连分数展式.

对充分性, 假设存在自然数 $s$ 和正整数 $k$ 满足 $\eta_s = \eta_{s+k}$. 根据 (7.10) 知

$$\eta = \frac{p_{s-1}\eta_s + p_{s-2}}{q_{s-1}\eta_s + q_{s-2}}.$$

因此要证 $\eta$ 为实二次无理数, 只需证 $\eta_s$ 为实二次无理数. 于是我们不妨设 $s = 0$. 从而 $\eta = \eta_k$ 并且

$$\eta = \frac{p_{k-1}\eta_k + p_{k-2}}{q_{k-1}\eta_k + q_{k-2}} = \frac{p_{k-1}\eta + p_{k-2}}{q_{k-1}\eta + q_{k-2}}.$$

从而

$$q_{k-1}\eta^2 + (q_{k-2} - p_{k-1})\eta - p_{k-2} = 0.$$

因此 $\eta$ 为实二次无理数.

对必要性, 假设 $\eta$ 为实二次无理数. 下面我们来证明 $\eta$ 可展为循环连分数. 根据引理 A.3.2, 存在整数 $a$, $b$, $D$ 使得 $\eta = \dfrac{b + \sqrt{D}}{2a}$, $c := \dfrac{b^2 - D}{4a} \in \mathbb{Z}$ 且 $\gcd(a, b, c) = 1$. 令

$$\alpha_{-1} = -c, \alpha_0 = a, \beta_0 = b, \beta_1 = 2a_0 a - b,$$

$$\alpha_n = (-1)^n (ap_{n-1}^2 - bp_{n-1}q_{n-1} + cq_{n-1}^2) \quad (n \geqslant 1),$$

$$\beta_n = (-1)^n [-2ap_{n-1}p_{n-2} + b(p_{n-1}q_{n-2} + p_{n-2}q_{n-1}) - 2cq_{n-1}q_{n-2}] \quad (n \geqslant 2).$$

由 (7.9) 知, 对充分大的 $n$,

$$\frac{p_{n-1}}{q_{n-1}} - \bar{\eta} = \left( \frac{p_{n-1}}{q_{n-1}} - \eta \right) + (\eta - \bar{\eta})$$

与 $\eta - \bar{\eta}$ 的符号相同. 由 (7.8) 知 $(-1)^n \left( \dfrac{p_{n-1}}{q_{n-1}} - \eta \right) > 0$. 因此当 $n \gg 0$ 时,

$$\alpha_n = aq_{n-1}^2 (-1)^n \left( \frac{p_{n-1}}{q_{n-1}} - \eta \right) \left( \frac{p_{n-1}}{q_{n-1}} - \bar{\eta} \right)$$

与 $a(\eta - \bar{\eta})$ 的符号相同. 从而当 $n \gg 0$ 时, 所有 $\alpha_n$ 的符号都相同. 由 (7.10) 知

$$\frac{b + \sqrt{D}}{2a} = \eta = \frac{p_{n-1}\eta_n + p_{n-2}}{q_{n-1}\eta_n + q_{n-2}}.$$

从而

$$\eta_n = \frac{q_{n-2}\eta - p_{n-2}}{-q_{n-1}\eta + p_{n-1}}.$$

通过计算可得

$$\eta_n = \frac{\beta_n + \sqrt{D}}{2\alpha_n},$$

$$\beta_n^2 + 4\alpha_n\alpha_{n-1} = D. \tag{7.16}$$

由于当 $n \gg 0$ 时, 整数 $\alpha_n$ 的符号全部相同, 因此

$$|\beta_n| < \sqrt{D}, \ |\alpha_n| \leqslant \frac{D}{4} \quad (n \gg 0).$$

从而存在正整数 $s$ 和 $k$ 使得 $\alpha_s = \alpha_{s+k}$, $\beta_s = \beta_{s+k}$. 于是由 (7.16) 得 $\eta_s = \eta_{s+k}$, 即 $\eta$ 可展为循环连分数. $\qquad\square$

下求实二次无理数 $\eta$ 的连分数展式. 沿用定理 7.2.1 证明中的记号. 根据 (7.16), 我们有

$$\frac{\beta_n + \sqrt{D}}{2\alpha_n} = \eta_n = a_n + \frac{1}{\eta_{n+1}} = a_n + \frac{2\alpha_{n+1}}{\beta_{n+1} + \sqrt{D}} = \frac{(2a_n\alpha_n - \beta_{n+1}) + \sqrt{D}}{2\alpha_n}.$$

故
$$\beta_{n+1} = 2a_n\alpha_n - \beta_n.$$

于是我们可归纳定义 $\alpha_n, \beta_n, \eta_n, a_n$ 如下:

$$\alpha_0 = a, \beta_0 = b,$$

$$\eta_n = \frac{\beta_n + \sqrt{D}}{2\alpha_n}, \tag{7.17}$$

$$a_n = \lfloor \eta_n \rfloor,$$

$$\beta_{n+1} = 2a_n\alpha_n - \beta_n, \quad \alpha_{n+1} = \frac{D - \beta_{n+1}^2}{4\alpha_n}.$$

从而 $\eta$ 的连分数展式为 $[a_0, a_1, \cdots]$.

**例7.2.2** 试求 $\eta = \dfrac{3 + \sqrt{11}}{2}$ 的连分数展式.

**解** 首先有 $\eta = \eta_0 = \dfrac{6 + \sqrt{44}}{4}$, 其中 $\alpha_0 = 2$, $\beta_0 = 6$, $D = 44$. 于是 $a_0 = \lfloor \eta_0 \rfloor = 3$. 从而

$$\beta_1 = 2a_0\alpha_0 - \beta_0 = 6, \alpha_1 = \frac{D - \beta_1^2}{4\alpha_0} = 1, \eta_1 = \frac{6 + \sqrt{44}}{2}, a_1 = \lfloor \eta_1 \rfloor = 6,$$

$$\beta_2 = 2a_1\alpha_1 - \beta_1 = 6, \alpha_2 = \frac{D - \beta_2^2}{4\alpha_1} = 2, \eta_2 = \frac{6 + \sqrt{44}}{4}, a_2 = \lfloor \eta_2 \rfloor = 3.$$

从而 $\eta = \eta_2$, 故 $\dfrac{3 + \sqrt{11}}{2} = [\overline{3, 6}]$.

**例7.2.3** 试求 $\eta = \dfrac{5 + \sqrt{7}}{3}$ 的连分数展式.

**解** 首先有 $\eta = \eta_0 = \dfrac{10 + \sqrt{28}}{6}$, 其中 $\alpha_0 = 3$, $\beta_0 = 10$, $D = 28$. 于是 $a_0 = \lfloor \eta_0 \rfloor = 2$. 从而

$$\beta_1 = 2a_0\alpha_0 - \beta_0 = 2, \alpha_1 = \frac{D - \beta_1^2}{4\alpha_0} = 2, \eta_1 = \frac{2 + \sqrt{28}}{4}, a_1 = \lfloor \eta_1 \rfloor = 1,$$

$$\beta_2 = 2a_1\alpha_1 - \beta_1 = 2, \alpha_2 = \frac{D - \beta_2^2}{4\alpha_1} = 3, \eta_2 = \frac{2 + \sqrt{28}}{6}, a_2 = \lfloor \eta_2 \rfloor = 1,$$

$$\beta_3 = 2a_2\alpha_2 - \beta_2 = 4, \alpha_3 = \frac{D - \beta_3^2}{4\alpha_2} = 1, \eta_3 = \frac{4 + \sqrt{28}}{2}, a_3 = \lfloor \eta_3 \rfloor = 4,$$

$$\beta_4 = 2a_3\alpha_3 - \beta_3 = 4, \alpha_4 = \frac{D - \beta_4^2}{4\alpha_3} = 3, \eta_4 = \frac{4 + \sqrt{28}}{6}, a_4 = \lfloor \eta_4 \rfloor = 1,$$

$$\beta_5 = 2a_4\alpha_4 - \beta_4 = 2, \alpha_5 = \frac{D - \beta_5^2}{4\alpha_4} = 2, \eta_5 = \frac{2 + \sqrt{28}}{4}, a_5 = \lfloor \eta_5 \rfloor = 1.$$

从而 $\eta_1 = \eta_5$, 故 $\eta = [2, \overline{1,1,4,1}]$.

### 7.2.2 纯循环连分数与约化实二次无理数

上一小节建立了实二次无理数与循环连分数的一一对应, 这一小节讨论纯循环连分数所对应实二次无理数的性质.

**定义7.2.2**  我们称简单连分数 $[a_0, a_1, \cdots]$ 为**纯循环连分数**, 是指存在正整数 $k$ 使得对任何 $n \geqslant 0$ 都有 $a_n = a_{n+k}$.

换言之, 无理数 $\eta$ 可展开为纯循环连分数, 是指存在正整数 $k$ 使得 $\eta = \eta_k$.

**定理7.2.2(Galois 逆定理)**  设 $\eta = [\overline{a_0, a_1, \cdots, a_{k-1}}]$ 为纯循环连分数. 则

$$-\frac{1}{\bar{\eta}} = [\overline{a_{k-1}, \cdots, a_1, a_0}].$$

**证明**  首先我们归纳证明对任何简单连分数 $[a_0, a_1, \cdots]$ 和正整数 $n$, 如下等式成立:

$$
\begin{aligned}
[a_n, a_{n-1}, \cdots, a_0] &= \frac{p_n}{p_{n-1}}, \\
[a_n, a_{n-1}, \cdots, a_1] &= \frac{q_n}{q_{n-1}},
\end{aligned}
\tag{7.18}
$$

其中 $\dfrac{p_n}{q_n}$ 为 $[a_0, a_1, \cdots]$ 的第 $n$ 个渐近分数.

事实上, 通过计算知第一个等式对 $n = 1$ 成立. 假设 $[a_m, a_{m-1}, \cdots, a_0] = \dfrac{p_m}{p_{m-1}}$, 其中 $m \geqslant 1$. 由 (7.1), 我们有

$$
\begin{aligned}
[a_{m+1}, a_m, \cdots, a_0] &= a_{m+1} + \frac{1}{[a_m, \cdots, a_0]} = a_{m+1} + \frac{p_{m-1}}{p_m} \\
&= \frac{a_{m+1}p_m + p_{m-1}}{p_m} = \frac{p_{m+1}}{p_m}.
\end{aligned}
$$

这就完成了对第一个等式的归纳证明. 同理可证第二个等式.

现在回到原定理. 由于 $\eta = [\overline{a_0, a_1, \cdots, a_{k-1}}]$, 我们有

$$\eta = [a_0, a_1, \cdots, a_{k-1}, \eta] = \frac{p_{k-1}\eta + p_{k-2}}{q_{k-1}\eta + q_{k-2}}.$$

于是

$$q_{k-1}\eta^2 + q_{k-2}\eta = p_{k-1}\eta + p_{k-2}. \tag{7.19}$$

令 $\eta = -\dfrac{1}{\xi}$. 将其代入上式可得

$$\xi = \frac{p_{k-1}\xi + q_{k-1}}{p_{k-2}\xi + q_{k-2}}. \tag{7.20}$$

由 (7.18) 知 $\dfrac{p_{k-1}}{p_{k-2}}$ 和 $\dfrac{q_{k-1}}{q_{k-2}}$ 分别为循环连分数 $[\overline{a_{k-1}, a_{k-2}, \cdots, a_0}]$ 的第 $k-1$ 个和第 $k-2$ 个渐近分数. 从而 (7.20) 可写作

$$\xi = [a_{k-1}, a_{k-2}, \cdots, a_0, \xi]. \tag{7.21}$$

故要证 $\xi = [\overline{a_{k-1}, \cdots, a_1, a_0}]$, 只需证明 $\xi > 1$. 由 (7.19) 知 $\eta\bar{\eta} = -\dfrac{p_{k-2}}{q_{k-1}} < 0$, 再由 $\eta > 1$ 得 $\bar{\eta} < 0$. 于是 $\xi = -\dfrac{1}{\bar{\eta}} > 0$. 因 $a_0, a_1, \cdots, a_{k-1} \geqslant 1$, 于是根据 (7.1) 和 (7.2) 知, $p_{k-1} \geqslant p_{k-2}$ 且等号只可能在 $k=1$ 时成立; $q_{k-1} \geqslant q_{k-2}$ 且等号只可能在 $k=2$ 时成立. 故 $p_{k-1}\xi + q_{k-1} > p_{k-2}\xi + q_{k-2}$. 由 (7.20) 立得 $\xi > 1$. $\qquad\square$

**定义7.2.3** 我们称实二次无理数 $\eta$ **约化**, 是指 $\eta > 1 > 0 > \bar{\eta} > -1$.

**引理7.2.1** 设 $\eta$ 为约化的实二次无理数. 则对任何自然数 $n$, $\eta$ 的第 $n$ 个完全商 $\eta_n$ 也是约化的实二次无理数并且 $a_n = \lfloor \eta_n \rfloor = \left\lfloor -\dfrac{1}{\overline{\eta_{n+1}}} \right\rfloor$.

**证明** 设 $\eta$ 的连分数展式为 $[a_0, a_1, \cdots]$. 根据假设, $\eta > 1 > 0 > \bar{\eta} > -1$. 由 $\eta = [a_0, \eta_1] = a_0 + \dfrac{1}{\eta_1}$ 知 $a_0 = \eta - \dfrac{1}{\eta_1} = \bar{\eta} - \dfrac{1}{\overline{\eta_1}}$. 由于 $0 > \bar{\eta} > -1$, 我们有 $a_0 = \left\lfloor -\dfrac{1}{\overline{\eta_1}} \right\rfloor$. 由 $\eta > 1$ 知 $a_0 = \lfloor \eta \rfloor = \lfloor \eta_0 \rfloor \geqslant 1$, 从而 $-\dfrac{1}{\overline{\eta_1}} = a_0 - \bar{\eta} > 1$, 即 $0 > \overline{\eta_1} > -1$. 显然有 $\eta_1 = [a_1, a_2, \cdots] > 1$. 这就证明了从 $\eta$ 的约化性可推出 $\eta_1$ 也是约化的并且 $a_0 = \lfloor \eta_0 \rfloor = \left\lfloor -\dfrac{1}{\overline{\eta_1}} \right\rfloor$. 由于 $\eta_{n+1}$ 为 $\eta_n$ 的第一个完全商, 通过数学归纳法我们就能证明所有的 $\eta_n$ 都是约化的实二次无理数, 并且 $a_n = \lfloor \eta_n \rfloor = \left\lfloor -\dfrac{1}{\overline{\eta_{n+1}}} \right\rfloor$. $\qquad\square$

**定理7.2.3** 设 $\eta$ 为实二次无理数. 则 $\eta$ 为约化的当且仅当 $\eta$ 可展为纯循环连分数.

**证明** 设实二次无理数 $\eta$ 的连分数展式为 $[a_0, a_1, \cdots]$. 根据定理 7.2.1, 存在 $s \geqslant 0$ 和 $k \geqslant 1$ 使得对任何 $n \geqslant s$ 都有 $a_{n+k} = a_n$. 这里我们使 $s$ 取得尽可能地小.

假设 $[a_0, a_1, \cdots]$ 是纯循环的, 即 $s = 0$. 因此 $a_0 \geqslant 1$ 且 $\eta > 1$. 根据定理 7.2.2 知 $-\dfrac{1}{\bar{\eta}}$ 也可展开为纯循环连分数, 从而 $-\dfrac{1}{\bar{\eta}} > 1$, 即 $0 > \bar{\eta} > -1$. 故 $\eta$ 约化.

反之, 假设 $\eta$ 约化. 若 $s > 0$, 根据引理 7.2.1, $a_{s-1} = \left\lfloor -\dfrac{1}{\overline{\eta_s}} \right\rfloor$. 由于 $\eta_s = [\overline{a_s, a_{s+1}, \cdots, a_{s+k-1}}]$ 为纯循环连分数, 根据定理 7.2.2, $-\dfrac{1}{\overline{\eta_s}} = [\overline{a_{s+k-1}, \cdots, a_{s+1}, a_s}]$ 也为纯循环连分数. 于是我们有 $a_{s-1} = \left\lfloor -\dfrac{1}{\overline{\eta_s}} \right\rfloor = a_{s+k-1}$, 这就证明了 $\eta = [a_0, \cdots, a_{s-2}, \overline{a_{s-1}, a_s, \cdots, a_{s+k-2}}]$. 这与 $s$ 的最小性矛盾, 因此 $s = 0$, 即 $\eta$ 可展为纯循环连分数. $\qquad\square$

结合定理 7.2.1 和定理 7.2.3, 我们有如下简单推论.

**推论7.2.1**　对任何实二次无理数 $\eta$, 存在正整数 $k$ 使得对任何 $n \geqslant k$, $\eta_n$ 均为约化的实二次无理数.

## 7.3　Pell 方程

设正整数 $D \equiv 0, 1 \pmod 4$ 且 $D$ 不是完全平方数. 本节主要探讨两个方程

$$f(x, y) = 1 \tag{7.22}$$

$$f(x, y) = \pm 1 \tag{7.23}$$

的整数解, 其中

$$f(x, y) = \begin{cases} x^2 - \dfrac{D}{4} y^2, & D \equiv 0 \pmod 4; \\ x^2 + xy + \dfrac{1 - D}{4} y^2, & D \equiv 1 \pmod 4. \end{cases}$$

通常这类方程称为 **Pell 方程**.

### 7.3.1　实二次无理数连分数展式的周期

Pell 方程的求解与实二次无理数的连分数展式有着密切的联系, 本小节主要研究某类实二次无理数连分数展式的基本性质.

设整数 $a, b, c$ 满足 $|b| \leqslant a \leqslant -c$ 和 $a \geqslant 1$. 假设 $D = b^2 - 4ac > 0$ 且 $D$ 不为完全平方数, 从而 $a \leqslant \dfrac{\sqrt{D}}{2}$. 设无理数 $\eta =: \dfrac{b + \sqrt{D}}{2a}$ 的连分数展式为 $[a_0, a_1, \cdots]$, $\eta_n$ 和 $\dfrac{p_n}{q_n}$ 分别为 $\eta$ 的第 $n$ 个完全商和渐近分数. 令

$$\alpha_{-1} = -c, \alpha_0 = a, \beta_0 = b, \beta_1 = 2a_0 a - b,$$

$$\alpha_n = (-1)^n (a p_{n-1}^2 - b p_{n-1} q_{n-1} + c q_{n-1}^2) \quad (n \geqslant 1), \tag{7.24}$$

$$\beta_n = (-1)^n [-2a p_{n-1} p_{n-2} + b(p_{n-1} q_{n-2} + p_{n-2} q_{n-1}) - 2c q_{n-1} q_{n-2}] \quad (n \geqslant 2).$$

从定理 7.2.1 的证明可知对任何 $n \geqslant 0$, 都有

$$\eta_n = \frac{\beta_n + \sqrt{D}}{2\alpha_n},$$

$$D = \beta_n^2 + 4\alpha_n \alpha_{n-1}. \tag{7.25}$$

由 $\eta = a_0 + \dfrac{1}{\eta_1}$ 知

$$-\frac{1}{\overline{\eta_1}} = a_0 - \bar{\eta} = \eta - \{\eta\} - \bar{\eta} = \frac{\sqrt{D}}{a} - \{\eta\} > 1.$$

于是 $-1 > \overline{\eta_1} > 0$. 显然 $\eta_1 > 1$, 从而 $\eta_1$ 为约化的实二次无理数. 根据定理 7.2.3, 存在正整数 $k$ 使 $\eta_1 = [\overline{a_1, a_2, \cdots, a_k}]$. 从而 $\eta = [a_0, \overline{a_1, a_2, \cdots, a_k}]$, 也即 $\eta_1 = \eta_{1+k}$. 这里我们使 $k$ 取得尽可能的小, 称 $[\overline{a_1, a_2, \cdots, a_k}]$ 为 $\eta$ 的**基本周期**, $k$ 为 $\eta$ 的**周期长度**.

**引理7.3.1**  (1) 对任何 $n \geq 0$, $\alpha_n$ 为正整数且 $\alpha_n = \alpha_{n+k}$.

(2) 假设 $a = 1$. 则当 $k \mid n$ 时 $\alpha_n = 1$, 当 $k \nmid n$ 时 $\alpha_n \geq 2$.

**证明**  (1) 由 $\eta = [a_0, \overline{a_1, a_2, \cdots, a_k}]$ 知, 对任何正整数 $n$ 都有

$$\frac{\beta_n + \sqrt{D}}{2\alpha_n} = \eta_n = \eta_{n+k} = \frac{\beta_{n+k} + \sqrt{D}}{2\alpha_{n+k}}.$$

因此当 $n \geq 1$ 时, $\alpha_n = \alpha_{n+k}$, $\beta_n = \beta_{n+k}$. 从而由 (7.25) 可得

$$\alpha_0 = \frac{D - \beta_1^2}{4\alpha_1} = \frac{D - \beta_{k+1}^2}{4\alpha_{k+1}} = \alpha_k.$$

由于 $\bar{\eta} = \dfrac{b - \sqrt{D}}{2a} < 0$, 从而根据 (7.24) 和 (7.8), 我们有

$$\alpha_n = aq_{n-1}^2(-1)^n \left( \frac{p_{n-1}}{q_{n-1}} - \eta \right)\left( \frac{p_{n-1}}{q_{n-1}} - \bar{\eta} \right) > 0 \quad (n \geq 1).$$

故 $\alpha_n$ 为正整数.

(2) 假设 $\alpha_0 = a = 1$. 根据 (1) 的结果, 我们只需证对任何 $1 \leq n \leq k-1$ 都有 $\alpha_n \geq 2$. 若不然, 存在 $1 \leq m \leq k-1$ 使得 $\alpha_m = 1$. 则

$$\eta_m = \frac{\beta_m + \sqrt{D}}{2\alpha_m} = \frac{\beta_m - b}{2} + \frac{b + \sqrt{D}}{2} = \frac{\beta_m - b}{2} + \eta. \tag{7.26}$$

由引理 7.2.1 知 $\eta_m$ 也为约化的实二次无理数, 从而 $\dfrac{\beta_m + \sqrt{D}}{2\alpha_m} > \dfrac{-\beta_m + \sqrt{D}}{2\alpha_m}$, 因此 $\beta_m \geq 1$. 由 (7.25) 知 $\beta_m \equiv \beta_0 \equiv b \pmod 2$. 由于 $\dfrac{\beta_m - b}{2} + a_0 = \dfrac{\beta_m - b}{2} + \left\lfloor \dfrac{b + \sqrt{D}}{2} \right\rfloor = \left\lfloor \dfrac{\beta_m + \sqrt{D}}{2} \right\rfloor$ 为正整数, 从而根据 (7.26), 我们有

$$[a_m, a_{m+1}, \cdots] = \frac{\beta_m - b}{2} + [a_0, a_1, \cdots] = \left[ \frac{\beta_m - b}{2} + a_0, a_1, \cdots \right].$$

于是 $\eta_{1+m} = \eta_1$. 这与 $k$ 的最小性矛盾, 这就证明了 (2).  $\square$

### 7.3.2　Pell 方程的正整数解

本小节中令 $\eta = \dfrac{b+\sqrt{D}}{2}$, 其中当 $D \equiv 0 \pmod 4$ 时 $b = 0$, 而当 $D \equiv 1 \pmod 4$ 时 $b = -1$. 则 $\eta$ 满足上一小节的条件, 其中 $a = 1$. 沿用之前的记号, $\eta = [a_0, \overline{a_1, \cdots, a_k}]$, 其中 $k$ 为 $\eta$ 的周期长度.

**定理 7.3.1**　(1) Pell 方程 (7.22) 的所有非负整数解为

$$x = p_{n-1},\; y = q_{n-1} \quad (n \geqslant 0,\; 2 \mid n,\; k \mid n).$$

除 $x = 1,\, y = 0$ 之外, 这些解都是 (7.22) 的正整数解.

(2) Pell 方程 (7.23) 的所有非负整数解为

$$x = p_{n-1},\; y = q_{n-1} \quad (n \geqslant 0,\; k \mid n).$$

除 $x = 1,\, y = 0$ 以及当 $D = 5$ 时 $x = 0,\, y = 1$ 之外, 这些解都是 (7.23) 的正整数解.

**证明**　任取 Pell 方程 (7.23) 的非负整数解 $x = p, y = q$. 显然 $p$ 与 $q$ 互素. 下面分三种情形讨论.

(i) 设 $q = 0$. 将其代入 (7.23) 得 $p = 1$. 此时, $p = p_{-1}, q = q_{-1}$, 并且 $x = 1, y = 0$ 同时满足 (7.22) 和 (7.23).

(ii) 设 $p = 0$. 由 $p$ 与 $q$ 互素知 $q = 1$. 将其代入 (7.23) 得 $\dfrac{-b-D}{4} = \pm 1$, 从而 $D + b = 4$. 由于 $b = 0, -1$, 故 $D = 4, 5$. 由于 $D$ 不为完全平方数, 故 $D = 5$. 此时, $x = 0, y = 1$ 满足 (7.23), 但不满足 (7.22). 根据例 7.2.1, $p = p_0 = 0$, $q = q_0 = 1$, 即 $\dfrac{0}{1}$ 为黄金分割数 $\eta = \dfrac{-1+\sqrt{5}}{2} = [0, \overline{1}]$ 的第 0 个渐近分数.

(iii) 设 $p > 0, q > 0$. 我们有

$$\left| \left( p - q\frac{b+\sqrt{D}}{2} \right) \left( p + q\frac{-b+\sqrt{D}}{2} \right) \right| = |f(p,q)| = 1 < \frac{\sqrt{D}}{2}.$$

从而正整数 $p$, $q$ 和正无理数 $\eta = \dfrac{b+\sqrt{D}}{2}$, $\xi = \dfrac{-b+\sqrt{D}}{2}$ 满足推论 7.1.1 的条件. 因此 $\dfrac{p}{q}$ 为 $\eta$ 的渐近分数, 即存在正整数 $n$ 使得 $p = p_{n-1}$, $q = q_{n-1}$. 由 (7.24), 我们有

$$\pm 1 = f(p_{n-1}, q_{n-1}) = (-1)^n \alpha_n.$$

根据引理 7.3.1, $f(p_{n-1}, q_{n-1}) = 1 \iff k \mid n$ 且 $2 \mid n$, 而 $f(p_{n-1}, q_{n-1}) = \pm 1 \iff k \mid n$. □

### 7.3.3 Pell 方程的整数解

为了描述 Pell 方程解的性质, 首先回忆 A.3.2 小节中关于二次域的一些性质.

二次域 $\mathbb{Q}(\sqrt{D})$ 中任何元素 $\alpha$ 可唯一写为 $\alpha = p + q\sqrt{D}$, 其中 $p, q \in \mathbb{Q}$. 定义

$$\bar{\alpha} = p - q\sqrt{D},$$

$$\mathrm{N}(\alpha) = \alpha\bar{\alpha} = p^2 - Dq^2.$$

于是对任何 $\alpha, \alpha' \in \mathbb{Q}(\sqrt{D})$, 我们有

$$\mathrm{N}(\alpha\alpha') = \mathrm{N}(\alpha)\mathrm{N}(\alpha'). \tag{7.27}$$

令 $\eta_D = \dfrac{\sqrt{D}}{2}$ 或 $\dfrac{1+\sqrt{D}}{2}$, 具体取值取决于 $D$ 模 4 余 0 还是 1. 于是 Pell 方程 (7.22) 和 (7.23) 分别等价于 $\mathrm{N}(x + y\eta_D) = 1$ 和 $\mathrm{N}(x + y\eta_D) = \pm 1$. 定义

$$\mathcal{O}(D) := \{p + q\eta_D \mid p, q \in \mathbb{Z}\};$$

$$\mathcal{O}(D)^{\times} := \{p + q\eta_D \mid p, q \in \mathbb{Z} \text{ 且 } \mathrm{N}(p + q\eta_D) = \pm 1\};$$

$$\mathcal{O}(D)_{+}^{\times} := \{p + q\eta_D \mid p, q \in \mathbb{Z} \text{ 且 } \mathrm{N}(p + q\eta_D) = 1\}.$$

当 $D \equiv 0 \pmod 4$ 时, $\eta_D^2 = \dfrac{D}{4} \in \mathbb{Z}$; 而当 $D \equiv 1 \pmod 4$ 时, $\eta_D^2 = \dfrac{D-1}{4} + \eta_D$. 从而 $\mathcal{O}(D)$ 为环. 任取 $\alpha \in \mathcal{O}(D)^{\times}$, 由 $\alpha\bar{\alpha} = \pm 1$ 知 $\alpha$ 为环 $\mathcal{O}(D)$ 的单位. 反之, 设 $\alpha$ 为环 $\mathcal{O}(D)$ 的单位, 即存在 $\beta \in \mathcal{O}(D)$ 使得 $\alpha\beta = 1$. 从而 $\mathrm{N}(\alpha)\mathrm{N}(\beta) = 1$. 由于 $\mathrm{N}(\alpha)$, $\mathrm{N}(\beta)$ 皆为整数, 故 $\mathrm{N}(\alpha) = \pm 1$. 这就证明了 $\mathcal{O}(D)^{\times}$ 为环 $\mathcal{O}(D)$ 的单位群. 显然 $\mathcal{O}(D)_{+}^{\times}$ 为 $\mathcal{O}(D)^{\times}$ 的子群. 沿用 7.3.2 小节的记号, $\eta = \dfrac{b+\sqrt{D}}{2} = [a_0, \overline{a_1, \cdots, a_k}]$. 令

$$\epsilon = p_{k-1} + q_{k-1}\eta_D, \quad \epsilon_{+} = \begin{cases} p_{k-1} + q_{k-1}\eta_D, & 2 \mid k, \\ p_{2k-1} + q_{2k-1}\eta_D, & 2 \nmid k. \end{cases}$$

**定理 7.3.2** (1) 若 $x = p, y = q$ 为 Pell 方程 (7.23) 的非负整数解, 则 $p + q\eta_D = 1$ 或者 $p + q\eta_D \geqslant \epsilon$.

(2) 若 $x = p, y = q$ 为 Pell 方程 (7.22) 的非负整数解, 则 $p + q\eta_D = 1$ 或者 $p + q\eta_D \geqslant \epsilon_{+}$.

(3) Pell 方程 (7.23) 的所有整数解 $x = p, y = q$ 可由下式给出:

$$p + q\eta_D = \pm\epsilon^n \quad (n \in \mathbb{Z}).$$

(4) Pell 方程 (7.22) 的所有整数解 $x = p, y = q$ 可由下式给出:

$$p + q\eta_D = \pm\epsilon_{+}^n \quad (n \in \mathbb{Z}).$$

(5) 当 $k$ 为奇数时, $\epsilon_+ = \epsilon^2$ 并且 $f(x,y) = -1$ 有整数解; 当 $k$ 为偶数时, $\epsilon_+ = \epsilon$ 并且 $f(x,y) = -1$ 无整数解.

**证明**　任取 (7.23) 的整数解 $x = p, y = q$, 即 $\mathrm{N}(p+q\eta_D) = \pm 1$.

(1) 假设 $p \geqslant 0, q \geqslant 0$. 根据定理 7.3.1 (2), 存在自然数 $l$ 满足 $k \mid l$, $p = p_{l-1}$, $q = q_{l-1}$. 若 $l = 0$, 则 $p = 1$, $q = 0$, $p + q\eta_D = 1$. 若 $l = k$, 则 $p + q\eta_D = \epsilon$. 根据递推关系 (7.1) 和 (7.2), 对任何自然数 $m$ 都有 $p_{m+1} \geqslant p_m$, $q_{m+1} \geqslant q_m$, 并且等号不能同时满足. 特别地, 当 $l > k$ 时, 我们有

$$p + q\eta_D = p_{l-1} + q_{l-1}\eta_D > p_{k-1} + q_{k-1}\eta_D = \epsilon.$$

这就证明了 (1). 同理可证 (2).

(3) 由于 $\epsilon = p_{k-1} + q_{k-1}\eta_D \geqslant \eta_D > 1$, 从而存在唯一的整数 $n$ 使得

$$\epsilon^n \leqslant |p + q\eta_D| < \epsilon^{n+1}.$$

将 $\mathcal{O}(D)^\times$ 中的元素 $\epsilon^{-n} \cdot |p + q\eta_D|$ 写为 $P + Q\eta_D$, 其中 $P, Q$ 为整数. 令 $\bar{\eta}_D = \dfrac{-\sqrt{D}}{2}$ 或 $\dfrac{1-\sqrt{D}}{2}$, 视 $D \equiv 0, 1 \pmod 4$ 而定. 我们有

$$1 \leqslant P + Q\eta_D < \epsilon \quad \text{且} \quad P + Q\bar{\eta}_D = \frac{\pm 1}{P + Q\eta_D}.$$

假设 $-P - Q\bar{\eta}_D = \dfrac{1}{P + Q\eta_D}$, 则 $0 < -P - Q\bar{\eta}_D \leqslant 1 \leqslant P + Q\eta_D$. 根据均值不等式, 我们有

$$1 = \sqrt{(-P - Q\bar{\eta}_D)(P + Q\eta_D)} \leqslant \frac{(-P - Q\bar{\eta}_D) + (P + Q\eta_D)}{2} = \frac{Q\sqrt{D}}{2}.$$

从而 $Q > 0$. 由 $-P - Q\bar{\eta}_D \leqslant 1$ 得 $P \geqslant -1 - Q\bar{\eta}_D > -1$, 因此 $P \geqslant 0$. 换言之, $x = P, y = Q$ 为 (7.23) 的非负整数解. 从而由 (1) 以及 $P + Q\eta_D < \epsilon$ 可得 $P + Q\eta_D = 1$, 这显然和 $Q > 0$ 矛盾. 故 $P + Q\bar{\eta}_D = \dfrac{1}{P + Q\eta_D}$. 则 $0 < P + Q\bar{\eta}_D \leqslant 1 \leqslant P + Q\eta_D$. 从而由 $\eta_D - \bar{\eta}_D = \sqrt{D}$ 可知 $Q \geqslant 0$, 再由 $P + Q\bar{\eta}_D > 0$ 得 $P > (-\bar{\eta}_D)Q \geqslant 0$. 由 $P + Q\eta_D < \epsilon$ 以及 (1) 知 $P + Q\eta_D = 1$. 因此 $p + q\eta_D = \pm\epsilon^n$. 这就证明了 (3). 同理可证 (4).

(5) 当 $k$ 为偶数时, $\epsilon_+ = \epsilon$ 并且 $\mathrm{N}(\epsilon) = 1$. 从而 $\mathrm{N}(p+q\eta_D) = \mathrm{N}(\pm\epsilon^n) = 1$. 这就证明了当 $k$ 为偶数时, 方程 $f(x,y) = -1$ 无整数解.

下设 $k$ 为奇数. 于是 $\mathrm{N}(\epsilon) = -1$. 若 $x = p, y = q$ 为 (7.22) 的正整数解, 则由 $1 = \mathrm{N}(p+q\eta_D) = \mathrm{N}(\epsilon^n) = (-1)^n$ 知 $n$ 为偶数; 再由 $1 < p + q\eta_D = \epsilon^n$ 知 $n > 0$. 因此 $p + q\eta_D \geqslant \epsilon^2$. 根据 (2), $p + q\eta_D \geqslant \epsilon_+$. 根据 $(p, q)$ 的任意性, 我们有 $\epsilon_+ = \epsilon^2$. 这就证明了 (5). $\qquad\square$

根据定理 7.3.2 (2), 我们有如下定义:

**定义7.3.1**　令 $k' = \mathrm{lcm}(2, k)$. 称 $x = p_{k'-1}, y = q_{k'-1}$ 为 Pell 方程 (7.22) 的**最小正整数解**.

定理 7.3.2 可推出实二次域的 Dirichlet 单位定理.

**定理7.3.3(实二次域的 Dirichlet 单位定理)**　群 $\mathcal{O}(D)^{\times}$ 中存在唯一的元素 $\epsilon > 1$, 使得 $\mathcal{O}(D)^{\times}$ 中任何元素 $\alpha$ 均可唯一写为 $\alpha = \mathrm{sgn}(\alpha)\epsilon^n$, 其中 $n \in \mathbb{Z}$. 我们把 $\epsilon$ 称为**基本单位**.

同样地, 群 $\mathcal{O}(D)_+^{\times}$ 中存在唯一的元素 $\epsilon_+ > 1$, 使得 $\mathcal{O}(D)_+^{\times}$ 中任何元素 $\alpha$ 均可唯一写为 $\alpha = \mathrm{sgn}(\alpha)\epsilon_+^n$, 其中 $n \in \mathbb{Z}$.

特别地, 作为 Abel 群,

$$\mathcal{O}(D)^{\times} \simeq \mathcal{O}(D)_+^{\times} \simeq \mathbb{Z}/2\mathbb{Z} \times \mathbb{Z}.$$

# 习题

**1.** 计算连分数 $[-1, 2, 3, 1, 3, \overline{3, 1, 1, 1, 3, 7}]$ 的值.

**2.** 求 $\sqrt{73}$ 的连分数展式.

**3.** 求有理数 $\dfrac{2027}{1777}$ 的两个连分数展式.

**4.** 试求 $\sqrt{19}$ 的所有渐近分数.

**5.** 设无理数 $\eta$ 的连分数展式为 $[a_0, a_1, \cdots]$. 证明:

(1) 若 $a_1 > 1$, 则 $-\eta$ 的连分数展式为 $[-a_0 - 1, 1, a_1 - 1, a_2, a_3, \cdots]$;

(2) 若 $a_1 = 1$, 则 $-\eta$ 的连分数展式为 $[-a_0 - 1, 1 + a_2, a_3, \cdots]$;

(3) 若 $\eta > 1$, 则对任何自然数 $n$, $\eta$ 的第 $n$ 个渐近分数等于 $\dfrac{1}{\eta}$ 的第 $n+1$ 个渐近分数之倒数.

**6.** 设正整数 $D$ 不为完全平方数, $\sqrt{D}$ 的连分数展式为 $[a_0, a_1, \cdots]$. 证明:

(1) 令 $k$ 为 $\sqrt{D}$ 的周期长度, 则 $a_k = 2a_0$;

(2) $\sqrt{D}$ 的周期长度为 1 当且仅当存在正整数 $a$ 使得 $D = a^2 + 1$, 此时 $\sqrt{D} = [a, \overline{2a}]$;

(3) $\sqrt{D}$ 的周期长度为 2 当且仅当存在正整数 $a, b$ 使得 $D = a^2 + b$, $b > 1$ 且 $b \mid 2a$, 此时 $\sqrt{D} = \left[a, \overline{\dfrac{2a}{b}, 2a}\right]$.

**7.** (1) 考虑数列

$$a_1 = 2, a_2 = 5, a_n = 2a_{n-1} + a_{n-2} \quad (n \geqslant 3).$$

对任何正整数 $u$ 和 $k$, 令 $D = (uc_k + 1)^2 + 2c_{k-1} + 1$. 证明:

$$\sqrt{D} = [uc_k + 1, \overline{2, \cdots, 2, 2uc_k + 2}],$$

其中有 $k$ 个 2.

(2) 对任何正整数 $k$, 证明: 存在无穷多个正整数 $D$, 使得无理数 $\sqrt{D}$ 连分数展式的周期长度为 $k$.

**8.** 对任何正整数 $n$, 令 $D_n = (3^n + 1)^2 + 3$. 证明: $\sqrt{D_n}$ 的连分数展式的周期长度为 $6n$.

**9.** 设自然对数 e 的连分数展式为 $[a_0, a_1, \cdots]$.

(1) 证明:

$$a_n = \begin{cases} 2, & n = 0, \\ 1, & n \not\equiv 2 \pmod 3, \ n \neq 0, \\ \dfrac{2}{3}(n + 1), & n \equiv 2 \pmod 3; \end{cases}$$

(2) 计算 e 的前 8 个渐近分数.

**10.** 设无理数 $\eta$ 的第 $n$ 个渐近分数为 $\dfrac{p_n}{q_n}$. 证明:

$$\frac{1}{2q_{n+1}} < |p_n - q_n \eta| < \frac{1}{q_{n+1}}.$$

**11.** 设 $\eta$ 为无理数. 若整数 $p$ 和 $q$ 满足

$$\left| \eta - \frac{p}{q} \right| < \frac{1}{2q^2},$$

则 $\dfrac{p}{q}$ 为 $\eta$ 的渐近分数.

**12.** 设无理数 $\eta$ 的两个相邻渐近分数为 $\dfrac{p_n}{q_n}$ 和 $\dfrac{p_{n+1}}{q_{n+1}}$. 证明: 两个不等式

$$\left| \eta - \frac{p_n}{q_n} \right| < \frac{1}{2q_n^2},$$

$$\left| \eta - \frac{p_{n+1}}{q_{n+1}} \right| < \frac{1}{2q_{n+1}^2}$$

中至少有一个成立.

**13.** (1) 给定无理数 $\eta$ 及其三个相邻的渐近分数为 $\dfrac{p_{n-1}}{q_{n-1}}, \dfrac{p_n}{q_n}$ 和 $\dfrac{p_{n+1}}{q_{n+1}}$. 证明: 不等式

$$\left| \eta - \frac{p_{n-1}}{q_{n-1}} \right| < \frac{1}{\sqrt{5} q_{n-1}^2},$$

$$\left| \eta - \frac{p_n}{q_n} \right| < \frac{1}{\sqrt{5}q_n^2},$$

$$\left| \eta - \frac{p_{n+1}}{q_{n+1}} \right| < \frac{1}{\sqrt{5}q_{n+1}^2}$$

中至少有一个成立.

(2) 对任何无理数 $\eta$, 证明: 存在无穷多个既约分数 $\frac{p}{q}$ 满足

$$\left| \eta - \frac{p}{q} \right| < \frac{1}{\sqrt{5}q^2}.$$

(3) 对任何实数 $c > \sqrt{5}$, 证明: 存在无理数 $\eta$, 使得不存在无穷个既约分数 $\frac{p}{q}$ 满足不等式

$$\left| \eta - \frac{p}{q} \right| < \frac{1}{cq^2}.$$

**14.** 分别求不定方程

$$x^2 - 73y^2 = 1$$

和

$$x^2 - 73y^2 = -1$$

的所有整数解.

**15.** 设正整数 $d$ 不为完全平方数. 证明:

(1) 不定方程 $x^2 - dy^2 = \pm 4$ 有无穷多组整数解;

(2) 若 $d \equiv 3 \pmod 4$, 则 $x^2 - dy^2 = -1$ 无整数解.

**16.** (1) 设素数 $p \equiv 1 \pmod 4$, $x = x_0, y = y_0$ 为不定方程

$$x^2 - py^2 = 1$$

的最小正整数解. 证明: $x_0$ 为奇数, $y_0$ 为偶数, 并且存在正整数 $x_1, y_1$ 使得

$$\frac{x_0 - 1}{2} = x_1^2, \quad \frac{x_0 + 1}{2} = py_1^2.$$

(2) 对任何奇素数 $p$, 证明下列三个条件等价:

(i) 不定方程 $x^2 - py^2 = -1$ 有整数解;

(ii) $p \equiv 1 \pmod 4$;

(iii) $\sqrt{p}$ 的连分数展式之周期长度为奇数.

**17.** 给定无理数 $\eta$. 证明:

(1) 对任何正整数 $n$, 存在整数 $p$ 和 $q$ 使得 $q \leqslant n$ 且 $|p - q\eta| < \frac{1}{n}$;

(2) 存在由正整数组成的严格递增数列 $\{q_n\}_{n \geqslant 1}$ 满足 $q_n\{q_n\eta\} < 1$.

**18.** 设 $\eta$ 为实二次无理数. 证明:

(1) 存在整数 $a, b, D$ 使得 $\eta = \dfrac{b + \sqrt{D}}{2a}$;

(2) $\eta$ 约化当且仅当

$$0 < \sqrt{D} - b < 2a < \sqrt{D} + b.$$

**19.** 考虑两个不定方程

$$x^2 - dy^2 = m, \tag{7.28}$$

$$x^2 - dy^2 = 1, \tag{7.29}$$

其中 $m$ 为非零整数, $d$ 为正整数且不为完全平方数.

(1) 若 $x = p_0, y = q_0$ 为 (7.28) 的整数解, $x = p, y = q$ 为 (7.29) 的整数解, 则 $x = p_0 p + d q_0 q$, $y = p_0 q + p q_0$ 为 (7.28) 的整数解. 并由此推出不定方程 (7.28) 要么无整数解, 要么有无穷多组整数解.

(2) 若 $x = p_1, y = q_1$ 和 $x = p_2, y = q_2$ 为 (7.28) 的两组整数解, 则 $x = \dfrac{p_1 p_2 - d q_1 q_2}{m}$, $y = \dfrac{p_1 q_2 - p_2 q_1}{m}$ 为 (7.29) 的有理数解. 此外, 若 $p_1 \equiv p_2 \pmod{m}$, $q_1 \equiv q_2 \pmod{m}$, 则该解为 (7.29) 的整数解.

(3) 假设不定方程 (7.28) 有解. 则存在它的有限组整数解 $x = p_i, y = q_i$ $(1 \leqslant i \leqslant k)$, 使得对 (7.28) 的任一组整数解 $x = p_0, y = q_0$, 均存在 (7.29) 的整数解 $x = p, y = q$ 和 $1 \leqslant i \leqslant k$ 满足

$$p_0 = p_i p + d q_i q, \quad q_0 = p_i q + p q_i.$$

(4) 设 $x = p_0, y = q_0$ 为 (7.28) 的非负整数解且 $q_0 \neq 0$. 若 $|m| < \sqrt{d}$, 则 $\dfrac{p_0}{q_0}$ 为 $\sqrt{d}$ 的渐近分数.

(5) 设 $x = p_0, y = q_0$ 为 (7.28) 的既约整数解, 即 $p_0$ 和 $q_0$ 互素. 若 $|m| > \sqrt{d}$, 证明: 存在整数 $p, q$ 同时满足

$$p q_0 - q p_0 = 1, \quad |p^2 - dq^2| < |m|.$$

**20.** 利用本章习题 19 (4) 和 (5) 求不定方程

$$x^2 - 7y^2 = 37$$

的所有整数解.

第八章

# 二元二次型

本章专门研究关于两个变量 $x$ 和 $y$ 的函数

$$ax^2 + bxy + cy^2,$$

其中 $a, b, c$ 为给定的整数. 我们把这种函数称为**整系数二元二次型**. 在不引起混淆的情况下, 将之简称为**二次型**或**型**. 当我们不关注变量 $x, y$ 时, 就用符号 $(a, b, c)$ 来表示型 $ax^2 + bxy + cy^2$. 型 $(a, b, c)$ 的**判别式**定义为 $b^2 - 4ac$. 实际上, 二次型可以写为矩阵乘法

$$ax^2 + bxy + cy^2 = (x, y) \begin{pmatrix} a & \dfrac{b}{2} \\ \dfrac{b}{2} & c \end{pmatrix} \begin{pmatrix} x \\ y \end{pmatrix}.$$

于是判别式

$$b^2 - 4ac = -4 \det \begin{pmatrix} a & \dfrac{b}{2} \\ \dfrac{b}{2} & c \end{pmatrix}.$$

本书只考虑判别式非完全平方数的型, 这是因为当判别式为完全平方数时, 二次型可以分解为两个有理系数一次多项式的乘积. 二次型理论的基本问题为确定一个二次型可表示的整数. 围绕这一问题, 第一节主要讨论二次型的等价以及约化理论; 第二节讨论二次型的复合, 主要利用 Bhargava 立方体给出二次型的复合运算以及二次型正常等价类上的有限 Abel 群结构, 并与 Gauss 和 Dirichlet 定义的复合做一个比较; 第三节通过单位群的特征、歧型、三元二次型等工具来研究类群的 2 阶元与平方元, 并据此建立 Gauss 亏格理论.

## 8.1　二次型的约化理论

这一节通过引入 $\mathrm{SL}_2(\mathbb{Z})$ 在二次型上的作用给出二次型上的一个等价关系, 二次型的约化理论本质上就是在二次型的每个等价类中确定那些形式看起来更为简单的型, 即通常所谓的约化型.

### 8.1.1　二次型的等价

二次型理论主要研究其表整数的问题. 我们称整数 $m$ 被型 $f(x, y)$ **表示**, 是指存在整数 $u, v$ 使得 $m = f(u, v)$. 若 $u$ 和 $v$ 还互素, 则称 $m$ 被 $f$ **既约表示**.

首先注意到, 对两个二次型 $f$ 和 $F$, 若存在 $\gamma = \begin{pmatrix} p & q \\ r & s \end{pmatrix} \in \mathrm{GL}_2(\mathbb{Z})$ 使得 $F(x, y) =$

$f((x,y)\gamma)$, 则对任何整数 $u, v$, $F(u,v) = f((u,v)\gamma)$, $f(u,v) = F((u,v)\gamma^{-1})$. 从而 $f$ 和 $F$ 可表同样的整数. 于是我们有如下定义.

**定义8.1.1**　我们称型 $f(x,y) = ax^2 + bxy + cy^2$ **包含**型 $F(x,y) = Ax^2 + Bxy + Cy^2$, 是指存在 2 阶整系数矩阵 $\gamma = \begin{pmatrix} p & q \\ r & s \end{pmatrix}$ 满足

$$F(x,y) = f((x,y)\gamma) = f(px+ry, qx+sy). \tag{8.1}$$

换句话说, $F$ 是 $f$ 通过变量替换

$$x \mapsto px + ry, y \mapsto qx + sy$$

得到的型. 我们把 $\det(\gamma) = ps - qr$ 称为该变量替换的**行列式**.

若 $\det(\gamma) = 1$, 则称 $f$ 和 $F$ **正常等价**; 若 $\det(\gamma) = -1$, 则称 $f$ 和 $F$ **反常等价**. 正常等价和反常等价统称**等价**. 我们用记号 $f \approx F$ 表示 $f$ 和 $F$ 正常等价, $f \sim F$ 表示 $f$ 和 $F$ 等价.

比较 (8.1) 两边的系数, 我们有

$$\begin{cases} A = ap^2 + bpq + cq^2 = f(p,q), \\ B = 2apr + b(ps+qr) + 2cqs, \\ C = ar^2 + brs + cs^2 = f(r,s). \end{cases} \tag{8.2}$$

从而

$$\begin{aligned} &B^2 - 4AC \\ =&[2apr + b(ps+qr) + 2cqs]^2 - 4(ap^2 + bpq + cq^2)(ar^2 + brs + cs^2) \\ =&(ps-qr)^2(b^2 - 4ac) = \det(\gamma)^2(b^2 - 4ac). \end{aligned} \tag{8.3}$$

**引理8.1.1**　(1) $\sim$ 和 $\approx$ 给出了所有二次型组成的集合上的两个等价关系.

(2) 两个等价的二次型有相同的判别式, 并且它们既可表示同样的整数, 也可既约表示同样的整数.

**证明**　对任何 $\gamma = \begin{pmatrix} p & q \\ r & s \end{pmatrix} \in \mathrm{GL}_2(\mathbb{Z})$ 和型 $f(x,y) = ax^2 + bxy + cy^2$, 定义

$$(\gamma f)(x,y) := f((x,y)\gamma) = f(px+ry, qx+sy). \tag{8.4}$$

对任何 $\tau \in \mathrm{GL}_2(\mathbb{Z})$, 我们有

$$\tau(\gamma f) = (\gamma f)((x,y)\tau) = f((x,y)\tau\gamma) = (\tau\gamma)f.$$

根据定义 A.1.11, $(\gamma, f) \mapsto \gamma f$ 给出了群 $\mathrm{GL}_2(\mathbb{Z})$ 及其子群 $\mathrm{SL}_2(\mathbb{Z})$ 在二次型上的作用. 从而两个型等价当且仅当它们属于 $\mathrm{GL}_2(\mathbb{Z})$ 作用下的同一个轨道中, 正常等价当且仅当它们属于 $\mathrm{SL}_2(\mathbb{Z})$ 作用下的同一个轨道中. 这就证明了 (1).

由于 $\det(\gamma) = \pm 1$, 从 (8.3) 知 $\gamma f$ 和 $f$ 有相同的判别式. 对任何整数 $u, v$, 令 $U = pu + rv$, $V = qu + sv$. 于是 $(U, V) = (u, v)\gamma$, 从而

$$(u, v) = (U, V)\gamma^{-1} = \det(\gamma)(U, V)\begin{pmatrix} s & -q \\ -r & p \end{pmatrix},$$

即

$$u = (ps - qr)(sU - rV), \quad v = (ps - qr)(-qU + pV).$$

故 $\gcd(u, v) = \gcd(U, V)$. 由

$$(\gamma f)(u, v) = f(U, V) = (\gamma f)((U, V)\gamma^{-1})$$

知 (2) 成立. $\qquad\square$

**例8.1.1** (1) 型 $(a, b, c)$ 通过变量替换 $x \mapsto x, y \mapsto -y$; $x \mapsto y, y \mapsto x$ 和 $x \mapsto y, y \mapsto -x$ 分别得到型 $(a, -b, c)$; $(c, b, a)$ 和 $(c, -b, a)$. 故 $(a, b, c)$ 分别与 $(a, -b, c)$ 和 $(c, b, a)$ 都反常等价, $(a, b, c)$ 与 $(c, -b, a)$ 正常等价, $(a, -b, c)$ 与 $(c, b, a)$ 正常等价.

记型 $f = (a, b, c)$ 的**相反型**为 $f^- := (a, -b, c)$. 因此 $f$ 与 $f^-$ 反常等价, 但 $f$ 与 $f^-$ 一般不正常等价. 在 8.3.4 小节中, 我们将专门讨论那些与其相反型正常等价的型.

例如, 型 $(a, a, c)$ 通过变量替换 $x \mapsto x - y, y \mapsto y$ 得到型 $(a, -a, c)$. 故 $(a, a, c)$ 和其相反型 $(a, -a, c)$ 正常等价.

(2) 型 $(1, 1, 8)$ 和 $(2, 1, 4)$ 都是判别式为 $-31$ 的正定型. 型 $(1, 1, 8)$ 可表整数 $1$, $(2, 1, 4)$ 不能表整数 $1$, 由引理 8.1.1 知这两个型不等价.

下面给出二次型表整数的一些判定法则.

**引理8.1.2** 整数 $m$ 被型 $f$ 既约表示的充要条件为 $f$ 正常等价于型 $mx^2 + hxy + ly^2$, 其中 $h, l$ 为整数.

**证明** 假设存在互素的整数 $p, q$ 满足 $m = f(p, q)$. 根据定理 1.2.1, 存在整数 $r, s$ 使得 $ps - qr = 1$. 由等式 (8.2) 知, $f$ 正常等价于型

$$f(px + ry, qx + sy) = mx^2 + [2apr + b(ps + qr) + 2cqs]xy + f(r, s)y^2.$$

反之, 假设 $f$ 正常等价于 $mx^2 + hxy + ly^2$. 型 $mx^2 + hxy + ly^2$ 显然既约表示 $m$, 对此我们只需取 $x = 1, y = 0$. 由引理 8.1.1 知 $m$ 亦可被 $f$ 既约表示. $\qquad\square$

**定理8.1.1** 设整数 $D \equiv 0, 1 \pmod 4$. 则整数 $m$ 可被一个判别式为 $D$ 的型既约表示当且仅当同余方程 $x^2 \equiv D \pmod{4m}$ 有解.

**证明**　假设 $m$ 可被判别式为 $D$ 的型 $f$ 既约表示. 由引理 8.1.2 知 $f$ 等价于型 $(m,h,l)$, 其中 $h,l$ 为整数. 根据引理 8.1.1 (2), $D = h^2 - 4ml$. 从而同余方程 $x^2 \equiv D \pmod{4m}$ 有整数解 $x = h$.

反之, 假设有整数 $h$ 使得 $h^2 \equiv D \pmod{4m}$. 取整数 $l$ 使得 $h^2 - D = 4ml$, 则 $(m,h,l)$ 为判别式等于 $D$ 的型并且既约表示 $m$. □

若型 $f = (a,b,c)$ 三个系数的最大公因子 $d > 1$, 令 $d^{-1}f = \left(\dfrac{a}{d}, \dfrac{b}{d}, \dfrac{c}{d}\right)$. 则 $d^{-1}f$ 的三个系数互素并且 $f(x,y) = d(d^{-1}f)(x,y)$. 因此要研究二次型表整数的问题, 我们只需考虑系数互素的二次型.

**定义8.1.2**　我们称型 $(a,b,c)$ 为**本原**的, 是指 $\gcd(a,b,c) = 1$.

定理 8.1.1 有如下推论.

**推论8.1.1**　设整数 $D \equiv 0, 1 \pmod 4$, 奇素数 $p \nmid D$. 则 $p$ 可被一个判别式为 $D$ 的本原型表示当且仅当 $\left(\dfrac{D}{p}\right) = 1$.

**证明**　首先说明如果判别式为 $D$ 的型 $(a,b,c)$ 表示 $p$, 则其为本原型且既约表示 $p$.

事实上, 设整数 $u,v$ 满足 $p = au^2 + buv + cv^2$. 令 $d = \gcd(a,b,c), e = \gcd(u,v)$. 则 $de^2 \mid p$ 且 $d^2 \mid D$. 由于 $p$ 为不整除 $D$ 的奇素数, 我们有 $d = e = 1$. 这就证明了 $(a,b,c)$ 为本原型且既约表示 $p$.

因此根据定理 8.1.1, $p$ 可被一个判别式为 $D$ 的本原型表示当且仅当 $x^2 \equiv D \pmod{4p}$ 有解. 根据中国剩余定理, 这等价于 $x^2 \equiv D \pmod p$ 有解. 根据 Legendre 符号的定义, 这又等价于 $\left(\dfrac{D}{p}\right) = 1$. □

下一节中, 我们将通过正定型的约化理论来证明当 $n = 1, 2, 3$ 时, 任何判别式为 $-4n$ 的正定本原型都等价于 $x^2 + ny^2$, 并由此推出 Fermat 的结果: 对任何奇素数 $p$,

$$p \text{ 可被 } x^2 + y^2 \text{ 表示} \iff p \equiv 1 \pmod 4;$$
$$p \text{ 可被 } x^2 + 2y^2 \text{ 表示} \iff p \equiv 1, 3 \pmod 8;$$
$$p \text{ 可被 } x^2 + 3y^2 \text{ 表示} \iff p = 3 \text{ 或 } p \equiv 1 \pmod 3.$$

## 8.1.2　二次型的正常等价类

二次型按照其表整数的值可分为如下几类.

**定义8.1.3**　给定一个判别式为 $D$ 的型, 如果它既可以表正整数, 也可以表负整数, 则称之为**不定型**; 如果它不能表示负整数, 则称之为**正定型**; 如果它不能表示正整数, 则称之为**负定型**.

实际上, 二次型为上述三种类型中的哪一种基本取决于其判别式 $D$.

**引理8.1.3**    给定二次型 $f(x,y) = ax^2 + bxy + cy^2$, 其判别式 $D = b^2 - 4ac$.

(1) $f$ 为不定型当且仅当 $D > 0$.

(2) $f$ 为正定型当且仅当 $D < 0$ 并且 $a > 0$.

(3) $f$ 为负定型当且仅当 $D < 0$ 并且 $a < 0$.

**证明**    只需分别证明这三个命题的充分性. 首先我们有等式

$$4af(x,y) = (2ax + by)^2 - Dy^2.$$

假设 $D < 0$, 则 $ac > 0$. 于是当 $a > 0$ 时 $f$ 正定, 当 $a < 0$ 时 $f$ 负定.

假设 $D > 0$. 由于我们只考虑判别式非完全平方数的型, 故 $a \neq 0$. 于是

$$4af(x,y) = (2ax + by)^2 - Dy^2 = y^2\left[\left(2a\frac{x}{y} + b\right)^2 - D\right]$$

既可表正整数, 亦可表负整数. 故 $f$ 为不定型. $\qquad\square$

根据引理 8.1.1, 二次型的等价与正常等价均给出了固定判别式 $D$ 的本原型上的一个等价关系. 不难看出, 如果 $f$ 为负定型, 则 $-f$ 为正定型. 因此我们只需研究不定型和正定型.

**定义8.1.4**    设整数 $D \equiv 0, 1 \pmod 4$. 当 $D > 0$ 时, 令 $\mathrm{Cl}^+(D)$ 为所有判别式等于 $D$ 的本原型之正常等价类组成的集合; 当 $D < 0$ 时, 令 $\mathrm{Cl}^+(D)$ 为所有判别式等于 $D$ 的正定本原型之正常等价类组成的集合. 我们用 $h(D)$ 记集合 $\mathrm{Cl}^+(D)$ 的元素个数, 称之为判别式 $D$ 的**类数**.

令 $\mathfrak{F}(D)$ 为所有判别式等于 $D$ 的本原型组成的集合, 当 $D < 0$ 时, 令 $\mathfrak{F}^+(D)$ 为所有判别式等于 $D$ 的正定本原型组成的集合. 考虑群 $\mathrm{SL}_2(\mathbb{Z})$ 在 $\mathfrak{F}(D)$ 的作用 (8.4), 我们有

$$\mathrm{Cl}^+(D) = \begin{cases} \mathfrak{F}(D)/\mathrm{SL}_2(\mathbb{Z}), & D > 0, \\ \mathfrak{F}^+(D)/\mathrm{SL}_2(\mathbb{Z}), & D < 0. \end{cases}$$

判别式等于 $D$ 的**主型**定义为

$$f_0(x,y) = \begin{cases} x^2 - \dfrac{D}{4}y^2, & D \equiv 0 \pmod 4, \\ x^2 + xy + \dfrac{1-D}{4}y^2, & D \equiv 1 \pmod 4. \end{cases} \tag{8.5}$$

用 $[f]$ 记型 $f$ 所在的正常等价类, 主型 $f_0$ 所在的正常等价类 $[f_0]$ 被称为**主类**.

## 8.1.3    二次型与二次无理数

二次型理论与二次无理数理论有极其密切的联系.

对任何判别式等于 $D$ 的型 $f = (a, b, c)$, 定义

$$\Phi(f) := \frac{b + \sqrt{D}}{2a}.$$

由于我们只考虑判别式为非完全平方数的型, 故 $\Phi(f)$ 为二次无理数.

反之, 对任何二次无理数 $\eta$, 根据引理 A.3.2, 存在唯一的整数 $a, b, D$ 满足

$$\eta = \frac{b + \sqrt{D}}{2a}, \quad c := \frac{b^2 - D}{4a} \in \mathbb{Z} \quad \gcd(a, b, c) = 1.$$

我们有判别式等于 $D$ 的本原型 $(a, b, c)$. 沿用定义 A.3.3 的记号, 称

$$P_\eta(t) := at^2 + bt + c$$

为 $\eta$ 的**特征多项式**. 于是我们得到了本原二次型和二次无理数之间的一一对应.

**引理8.1.4**　任给两个判别式非完全平方数的本原型 $f$ 和 $F$. 则对任何 $\gamma = \begin{pmatrix} p & q \\ r & s \end{pmatrix} \in$ $\mathrm{GL}_2(\mathbb{Z})$, 都有

$$F(x, y) = \det(\gamma) f(px + ry, qx + sy) \iff \Phi(F) = \frac{s\Phi(f) + r}{q\Phi(f) + p}.$$

特别地, $f$ 和 $F$ 正常等价的充要条件为 $\Phi(f)$ 和 $\Phi(F)$ 正常等价 (复数的正常等价参见定义 7.1.3).

**证明**　设 $f = (a, b, c)$, $f((x, y)\gamma) = (A, B, C)$, $D$ 为 $f$ 的判别式. 由引理 8.1.1 知 $F$ 的判别式也为 $D$. 根据等式 (8.2) 和 (8.3), 我们有

$$\frac{s\Phi(f) + r}{q\Phi(f) + p} = \frac{s\dfrac{b + \sqrt{D}}{2a} + r}{q\dfrac{b + \sqrt{D}}{2a} + p} = \frac{[2apr + b(ps + qr) + 2cqs] + (ps - qr)\sqrt{D}}{2f(p, q)}$$

$$= \frac{\det(\gamma)B + \sqrt{D}}{2\det(\gamma)A} = \Phi(\det(\gamma)\gamma f).$$

这就完成了定理的证明.　　　　　　　　　　　　　　　　　　　　　　　□

**引理8.1.5**　设整数 $D \equiv 0, 1 \pmod 4$ 且 $D$ 非完全平方数.

(1) 映射 $\Phi$ 诱导了从 $\mathfrak{F}$ 到 $\mathfrak{N}$ 的双射, 其中 $\mathfrak{F}$ 为所有判别式不等于完全平方数的本原二次型组成的集合, $\mathfrak{N}$ 为所有二次无理数组成的集合. 在这个一一对应下, 正定型、负定型和不定型分别对应虚部大于 $0$ 的二次无理数、虚部小于 $0$ 的二次无理数和实二次无理数.

(2) 映射 $\Phi$ 诱导了从集合 $\mathfrak{F}(D)$ 到 $\mathfrak{N}(D)$ 的双射, 其中 $\mathfrak{N}(D)$ 为所有形如 $\dfrac{b + \sqrt{D}}{2a}$ 的复数组成的集合, 其中 $a, b$ 为整数, $a \neq 0$ 并满足 $\dfrac{b^2 - D}{4a} \in \mathbb{Z}$ 和 $\gcd\left(a, b, \dfrac{b^2 - D}{4a}\right) = 1$.

(3) 分别考虑 (8.4) 和 (7.15) 中定义的群 $\mathrm{SL}_2(\mathbb{Z})$ 在二次型和复数上的作用. 则 $\Phi$: $\mathfrak{F}(D) \to \mathfrak{N}(D)$ 为 $\mathrm{SL}_2(\mathbb{Z})$-等变的双射, 并且其诱导了 $\mathfrak{F}(D)$ 中的正常等价类和 $\mathfrak{N}(D)$ 中的正常等价类之间的一一对应.

**证明** (1) 和 (2) 为引理 A.3.2 的直接推论, (3) 由引理 8.1.4 直接推出. □

对二次型的很多问题而言, 每个类中的任何两个型是没有区别的, 因此我们希望在每个类中找到一个形式上看起来更为简单的型, 即所谓的约化型. 正定型和不定型的约化理论极为不同, 而正定型的约化理论稍微简单一些, 故我们先做讨论.

### 8.1.4  正定型的约化理论

这一小节的主要结果为任何一个正定型皆正常等价于唯一的约化型.

**定义8.1.5**  我们称一个正定型 $(a, b, c)$ 为**约化的**, 是指 $a, b, c$ 满足条件

$$-a < b \leqslant a < c \ \text{ 或 } \ 0 \leqslant b \leqslant a = c.$$

**引理8.1.6**  设 $f(x, y) = ax^2 + bxy + cy^2$ 为约化的正定型. 则 $f$ 可表的最小正整数为 $a$ 且 $f(x, y) = a$ 的解为

$$\begin{cases} \pm(1, 0), & a \neq c, \\ \pm(1, 0), \pm(0, 1), & b \neq a = c, \\ \pm(1, 0), \pm(0, 1), \pm(1, -1), & b = a = c. \end{cases}$$

**证明**  只需求不等式方程

$$0 < ax^2 + bxy + cy^2 \leqslant a \tag{8.6}$$

的整数解. 根据

$$ax^2 + bxy + cy^2 = a\left(x + \frac{b}{2a}y\right)^2 + \frac{4ac - b^2}{4a}y^2 \leqslant a,$$

我们有 $y^2 \leqslant \dfrac{4a^2}{4ac - b^2} \leqslant \dfrac{4}{3}$, 这是因为 $4ac - b^2 \geqslant 3a^2$. 从而 $y = 0, \pm 1$.

当 $y = 0$ 时, (8.6) 等价于 $0 < ax^2 \leqslant a$, 解得 $x = \pm 1$.

当 $y = 1$ 时, (8.6) 等价于 $(ax^2 + bx) + (c - a) \leqslant 0$. 因此 $0 \leqslant b \leqslant a = c$ 且 $ax^2 + bx = 0$. 若 $b < a$, 则 $x = 0$; 若 $b = a$, 则 $x = 0, -1$.

当 $y = -1$ 时, 由 (8.6) 知 $(ax^2 - bx) + (c - a) \leqslant 0$. 因此 $0 \leqslant b \leqslant a = c$ 且 $ax^2 - bx = 0$. 若 $b < a$, 则 $x = 0$; 若 $b = a$, 则 $x = 0, 1$. □

**定理 8.1.2** 任何正定型均正常等价于唯一的约化型.

**证明** 先证任何正定型均正常等价于某个约化型. 给定正定型 $(a_0, b_0, a_1)$. 令整数 $b_1$ 为 $-b_0$ 关于 $2a_1$ 的绝对最小剩余, 即

$$b_1 + b_0 \equiv 0 \pmod{2a_1} \quad \text{且} \quad -a_1 < b_1 \leqslant a_1.$$

则 $(a_0, b_0, a_1)$ 通过变量替换

$$x \mapsto -y, \ y \mapsto x + \frac{b_0 + b_1}{2a_1}y$$

得到的型为 $(a_1, b_1, a_2)$, 其中 $a_2 = a_0 + \dfrac{b_1^2 - b_0^2}{4a_1} \in \mathbb{Z}$. 故 $(a_0, b_0, a_1) \approx (a_1, b_1, a_2)$. 继续这种操作, 我们可得一列两两正常等价的正定型 $(a_n, b_n, a_{n+1})_{n \in \mathbb{N}}$. 由于每个 $a_n$ 均为正整数, 从而存在正整数 $k$ 满足 $a_k \leqslant a_{k+1}$, 此时 $-a_k < b_k \leqslant a_k \leqslant a_{k+1}$. 如果 $a_k < a_{k+1}$, 则 $(a_k, b_k, a_{k+1})$ 为约化型. 如果 $a_k = a_{k+1}$ 且 $b_k \geqslant 0$, 则 $(a_k, b_k, a_{k+1})$ 也为约化型. 剩下的情形只有 $a_k = a_{k+1}$ 且 $b_k < 0$, 此时 $(a_k, b_k, a_{k+1})$ 正常等价于约化型 $(a_k, -b_k, a_{k+1})$. 这就证明了任何一个正定型必正常等价于一个约化型.

再证唯一性. 任给两个正常等价的约化正定型 $f = ax^2 + bxy + cy^2$ 和 $F = Ax^2 + Bxy + Cy^2$. 由引理 8.1.1 和引理 8.1.6 知 $a = A$, 且 $f(x, y) = a$ 和 $F(x, y) = a$ 有相同的解数. 我们分两种情形来证明 $f = F$.

设 $f(x, y) = a$ 和 $F(x, y) = a$ 的解数皆大于 2. 由引理 8.1.6 知 $a = c$, $A = C$, 从而 $b \geqslant 0$, $B \geqslant 0$. 由于等价的型有相同的判别式, 因而 $b^2 - 4ac = B^2 - 4AC$, 从而 $b = B$. 因此 $f = F$.

设 $f(x, y) = a$ 和 $F(x, y) = a$ 的解都只有 $(x, y) = \pm(1, 0)$. 根据引理 8.1.6, $a < c$, $a = A < C$. 由于 $f$ 正常等价于 $F$, 根据定义存在整数 $p, q, r, s$ 满足

$$F(x, y) = f(px + ry, qx + sy) \quad \text{且} \quad ps - qr = 1.$$

则 $f(p, q) = F(1, 0) = a$, 故 $(p, q) = \pm(1, 0)$. 由于 $F(x, y) = f(-px - ry, -qx - sy)$, 故可不妨设 $p = 1, q = 0$. 因此 $s = 1$. 由 (8.2) 得 $B = 2ar + b$. 由于 $(a, b, c)$ 和 $(A, B, C)$ 均为约化型, 则 $-a < b \leqslant a$ 且 $-a < 2ar + b \leqslant a$. 因而 $r = 0$, $b = B$. 从 $b^2 - 4ac = B^2 - 4AC$ 得 $c = C$, 因此 $f = F$. 这就完成了定理的证明. □

**例 8.1.2** 试问判别式为 $-124$ 的正定型 $(304, 434, 155)$ 和 $(283, 376, 125)$ 是否正常等价?

**解** 利用定理 8.1.2 证明中的方法, 我们求得由二次型组成的如下序列:

$$(304, 434, 155) \approx (155, -124, 25) \approx (25, 24, 7) \approx (7, 4, 5) \approx (5, -4, 7);$$

$$(283, 376, 125) \approx (125, 124, 31) \approx (31, 0, 1) \approx (1, 0, 31).$$

于是 $(304, 434, 155)$ 和 $(283, 376, 125)$ 分别等价于约化型 $(5, -4, 7)$ 和 $(1, 0, 31)$. 根据定理 8.1.2, 原来的两个型不正常等价.

**定理8.1.3**    设负整数 $D \equiv 0, 1 \pmod 4$. 任何判别式为 $D$ 的本原型皆正常等价于型 $(a, b, c)$, 其中 $|b| \leqslant a \leqslant \sqrt{\dfrac{-D}{3}}$. 特别地, $h(D) < +\infty$.

**证明**    由定理 8.1.2 知 $h(D)$ 为满足条件

$$
\begin{cases}
a > 0, \\
b^2 - 4ac = D, \\
-a < b \leqslant a < c \text{ 或 } 0 \leqslant b \leqslant a = c, \\
\gcd(a, b, c) = 1
\end{cases}
\tag{8.7}
$$

的二次型 $(a, b, c)$ 之个数. 从而 $3a^2 \leqslant 4ac - b^2 = -D$, 我们有 $|b| \leqslant a \leqslant \sqrt{\dfrac{-D}{3}}$, 并且 $c = \dfrac{b^2 - D}{4a}$. 从而 $h(D)$ 有限.    $\square$

**注记8.1.1**    定理 8.1.3 给出了如下计算 $h(D)$ 的方法:

第一步: 取所有绝对值不超过 $\sqrt{\dfrac{-D}{3}}$ 并与 $D$ 奇偶性相同的整数 $b$.

第二步: 对每个 $b$, 用任何可能的方法将 $\dfrac{b^2 - D}{4}$ 分解为两个不小于 $|b|$ 的正整数之积, 较小的记为 $a$, 较大的记为 $c$.

第三步: 剔除那些不满足条件 (8.7) 的型 $(a, b, c)$.

这样就得到了所有判别式为 $D$ 的正定本原型.

**例8.1.3**    计算 $h(-83)$.

**解**    设 $(a, b, c)$ 为判别式等于 $-83$ 的正定约化型. 由 $\sqrt{\dfrac{83}{3}} < 6$ 知 $b = \pm 1, \pm 3, \pm 5$.

当 $b = \pm 1$ 时, $ac = \dfrac{b^2 - D}{4} = 21$. 由于 $|b| \leqslant a \leqslant c$ 知 $(a, c) = (1, 21), (3, 7)$. 此时, $(a, b, c) = (1, 1, 21), (1, -1, 21), (3, 1, 7), (3, -1, 7)$. 由于 $(1, -1, 21)$ 不满足 (8.7) 中的第三个条件, 必须将其剔除.

当 $b = \pm 3$ 时, $ac = 23$ 不能分解为两个不小于 $|b| = 3$ 的整数之积, 此时不存在这样的约化型.

当 $b = \pm 5$ 时, $ac = 27$ 不能分解为两个不小于 $|b| = 5$ 的整数之积, 此时也不存在这样的约化型.

综上所述, 判别式等于 $-83$ 的约化型为 $(1, 1, 21), (3, 1, 7), (3, -1, 7)$, 且它们都为本

原型, 从而 $h(-83) = 3$.

**定理 8.1.4(Landau)** 设 $n$ 为正整数. 则 $h(-4n) = 1$ 当且仅当 $n = 1, 2, 3, 4$ 或 $7$.

**证明** 设有二次型 $(a, b, c)$ 满足条件 (8.7), 其中 $D = -4n$. 故 $b$ 为偶数. 设 $b = 2b'$, 于是条件 (8.7) 等价于整数 $a, b', c$ 满足

$$
\begin{cases}
0 < a \leqslant \sqrt{\dfrac{4n}{3}}, \quad |b'| \leqslant \sqrt{\dfrac{n}{3}}, \\
b'^2 + n = ac, \\
-a < 2b' \leqslant a < c \text{ 或 } 0 \leqslant 2b' \leqslant a = c, \\
\gcd(a, 2b', c) = 1.
\end{cases}
\tag{8.8}
$$

(i) 当 $n = 1$ 时, $|b'| \leqslant \sqrt{\dfrac{1}{3}}$, 于是 $b' = 0$ 且 $ac = 1$, 从而 $(a, b, c) = (1, 0, 1)$.

(ii) 当 $n = 2$ 时, $|b|' \leqslant \sqrt{\dfrac{2}{3}}$, 于是 $b' = 0$ 且 $ac = 2$, 从而 $(a, b, c) = (1, 0, 2)$.

(iii) 当 $n = 3$ 时, $|b'| \leqslant \sqrt{\dfrac{3}{3}}$, 于是 $b' = 0$ 或 $\pm 1$. 若 $b' = \pm 1$, 则 $ac = 4$, 必有 $a = c = 2$, 此时 $(a, b, c) = (2, 2, 2), (2, -2, 2)$ 均不是本原型. 故 $b' = 0$ 且 $ac = 3$, 从而 $(a, b, c) = (1, 0, 3)$.

(iv) 当 $n = 4$ 时, $|b'| \leqslant \sqrt{\dfrac{4}{3}}$, 于是 $b' = 0$ 或 $\pm 1$. 若 $b' = \pm 1$, 则 $ac = 5$. 由于 $5$ 不能分解为两个不小于 $2|b'| = 2$ 的整数之积. 故 $b' = 0$ 且 $ac = 4$, 从而 $(a, b, c) = (1, 0, 4)$ 或 $(2, 0, 2)$. 但 $(2, 0, 2)$ 非本原, 故 $(a, b, c) = (1, 0, 4)$.

(v) 当 $n = 7$ 时, $|b'| \leqslant \sqrt{\dfrac{7}{3}}$, 于是 $b' = 0$ 或 $\pm 1$. 若 $b' = \pm 1$, 则 $ac = 8$, 从而 $a = 2, c = 4$. 此时 $(a, b, c) = (2, 2, 4), (2, -2, 4)$ 均不是本原型. 因此 $b' = 0$ 且 $ac = 7$, 从而 $(a, b, c) = (1, 0, 7)$.

综上所述, 当 $n = 1, 2, 3, 4, 7$ 时, $(1, 0, n)$ 为唯一的判别式等于 $-4n$ 的约化本原型. 实际上, 当正整数 $n \neq 1, 2, 3, 4, 7$ 时, $(1, 0, n)$ 也为判别式等于 $-4n$ 的约化本原型, 故我们只需找到另一个判别式为 $-4n$ 的约化本原型. 下设正整数 $n \neq 1, 2, 3, 4, 7$.

(a) 假设 $n$ 含有两个不同的素因子. 从而 $n$ 可以写为两个互素的正整数 $a$ 和 $c$ 之积, 其中 $1 < a < c$. 则 $(a, 0, c)$ 为另一个判别式等于 $-4n$ 的约化本原型.

(b) 假设 $n + 1$ 含有两个不同的素因子. 从而 $n + 1$ 可以写为两个互素的正整数 $a$ 和 $c$ 之积, 其中 $1 < a < c$. 则 $(a, 2, c)$ 为另一个判别式等于 $-4n$ 的约化本原型.

(c) 假设 $n = 2^r$, 其中 $r$ 为正整数. 我们有 $r \geqslant 3$. 若 $r = 3$, 则 $(3, 2, 3)$ 为判别式等于 $-32$ 的约化本原型. 若 $r \geqslant 4$, 则 $(4, 4, 2^{r-2} + 1)$ 为另一个判别式等于 $-4n = -2^{r+2}$

的约化本原型.

(d) 假设 $n+1 = 2^s$, 其中整数 $s \geqslant 6$. 则 $(8, 6, 2^{s-3}+1)$ 为另一个判别式等于 $-4n$ 的约化本原型.

(e) 假设 $n$ 不为上述 4 种情形, 则存在正整数 $s \leqslant 5$ 使得 $n+1 = 2^s$, 并且 $n = 2^s - 1$ 为素数的幂. 从而 $s = 5$ 并且 $n = 31$. 由于 $(5, 4, 7)$ 为另一个判别式等于 $-124$ 的约化本原型. 这就完成了定理的证明. $\qquad\square$

**定理 8.1.5** 设 $p$ 为奇素数.

$$p \text{ 可被 } x^2 + y^2 \text{ 表示} \iff p \equiv 1 \pmod 4;$$

$$p \text{ 可被 } x^2 + 2y^2 \text{ 表示} \iff p \equiv 1, 3 \pmod 8;$$

$$p \text{ 可被 } x^2 + 3y^2 \text{ 表示} \iff p = 3 \text{ 或 } p \equiv 1 \pmod 3;$$

$$p \text{ 可被 } x^2 + 4y^2 \text{ 表示} \iff p \equiv 1 \pmod 4;$$

$$p \text{ 可被 } x^2 + 7y^2 \text{ 表示} \iff p = 7 \text{ 或 } p \equiv 1, 2, 4 \pmod 7.$$

**证明** 假设 $n$ 分别为 $1, 2, 3, 4, 7$ 以及奇素数 $p \nmid n$. 根据定理 8.1.4, 任何判别式等于 $-4n$ 的本原型都正常等价于 $x^2 + ny^2$. 从而根据推论 8.1.1,

$$p \text{ 被 } x^2 + ny^2 \text{ 表示} \iff \left(\frac{-4n}{p}\right) = 1 \iff \left(\frac{-n}{p}\right) = 1.$$

从而定理由下列事实给出

$$\left(\frac{-1}{p}\right) = \left(\frac{-4}{p}\right) = 1 \iff p \equiv 1 \pmod 4 \quad \text{(命题 5.2.1)},$$

$$\left(\frac{-2}{p}\right) = 1 \iff p \equiv 1, 3 \pmod 8 \quad \text{(推论 5.2.1)},$$

$$\left(\frac{-3}{p}\right) = 1 \iff p \equiv 1 \pmod 3 \quad \text{(定理 5.3.2)},$$

$$\left(\frac{-7}{p}\right) = 1 \iff p \equiv 1, 2, 4 \pmod 7 \quad \text{(定理 5.3.2)}. \qquad\square$$

本小节的最后, 介绍下正定型的约化理论与 Poincaré 上半平面模变换理论之间的关系. 根据引理 8.1.5, 定理 8.1.2 为下面定理的特殊情形.

**定理 8.1.6** 对任何 $\eta \in \mathbb{C}$ 和 $\gamma = \begin{pmatrix} p & q \\ r & s \end{pmatrix} \in \mathrm{SL}_2(\mathbb{Z})$, 定义 $\gamma z = \dfrac{r + s\eta}{p + q\eta}$. 我们有

$$\mathrm{Im}(\gamma\eta) = \frac{\mathrm{Im}(\eta)}{|p + q\eta|^2}.$$

因此当 $\mathrm{Im}(\eta) > 0$ 时, 必有 $\mathrm{Im}(\gamma\eta) > 0$. 于是 $(\gamma, \eta) \mapsto \gamma\eta$ 给出了群 $\mathrm{SL}_2(\mathbb{Z})$ 在 **Poincaré**

**上半平面** $\mathcal{H}$ 上的作用, 其中

$$\mathcal{H} = \{\eta \in \mathbb{C} \mid \mathrm{Im}(\eta) > 0\}.$$

令

$$U = \left\{\eta \in \mathcal{H} \,\middle|\, -\frac{1}{2} < \mathrm{Re}(\eta) \leqslant \frac{1}{2},\ |\eta| > 1 \text{ 或 } 0 \leqslant \mathrm{Re}(\eta) \leqslant \frac{1}{2},\ |\eta| = 1\right\}.$$

则如下结论成立:

(1) 对任何 $\eta \in \mathcal{H}$, 存在 $\gamma \in \mathrm{SL}_2(\mathbb{Z})$ 使得 $\gamma\eta \in U$.

(2) 对任何 $\eta, \xi \in U$, 若存在 $\gamma \in \mathrm{SL}_2(\mathbb{Z})$ 使得 $\gamma\eta = \xi$, 则 $\eta = \xi$.

我们称 $U$ 为 $\mathcal{H}$ 在群 $\mathrm{SL}_2(\mathbb{Z})$ 作用下的**基本区域**, 如图 8.1 中阴影部分所示.

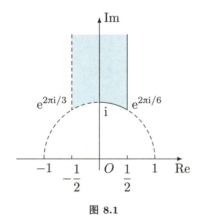

**图 8.1**

这个定理的证明请参考 [Sil, Chapter I, Proposition 1.5].

### 8.1.5　不定型的约化理论

不定型的约化理论较正定型复杂, 大致原因如下:

约化的不定型较约化的正定型复杂;

每个正常等价类中一般不止一个约化型;

对每个不定型 $f$, 存在很多 $\gamma \in \mathrm{SL}_2(\mathbb{Z})$ 使得 $\gamma f = f$.

这一小节中, 固定正整数 $D \equiv 0, 1 \pmod 4$ 使 $D$ 非完全平方数.

**定义8.1.6**　我们称判别式等于 $D$ 的型 $(a, b, c)$ 为约化的, 是指 $a, b, c$ 满足条件

$$0 < \sqrt{D} - b < 2a < \sqrt{D} + b. \tag{8.9}$$

**定义8.1.7**　对任何判别式等于 $D$ 的型 $f = (a, b, c)$, 定义 $S(f) = (a', b', c')$ 如下:

$$c' = -a,$$

$$b' + b \equiv 0 \pmod{2a}, \quad \begin{cases} \sqrt{D} - 2a < b' < \sqrt{D}, & a > 0, \\ \sqrt{D} - 2a > b' > \sqrt{D}, & a < 0, \end{cases} \tag{8.10}$$

$$a' = \frac{b'^2 - D}{4c'}.$$

令 $m = \dfrac{b + b'}{2a}$. 则

$$S(f) = -f\left( (x, y) \begin{pmatrix} -m & 1 \\ 1 & 0 \end{pmatrix} \right).$$

定义

$$R(f) = S(S(f)). \tag{8.11}$$

对任何自然数 $n$, 定义

$$R^n(f) = \underbrace{R \circ R \circ \cdots \circ R}_{n \text{ 个}}(f).$$

定理8.1.7 (1) 对任何判别式等于 $D$ 的本原型 $f$, $f$ 正常等价于 $R(f)$.

(2) 对任何判别式等于 $D$ 的本原型 $f$, 存在正整数 $n$ 使得 $R^n(f)$ 约化.

(3) 若 $f$ 为约化本原型, 则 $R(f)$ 亦然.

(4) 若两个判别式等于 $D$ 的约化本原型 $f$ 和 $g$ 满足 $R(f) = R(g)$, 则 $f = g$.

(5) 若两个判别式等于 $D$ 的约化本原型 $f$ 和 $g$ 正常等价, 则存在正整数 $n$ 使得 $R^n(f) = g$.

证明 根据引理 8.1.4 和引理 8.1.5, 我们有 $\mathrm{SL}_2(\mathbb{Z})$-等变的双射

$$\Phi : \mathfrak{F}(D) \to \mathfrak{N}(D)$$

$$(a, b, c) \mapsto \frac{b + \sqrt{D}}{2a}.$$

对任何 $f \in \mathfrak{F}(D)$, $f$ 为约化型当且仅当 $\Phi(f)$ 为约化的实二次无理数, 其中实二次无理数 $\eta$ 为约化的是指 $\eta > 1 > 0 > \bar{\eta} > -1$ (亦可参见定义 7.2.3). 根据引理 8.1.4, $\Phi(S(f)) = \dfrac{1}{\Phi(f) - n}$. 条件 (8.10) 等价于 $\dfrac{b + b'}{2a} = \left\lfloor \dfrac{b + \sqrt{D}}{2a} \right\rfloor = \lfloor \Phi(f) \rfloor$. 从而 $\Phi(S(f)) = \dfrac{1}{\Phi(f) - \lfloor \Phi(f) \rfloor}$ 为无理数 $\Phi(f)$ 连分数展式的第一个完全商 (参见定义 7.1.2). 从而 $\Phi(R(f))$ 为 $\Phi(f)$ 的第二个完全商. 更一般地, 对任何自然数 $n$, $\Phi(R^n(f))$ 为 $\Phi(f)$ 的第 $2n$ 个完全商. 用 $\eta_n$ 记无理数 $\eta$ 的第 $n$ 个完全商. 于是命题 (1) 至 (5) 分别由下面 5 个命题推出:

(i) 对任何实二次无理数 $\eta$, $\eta$ 和 $\eta_2$ 正常等价.

(ii) 对任何实二次无理数 $\eta$, 存在正整数 $n$ 使得 $\eta_{2n}$ 约化.

(iii) 若 $\eta$ 为约化的实二次无理数, 则 $\eta_1$ 亦然.

(iv) 若两个约化的实二次无理数 $\eta$ 和 $\xi$ 满足 $\eta_1 = \xi_1$, 则 $\eta = \xi$.

(v) 若两个约化的实二次无理数 $\eta$ 和 $\xi$ 正常等价, 则存在正整数 $n$ 使得 $\eta_{2n} = \xi$.

在证明 (i) 至 (v) 之前, 先回忆上一章关于实二次无理数的连分数展式之主要结果. 定理 7.2.1 表明任何实二次无理数均可展为循环连分数, 定理 7.2.3 则指出实二次无理数 为约化的充要条件为其可展为纯循环连分数. 从而 (i) 由命题 7.1.2, (ii) 由推论 7.2.1 立 即得出.

给定约化的实二次无理数 $\eta$. 根据定理 7.2.3, 可设 $\eta$ 之连分数展式为 $\eta = [\overline{a_0, a_1, \cdots, a_{k-1}}]$. 从而 $\eta_1 = [\overline{a_1, a_2, \cdots, a_k}]$ 约化. 若约化的实二次无理数 $\zeta$ 满足 $\zeta_1 = \eta$, 则必有 $\zeta = [\overline{a_{k-1}, a_k, \cdots, a_{2k-2}}]$. 这就证明了 (iii) 和 (iv).

设 $\eta$ 和约化实二次无理数 $\xi$ 正常等价. 根据定理 7.1.5, 存在正整数 $m, l$ 满足 $\eta_m = \xi_l$ 且 $m + l$ 为偶数. 取正整数 $q$ 使得 $2qk + m > l$, 并令 $n$ 为正整数 $qk + \dfrac{m}{2} - \dfrac{l}{2}$. 由于 $\eta_k = \eta$, 我们有

$$(\eta_{2n})_l = \eta_{2n+l} = \eta_{m+2qk} = \eta_m = \xi_l.$$

由 (iv) 立得 $\eta_{2n} = \xi$. □

**注记 8.1.2**　定理 8.1.7 对非本原型依然成立, 证明过程中只需考虑约去二次 型三个系数最大公因子所得到的本原型.

**定理 8.1.8**　任何判别式等于 $D$ 的本原型均正常等价于型 $(a, b, c)$, 其中 $|a| < \dfrac{\sqrt{D}}{2}$, $|b| < \sqrt{D}$. 特别地, $h(D) < +\infty$.

**证明**　任取判别式等于 $D$ 的本原型 $f$. 根据定理 8.1.7, $f$ 正常等价于约化型 $(a, b, c)$, 即 $0 < \sqrt{D} - b < 2a < \sqrt{D} + b$. 从而 $0 < b < \sqrt{D}$, $a > 0$, $4ac = b^2 - D < 0$ 且 $4a|c| < D$. 若 $a < \dfrac{\sqrt{D}}{2}$, 则型 $(a, b, c)$ 满足要求. 若 $a > \dfrac{\sqrt{D}}{2}$, 则 $|c| < \dfrac{\sqrt{D}}{2}$, 从而与 $f$ 正常等价的型 $(c, -b, a)$ 满足要求. □

**定理 8.1.9**　(1) 令 $\mathfrak{RN}(D)$ 为 $\mathfrak{N}(D)$ 中所有约化实二次无理数组成的集合. 则 $\mathfrak{RN}(D)$ 为有限集合.

(2) 映射 $\eta \mapsto \eta_2$ 诱导了 $\mathfrak{RN}(D)$ 到自身的双射.

(3) $\mathfrak{RN}(D)$ 中元素 $\eta$ 所在的轨道定义为集合 $\{\eta_{2n} \mid n \in \mathbb{N}\}$. 则 $\mathfrak{RN}(D)$ 为这些轨道 的无交并, 并且 $h(D)$ 等于 $\mathfrak{RN}(D)$ 中轨道的个数.

**证明**　集合 $\mathfrak{RN}(D)$ 中的元素形如 $\dfrac{b + \sqrt{D}}{2a}$, 其中整数 $a, b$ 满足

$$\frac{b^2 - D}{4a} \in \mathbb{Z}, \quad \frac{b + \sqrt{D}}{2a} > 1 > \frac{\sqrt{D} - b}{2a} > 0, \quad \gcd\left(a, b, \frac{b^2 - D}{4a}\right) = 1.$$

这等价于

$$\frac{b^2 - D}{4a} \in \mathbb{Z}, \quad 0 < \sqrt{D} - b < 2a < \sqrt{D} + b, \quad \gcd\left(a, b, \frac{b^2 - D}{4a}\right) = 1. \tag{8.12}$$

于是 $0 < b < \sqrt{D}, 0 < a < \sqrt{D}$. 因此 $\mathfrak{RN}(D)$ 为有限集.

由引理 8.1.5 知, $\mathfrak{F}(D)$ 中的正常等价类一一对应于 $\mathfrak{N}(D)$ 中的正常等价类, 从而 $h(D)$ 等于 $\mathfrak{N}(D)$ 中正常等价类的个数. 根据定理 8.1.7, $\mathfrak{RN}(D)$ 中的两个数属于同一个轨道当且仅当它们正常等价, 并且 $\mathfrak{N}(D)$ 中的任何一数均正常等价于 $\mathfrak{RN}(D)$ 中的某个数. 从而 $\mathfrak{N}(D)$ 中的正常等价类一一对应于 $\mathfrak{RN}(D)$ 中的轨道, 因此 $h(D)$ 为 $\mathfrak{RN}(D)$ 中轨道的个数. $\qquad\square$

**注记8.1.3** 定理 8.1.9 给出了如下计算 $h(D)$ 的方法:

第一步: 取所有小于 $\sqrt{D}$ 并与 $D$ 奇偶性相同的正整数 $b$.

第二步: 对每个 $b$, 求出 $\frac{b^2 - D}{4}$ 的所有正因子 $a$ 使之满足条件 $\frac{\sqrt{D} - b}{2} < a < \frac{\sqrt{D} + b}{2}$.

第三步: 剔除那些不满足条件 (8.12) 的 $(a, b)$.

第四步: 对第三步得到的每对数 $(a, b)$, 计算相应的约化实二次无理数 $\frac{b + \sqrt{D}}{2a}$. 于是这些无理数构成了集合 $\mathfrak{RN}(D)$.

第五步: 对第四步得到的每个无理数进行连分数展开. 从而 $h(D)$ 为集合 $\mathfrak{RN}(D)$ 在双射 $\eta \mapsto \eta_2$ 下的轨道个数.

**例8.1.4** 计算 $h(124)$.

**解** 对整数 $a, b$, 其中 $a \neq 0$, 令 $b = 2b'$, $c = \frac{b^2 - 124}{4a}$. 则由 (8.12) 知, $\frac{b + \sqrt{124}}{2a} \in \mathfrak{RN}(124)$ 等价于

$$b', c \in \mathbb{Z}, \quad ac = b'^2 - 31, \quad 1 \leqslant b' \leqslant 5, \quad 6 - b' \leqslant a \leqslant 5 + b', \quad \gcd(a, b, c) = 1.$$

(i) 当 $b' = 1$ 时, $ac = -30$, $5 \leqslant a \leqslant 6$. 此时 $(a, b, c) = (5, 2, -6), (6, 2, -5)$, 对应的无理数为 $\frac{1 + \sqrt{31}}{5}, \frac{1 + \sqrt{31}}{6}$.

(ii) 当 $b' = 2$ 时, $ac = -27$, $4 \leqslant a \leqslant 7$. 此时无解.

(iii) 当 $b' = 3$ 时, $ac = -22$, $3 \leqslant a \leqslant 8$, 此时无解.

(iv) 当 $b' = 4$ 时, $ac = -15$, $2 \leqslant a \leqslant 9$. 此时 $(a, b, c) = (3, 8, -5), (5, 8, -3)$, 对应

的无理数为 $\dfrac{4+\sqrt{31}}{3}$, $\dfrac{4+\sqrt{31}}{5}$.

(v) 当 $b' = 5$ 时, $ac = -6$, $1 \leqslant a \leqslant 10$. 此时 $(a,b,c) = (1,10,-6)$, $(2,10,-3)$, $(3,10,-2)$, $(6,10,-1)$, 对应的无理数为 $5+\sqrt{31}$, $\dfrac{5+\sqrt{31}}{2}$, $\dfrac{5+\sqrt{31}}{3}$, $\dfrac{5+\sqrt{31}}{6}$.

于是 $\mathfrak{RN}(124)$ 中有 8 个数, 分别为

$$\dfrac{1+\sqrt{31}}{5}, \dfrac{1+\sqrt{31}}{6}, \dfrac{4+\sqrt{31}}{3}, \dfrac{4+\sqrt{31}}{5}, 5+\sqrt{31}, \dfrac{5+\sqrt{31}}{2}, \dfrac{5+\sqrt{31}}{3}, \dfrac{5+\sqrt{31}}{6}.$$

令 $\eta = \dfrac{1+\sqrt{31}}{5}$. 采用 (7.2.1) 中的方法, 我们有 $\eta = [\overline{1,3,5,3,1,1,10,1}]$ 和

$$\eta_0 = \dfrac{1+\sqrt{31}}{5}, \eta_1 = \dfrac{4+\sqrt{31}}{3}, \eta_2 = \dfrac{5+\sqrt{31}}{2}, \eta_3 = \dfrac{5+\sqrt{31}}{3},$$

$$\eta_4 = \dfrac{4+\sqrt{31}}{5}, \eta_5 = \dfrac{1+\sqrt{31}}{6}, \eta_6 = 5+\sqrt{31}, \eta_7 = \dfrac{5+\sqrt{31}}{6}, \eta_8 = \eta.$$

于是 $\mathfrak{RN}(124) = \{\eta_i \mid 0 \leqslant i \leqslant 7\}$ 可拆分为两个轨道 $\{\eta_0, \eta_2, \eta_4, \eta_6\}$ 和 $\{\eta_1, \eta_3, \eta_5, \eta_7\}$. 因此 $h(124) = 2$.

换言之, 判别式等于 124 的约化型共 8 个, 它们分别为

$$(5,2,-6), (2,10,-3), (5,8,-3), (1,10,-6),$$

$$(3,8,-5), (3,10,-2), (6,2,-5), (6,10,-1).$$

这 8 个型分为两个正常等价类, 前四个和后四个各为一个正常等价类. 主型 $(1,0,-31)$ 和 $(5,2,-6)$ 对应的实二次无理数分别为 $\sqrt{31}$ 和 $\eta = \dfrac{1+\sqrt{31}}{5}$. 我们有

$$\sqrt{31} = \left[5, \dfrac{5+\sqrt{31}}{6}\right] = \left[5,1,\dfrac{1+\sqrt{31}}{5}\right] = [5,1,\eta] = \dfrac{5+6\eta}{1+\eta}.$$

根据引理 8.1.4, $(5,2,-6)$ 经过变量替换 $x \mapsto x+5y$, $y \mapsto x+6y$ 得到主型 $(1,0,-31)$. 于是前 4 个型组成的正常等价类为主类.

**例 8.1.5** 判断两个判别式等于 316 的型 $(-15,-16,1)$ 和 $(-10,-14,3)$ 是否正常等价?

**解** 型 $(-15,-16,1)$ 和 $(-10,-14,3)$ 对应的实二次无理数分别为 $\dfrac{-8+\sqrt{79}}{-15}$ 和 $\dfrac{-7+\sqrt{79}}{-10}$. 这两个数的连分数展式为

$$\dfrac{-8+\sqrt{79}}{-15} = [-1,1,15,\overline{1,7,1,16}],$$

$$\frac{-7+\sqrt{79}}{-10} = [-1, 1, 4, \overline{3, 2, 1, 1, 1, 5}].$$

根据定理 7.1.5, $\dfrac{-8+\sqrt{79}}{-15}$ 和 $\dfrac{-7+\sqrt{79}}{-10}$ 不正常等价, 再由引理 8.1.4 知所给的两个型不正常等价.

和正定型不同的是, 不定型的约化理论有很多. 在本小节的最后, 我们分别介绍 Gauss 和 Zagier 给出的约化理论, 并与本书所采用的约化理论做一个简单的比较.

**定义8.1.8** $\mathfrak{F}(D)$ 上的一个**约化理论**是指一个对 $(Red, \mathfrak{R}(D))$, 其中 $Red$ 为 $\mathfrak{F}(D)$ 到自身的映射, $\mathfrak{R}(D)$ 为 $\mathfrak{F}(D)$ 的有限子集, 并且它们满足如下公理:

(R1) 对任何 $f \in \mathfrak{F}(D)$, $f$ 正常等价于 $Red(f)$.

(R2) 对任何 $f \in \mathfrak{F}(D)$, 存在正整数 $n$ 使得

$$Red^n(f) := \underbrace{Red \circ Red \circ \cdots \circ Red}_{n \text{ 个}}(f) \in \mathfrak{R}(D),$$

(R3) 若 $f \in \mathfrak{R}(D)$, 则 $Red(f) \in \mathfrak{R}(D)$.

(R4) 若 $f, g \in \mathfrak{R}(D)$, 则 $Red(f) = Red(g)$ 可推出 $f = g$.

(R5) 若 $\mathfrak{R}(D)$ 中两个型 $f$ 和 $g$ 正常等价, 则存在正整数 $n$ 使得 $Red^n(f) = g$.

对任何 $f \in \mathfrak{F}(D)$, 定义 $f$ 在约化映射 $Red$ 下的**轨道**为

$$\{Red^n(f) \mid n \in \mathbb{N}\}.$$

类似于定理 8.1.9 (3) 的证明, 我们有如下命题.

**命题8.1.1** 对 $\mathfrak{F}(D)$ 上的约化理论 $(Red, \mathfrak{R}(D))$, 我们有 $\mathfrak{F}(D)$ 中正常等价类和 $\mathfrak{R}(D)$ 中轨道之间的一一对应. 特别地, $h(D)$ 等于 $\mathfrak{R}(D)$ 中轨道的个数.

**定义8.1.9** (Gauss) 称判别式等于 $D$ 的型 $f = (a, b, c)$ 为 **Gauss 约化**的, 是指

$$0 < \sqrt{D} - b < |2a| < \sqrt{D} + b.$$

定义约化映射 $R_{\mathrm{Gau}}(f) = (a', b', c')$ 如下:

$$\begin{aligned}
a' &= c, \\
b' + b &\equiv 0 \pmod{2c}, \quad \sqrt{D} - |2c| < b' < \sqrt{D}, \\
c' &= \frac{b'^2 - D}{4a'}.
\end{aligned} \tag{8.13}$$

令 $\eta = \dfrac{b + \sqrt{D}}{2a}$, $\eta' = \dfrac{b' + \sqrt{D}}{2a'}$, $n = \dfrac{b + b'}{2c}$. 则

$$\eta' = n - \frac{1}{\eta},$$

$$R_{\text{Gau}}(f) = f\left( (x, y) \begin{pmatrix} 0 & 1 \\ -1 & n \end{pmatrix} \right),$$

并且条件 (8.13) 等价于

$$n = \begin{cases} \left\lfloor \dfrac{1}{\bar{\eta}} \right\rfloor, & c > 0, \\[3mm] \left\lceil \dfrac{1}{\bar{\eta}} \right\rceil, & c < 0. \end{cases} \tag{8.14}$$

**命题8.1.2**  设型 $f = (a, b, c)$ 为定义 8.1.6 中的约化本原型, $f'' = R_{\text{Gau}}^2(f)$. 则 $f''$ 也为定义 8.1.6 中的约化本原型, 并且 $R(f'') = f$.

**证明**  设 $R_{\text{Gau}}(f) = (a', b', c')$, $f'' = (a'', b'', c'')$, $\eta = \dfrac{b + \sqrt{D}}{2a}$, $\eta' = \dfrac{b' + \sqrt{D}}{2a'}$, $\eta'' = \dfrac{b'' + \sqrt{D}}{2a''}$. 由定理 7.2.3 知 $\eta$ 可展为纯循环连分数 $[\overline{a_0, a_1, \cdots, a_{k-1}}]$. 由 (8.9) 知 $c = \dfrac{b^2 - D}{4a} < 0$, 从而根据 (8.14) 知

$$\overline{\eta'} = \left\lceil \frac{1}{\bar{\eta}} \right\rceil - \frac{1}{\bar{\eta}} = -\frac{1}{\bar{\eta}} - \left\lfloor \frac{-1}{\bar{\eta}} \right\rfloor.$$

换言之, $\dfrac{1}{\eta'}$ 为 $-\dfrac{1}{\bar{\eta}}$ 的第一个完全商. 根据定理 7.2.2, $-\dfrac{1}{\bar{\eta}} = [\overline{a_{k-1}, \cdots, a_1, a_0}]$, $\dfrac{1}{\eta'} = [\overline{a_{k-2}, \cdots, a_0, a_{k-1}}]$, $-\eta' = [\overline{a_{k-1}, a_0, \cdots, a_{k-2}}]$. 从而 $-\eta' = \dfrac{b' + \sqrt{D}}{-2a'}$ 约化, 由 $a' = c < 0$ 得 $c' = \dfrac{b'^2 - D}{4a'} > 0$. 由 (8.14) 知

$$-\overline{\eta''} = \frac{1}{\eta'} - \left\lfloor \frac{1}{\eta'} \right\rfloor,$$

即 $-\dfrac{1}{\eta''}$ 为 $\dfrac{1}{\eta'}$ 的第一个完全商. 根据定理 7.2.2, $\dfrac{1}{\eta'} = [\overline{a_{k-2}, \cdots, a_0, a_{k-1}}]$, $-\dfrac{1}{\eta''} = [\overline{a_{k-3}, \cdots, a_0, a_{k-1}, a_{k-2}}]$, $\eta'' = [\overline{a_{k-2}, a_{k-1}, a_0, \cdots, a_{k-3}}]$.

根据定理 8.1.7 的证明, $\Phi(R(f'')) = [\overline{a_0, a_1, \cdots, a_{k-1}}] = \eta = \Phi(f)$. 从而由引理 8.1.5 知 $R(f'') = f$.  □

**定义8.1.10** (Zagier)  称判别式等于 $D$ 的型 $f = (a, b, c)$ 为 **Zagier 约化**的, 是指

$$0 < b - \sqrt{D} < 2a < b + \sqrt{D}.$$

定义约化映射 $R_{\text{Zag}}(f) = (a', b', c')$ 如下:

$$c' = a,$$

$$b' + b \equiv 0 \pmod{2a}, \quad \begin{cases} \sqrt{D} < b' < \sqrt{D} + 2a, & a > 0, \\ \sqrt{D} + 2a < b' < \sqrt{D}, & a < 0, \end{cases} \tag{8.15}$$

$$a' = \frac{b'^2 - D}{4c'}.$$

令 $\eta = \dfrac{b + \sqrt{D}}{2a}$, $\eta' = \dfrac{b' + \sqrt{D}}{2a'}$, $n = \dfrac{b + b'}{2a}$. 则

$$\eta' = \frac{1}{n - \eta},$$

$$R_{\text{Zag}}(f) = f\left((x, y)\begin{pmatrix} n & -1 \\ 1 & 0 \end{pmatrix}\right),$$

并且条件 (8.15) 等价于 $n = \lceil \eta \rceil$. Zagier 约化与无理数的另一种方式的连分数展式有关.

定义无理数 $\eta = \dfrac{b + \sqrt{D}}{2a}$ 的**负连分数展式**如下:

$$\eta(0) = \eta, \quad \eta(n+1) = \frac{1}{\lceil \eta(n) \rceil - \eta(n)} \quad (n \geqslant 0),$$

$$a_n = \lceil \eta(n) \rceil \qquad\qquad (n \geqslant 0).$$

我们有 $\varPhi(R_{\text{Zag}}^n(f)) = \eta(n)$.

## 8.2 二次型的复合

平方和公式

$$(x^2 + y^2)(z^2 + w^2) = (xz + yw)^2 + (xw - yz)^2$$

表明两个可表平方和的整数之积也可表平方和. 更一般地, 这个结果被 Gauss 推广到如下的一般形式.

**定义8.2.1** (Gauss) 设 $f_1(x, y)$ 和 $f_2(x, y)$ 为两个判别式等于 $D$ 的二次型. 称判别式等于 $D$ 的二次型 $f(x, y)$ 为 $f_1$ 和 $f_2$ 的**复合**, 是指存在关于不定元 $x, y, z, w$ 的整系数二次多项式

$$L_i = p_i xz + q_i xw + r_i yz + s_i yw \quad (i = 1, 2)$$

满足

$$f_1(x, y) f_2(z, w) = f(L_1, L_2);$$

$$f_1(1,0) = p_1q_2 - p_2q_1; \tag{8.16}$$

$$f_2(1,0) = p_1r_2 - p_2r_1.$$

Gauss 证明了两个二次型的复合存在但不唯一, 并且任何两个复合都正常等价, 从而 Gauss 良好定义了二次型正常等价类上的复合运算; Gauss 还证明了二次型正常等价类的复合运算存在单位元和逆元, 并满足交换律与结合律. 换言之, Gauss 证明了给定判别式 $D$ 的二次型正常等价类组成的集合 $\mathrm{Cl}^+(D)$ 在复合运算下构成有限 Abel 群, 尽管群的概念在那个时代还未出现.

Gauss 的复合律是二次型理论中最深刻的成果之一, Gauss 对复合律的表述以及其性质的证明通常被认为非常复杂. 后来几位数学家简化了复合的表述, 并将其呈现为适合数值计算的形式. Dirichlet 引入了一个便于计算的复合新方法, 同时证明了二次型的类群和二次域的理想类群有典范的同构. 2004 年, Bhargava 通过他所谓的 "整数立方" 引入了一种理解二次型复合律的新方法. 这一节主要介绍如何用 Bhargava 立方体构建二次型的复合律, 并说明复合律的这些不同表述形式之间的一致性.

## 8.2.1 Bhargava 立方体

对任给的 8 元整数组 $(a, b, c, d, e, f, g, h)$, 定义 **Bhargava 立方体** (简称为**立方体**)

$$\mathcal{A} = \tag{8.17}$$

和矩阵

$$M(\mathcal{A}) = \begin{pmatrix} a & b & c & d \\ e & f & g & h \end{pmatrix}.$$

将立方体 $\mathcal{A}$ 的 6 个面分为三对, 我们可以得到三对 $2 \times 2$ 的矩阵:

上下: $\quad M_1 = \begin{pmatrix} a & b \\ e & f \end{pmatrix}, \qquad N_1 = \begin{pmatrix} c & d \\ g & h \end{pmatrix},$

左右: $\quad M_2 = \begin{pmatrix} a & e \\ c & g \end{pmatrix}, \qquad N_2 = \begin{pmatrix} b & f \\ d & h \end{pmatrix},$

$$\text{前后:}\qquad M_3 = \begin{pmatrix} a & c \\ b & d \end{pmatrix}, \qquad N_3 = \begin{pmatrix} e & g \\ f & h \end{pmatrix}.$$

考虑二次型

$$f_i^{\mathcal{A}}(x,y) = -\det(M_i x + N_i y) = a_i x^2 + b_i xy + c_i y^2 \quad (1 \leqslant i \leqslant 3). \tag{8.18}$$

更精确地,

$$f_1^{\mathcal{A}}(x,y) = (be - af)x^2 + (bg + de - ah - cf)xy + (dg - ch)y^2,$$

$$f_2^{\mathcal{A}}(x,y) = (ce - ag)x^2 + (cf + de - ah - bg)xy + (df - bh)y^2, \tag{8.19}$$

$$f_3^{\mathcal{A}}(x,y) = (bc - ad)x^2 + (bg + cf - ah - de)xy + (fg - eh)y^2.$$

通过直接计算, 我们有

$$f_1^{\mathcal{A}}(x,y) f_2^{\mathcal{A}}(z,w) = f_3^{\mathcal{A}}(L_1, -L_2), \tag{8.20}$$

其中

$$\begin{cases} L_1 = exz + fxw + gyz + hyw, \\ L_2 = axz + bxw + cyz + dyw. \end{cases}$$

通过直接计算可得每个 $f_i^{\mathcal{A}}$ 的判别式皆等于

$$a^2 h^2 + b^2 g^2 + c^2 f^2 + d^2 e^2 -$$
$$2(abgh + cdef + acfh + bdeg + aedh + bfcg) + 4(adfg + bceh). \tag{8.21}$$

我们将 (8.21) 称为立方体 $\mathcal{A}$ 的**判别式**. 实际上, 我们也可用矩阵的理论证明三个型 $f_i^{\mathcal{A}}$ 有相同的判别式, 下面仅以证明 $f_1^{\mathcal{A}}$ 和 $f_2^{\mathcal{A}}$ 的判别式相等为例.

用 $M_{ij}$ 表示矩阵 $M(\mathcal{A})$ 的第 $i$ 列和第 $j$ 列给出的 $2 \times 2$ 阶子式, 例如 $M_{12} = \det \begin{pmatrix} a & b \\ e & f \end{pmatrix}$, $M_{34} = \det \begin{pmatrix} c & d \\ g & h \end{pmatrix}$. 从而

$$f_1^{\mathcal{A}}(x,y) = -M_{12}x^2 - (M_{14} - M_{23})xy - M_{34}y^2;$$
$$f_2^{\mathcal{A}}(x,y) = -M_{13}x^2 - (M_{14} + M_{23})xy - M_{24}y^2. \tag{8.22}$$

将行列式为 $0$ 的 $4$ 阶矩阵

$$\begin{pmatrix} a & b & c & d \\ e & f & g & h \\ a & b & c & d \\ e & f & g & h \end{pmatrix}$$

按照前两行展开, 我们有 Plücker 等式

$$M_{12}M_{34} - M_{13}M_{24} + M_{14}M_{23} = 0.$$

结合 (8.18) 和 (8.22), 我们有

$$a_1c_1 - a_2c_2 + \frac{-b_1 - b_2}{2}\frac{b_1 - b_2}{2} = 0,$$

即

$$b_1^2 - 4a_1c_1 = b_2^2 - 4a_2c_2.$$

从而 $f_1^{\mathcal{A}}$ 和 $f_2^{\mathcal{A}}$ 的判别式相等.

**例8.2.1** 考虑主立方体

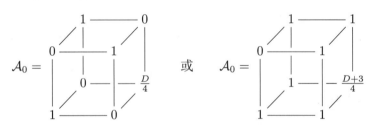

视 $D \equiv 0, 1 \pmod 4$ 而定. 对任何 $1 \leqslant i \leqslant 3$, $f_i^{\mathcal{A}_0}(x, y)$ 均为判别式等于 $D$ 的主型 (主型的定义参见 (8.5)).

### 8.2.2 $\mathrm{SL}_2(\mathbb{Z})$ 在 Bhargava 立方体上的作用

首先考虑群 $\mathrm{SL}_2(\mathbb{Z})$ 在立方体集上的三种不同作用. 任取 $\gamma = \begin{pmatrix} p & q \\ r & s \end{pmatrix} \in \mathrm{SL}_2(\mathbb{Z})$.

(1) 将立方体 $\mathcal{A}$ 的上下两面 $M_1$ 和 $N_1$ 分别换成 $pM_1 + qN_1$ 和 $rM_1 + sN_1$ 所得到的立方体记为 $^1\gamma\mathcal{A}$. 于是 $^1\gamma\mathcal{A}$ 的上下、左右、前后六面分别为

$$pM_1 + qN_1, \ rM_1 + sN_1, \ \gamma M_2, \ \gamma N_2, \ M_3\gamma^{\mathrm{T}}, \ N_3\gamma^{\mathrm{T}},$$

这里 $\gamma^{\mathrm{T}} = \begin{pmatrix} p & r \\ q & s \end{pmatrix}$ 为矩阵 $\gamma$ 的**转置**. 于是

$$f_1^{1\gamma\mathcal{A}}(x,y) = -\det((pM_1+qN_1)x + (rM_1+sN_1)y)$$

$$= -\det((px+ry)M_1 + (qx+sy)N_1) = (\gamma f_1^{\mathcal{A}})(x,y),$$

$$f_2^{1\gamma\mathcal{A}}(x,y) = -\det(\gamma M_2 x + \gamma N_2 y) = f_2^{\mathcal{A}}(x,y),$$

$$f_3^{1\gamma\mathcal{A}}(x,y) = -\det(M_3\gamma^{\mathrm{T}}x + N_3\gamma^{\mathrm{T}}y) = f_3^{\mathcal{A}}(x,y).$$

(2) 将立方体 $\mathcal{A}$ 的左右两面 $M_2$ 和 $N_2$ 分别换成 $pM_2+qN_2$ 和 $rM_2+sN_2$ 所得到的立方体记为 $^2\gamma\mathcal{A}$. 于是 $^2\gamma\mathcal{A}$ 的上下、左右、前后六面分别为

$$M_1\gamma^{\mathrm{T}}, \ N_1\gamma^{\mathrm{T}}, \ pM_2+qN_2, \ rM_2+sN_2, \ \gamma M_3, \ \gamma N_3.$$

同理我们有

$$f_1^{2\gamma\mathcal{A}}(x,y) = f_1^{\mathcal{A}}(x,y), \quad f_2^{2\gamma\mathcal{A}}(x,y) = (\gamma f_2^{\mathcal{A}})(x,y), \quad f_3^{2\gamma\mathcal{A}}(x,y) = f_3^{\mathcal{A}}(x,y).$$

(3) 将立方体 $\mathcal{A}$ 的前后两面 $M_3$ 和 $N_3$ 分别换成 $pM_3+qN_3$ 和 $rM_3+sN_3$ 所得到的立方体记为 $^3\gamma\mathcal{A}$. 于是 $^3\gamma\mathcal{A}$ 的上下、左右、前后六面分别为

$$\gamma M_1, \ \gamma N_1, \ M_2\gamma^{\mathrm{T}}, \ N_2\gamma^{\mathrm{T}}, \ pM_3+qN_3, \ rM_3+sN_3.$$

同理我们有

$$f_1^{3\gamma\mathcal{A}}(x,y) = f_1^{\mathcal{A}}(x,y), \quad f_2^{3\gamma\mathcal{A}}(x,y) = f_2^{\mathcal{A}}(x,y), \quad f_3^{3\gamma\mathcal{A}}(x,y) = (\gamma f_3^{\mathcal{A}})(x,y).$$

于是 $(\gamma, \mathcal{A}) \mapsto {}^i\gamma\mathcal{A}$ $(1 \leqslant i \leqslant 3)$ 给出了 $\mathrm{SL}_2(\mathbb{Z})$ 在立方体集上的三个两两交换的作用 (定义 A.1.11), 并且

$$f_j^{i\gamma\mathcal{A}} = \begin{cases} \gamma f_j^{\mathcal{A}}, & i=j, \\ f_j^{\mathcal{A}}, & i \neq j. \end{cases}$$

对任何 $\delta = (\delta_1, \delta_2, \delta_3) \in \Gamma := \mathrm{SL}_2(\mathbb{Z}) \times \mathrm{SL}_2(\mathbb{Z}) \times \mathrm{SL}_2(\mathbb{Z})$, 令

$$\delta\mathcal{A} = {}^1\delta_1({}^2\delta_2({}^3\delta_3\mathcal{A})).$$

从而根据引理 A.1.5, $(\delta, \mathcal{A}) \mapsto \delta\mathcal{A}$ 给出了群 $\Gamma$ 在立方体集上的作用, 并且

$$f_i^{\delta\mathcal{A}}(x,y) = (\delta_i f_i^{\mathcal{A}})(x,y) \quad (1 \leqslant i \leqslant 3). \tag{8.23}$$

### 8.2.3  二次型的复合

本小节, 固定整数 $D \equiv 0,1 \pmod 4$ 使 $D$ 非完全平方数.

**定义8.2.2**  (1) 称三个型 $f_1$, $f_2$, $f_3$ **共线**, 是指存在立方体 $\mathcal{A}$ 使得 $f_i = f_i^{\mathcal{A}}$,

$1 \leqslant i \leqslant 3$.

(2) 称三个二次型的正常等价类 $C_1, C_2, C_3$ **共线**, 是指存在 $f_1 \in C_1$, $f_2 \in C_2$, $f_3 \in C_3$ 使得型 $f_1, f_2, f_3$ 共线.

一个基本问题是如何计算与给定型 $f_1$ 和 $f_2$ 共线的型 $f_3$. 对这个问题, Dirichlet 引入了协调型的技术, 其基本思想如下: 由于我们只对型的等价类感兴趣, 因此在计算 $f_3$ 之前, 我们可将 $f_1$ 和 $f_2$ 替换为合适的等价型, 使得对 $f_3$ 的计算就像整数乘法一样简单.

**定义8.2.3** (Dirichlet)　若两个判别式为 $D$ 的型 $f_1 = (a_1, b_1, c_1)$ 和 $f_2 = (a_2, b_2, c_2)$ 满足下列条件:

(1) $b_1 = b_2$;

(2) $a_2 \mid c_1$ 且 $a_1 \mid c_2$,

则称 $f_1$ 和 $f_2$ **协调**.

> **注记8.2.1**　由于 $D$ 非完全平方数, 因此 $a_1, a_2$ 均非零. 当 $a_1, a_2$ 互素时, 根据 $4a_i c_i = b_i^2 - D$, 上述定义中的条件 (2) 由 (1) 直接推出.

**引理8.2.1**　对任何两个判别式等于 $D$ 的本原二次型的正常等价类 $C_1, C_2$ 和非零整数 $m$, 存在协调的型 $f_1 = (a_1, b_1, c_1) \in C_1$ 和 $f_2 = (a_2, b_2, c_2) \in C_2$ 使得 $a_1, a_2, m$ 两两互素.

**证明**　首先证明存在 $f_1 = (a_1, b_1, c_1) \in C_1$ 满足 $\gcd(a_1, m) = 1$.

任给 $C_1$ 中的型 $(a, b, c)$. 令 $p$ 为整除 $m$ 和 $a$ 但不整除 $c$ 的所有素数之积, $q$ 为整除 $m$ 但不整除 $a$ 的所有素数之积, 若这样的素数不存在, 则相应的 $p$ 或 $q$ 取 1. 显然 $p$ 与 $q$ 互素. 下面说明 $ap^2 + bpq + cq^2$ 与 $m$ 互素. 若不然, 存在素数 $d \mid m$ 且 $d \mid ap^2 + bpq + cq^2$. 分三种情形讨论.

(i) 当 $d \nmid a$ 时, 我们有 $d \mid q$. 由 $d \mid ap^2 + bpq + cq^2$ 得 $d \mid ap^2$, 从而 $d \mid p$, 这与 $p$ 和 $q$ 互素矛盾.

(ii) 当 $d \mid a$, $d \mid c$ 时, 我们有 $d \nmid p$, $d \nmid q$. 由 $d \mid ap^2 + bpq + cq^2$ 得 $d \mid bpq$, 从而 $d \mid b$. 这与 $(a, b, c)$ 为本原型矛盾.

(iii) 当 $d \mid a$, $d \nmid c$ 时, 我们有 $d \mid p$, $d \nmid q$. 这和 $d \mid ap^2 + bpq + cq^2$ 矛盾.

这就证明了 $ap^2 + bpq + cq^2$ 与 $m$ 互素. 从而根据引理 8.1.2, $C_1$ 中存在型 $(a_1, b_1, c_1)$, 其中 $a_1 = ap^2 + bpq + cq^2$ 和 $m$ 互素. 同理 $C_2$ 中存在型 $f_2 = (a_2, b_2, c_2)$ 使得 $\gcd(a_2, a_1 m) = 1$. 由 $b_1^2 \equiv b_2^2 \equiv D \pmod 4$ 知 $2 \mid b_1 - b_2$. 从而根据定理 1.3.2, 存在整数 $n_1, n_2$ 满足 $2a_1 n_1 - 2a_2 n_2 = b_2 - b_1$. 则

$$f_i(x + n_i y, y) = (a_i, 2a_i n_i + b_i, f_i(n_i, 1)) \in C_i.$$

根据注记 8.2.1, $(a_1, 2a_1 n_1 + b_1, f_1(n_1, 1))$ 和 $(a_2, 2a_2 n_2 + b_2, f_2(n_2, 1))$ 协调.　□

**引理8.2.2**　设 $f_1$, $f_2$ 为两个判别式等于 $D$ 的本原型. 则存在本原型 $f_3$ 使 $f_1$, $f_2$, $f_3$ 共线.

**证明**　根据引理 8.2.1, 存在 $\gamma_1, \gamma_2 \in \mathrm{SL}_2(\mathbb{Z})$ 使得 $\gamma_1 f_1 = (a_1, b, c_1)$, $\gamma_2 f_2 = (a_2, b, c_2)$, 其中 $-\dfrac{c_2}{a_1} = -\dfrac{c_1}{a_2} \in \mathbb{Z}$. 令

$$\mathcal{A} = \begin{array}{c}\text{(立方体图)}\end{array}$$

直接计算可得

$$f_i^{\mathcal{A}} = (a_i, b, c_i) = \gamma_i f_i \quad (i = 1, 2),$$

$$f_3^{\mathcal{A}} = \left(a_1 a_2, -b, \frac{c_2}{a_1}\right).$$

令 $\gamma = (\gamma_1^{-1}, \gamma_2^{-1}, 1) \in \Gamma$. 则立方体 $\gamma \mathcal{A}$ 满足

$$f_i^{\gamma \mathcal{A}} = \gamma_i^{-1} f_i^{\mathcal{A}} = \gamma_i^{-1}(\gamma_i f_i) = f_i \quad (i = 1, 2),$$

$$f_3^{\gamma \mathcal{A}} = f_3^{\mathcal{A}}.$$

于是 $f_1$, $f_2$, $f_3^{\mathcal{A}}$ 共线. 于是只剩下证 $f_3^{\mathcal{A}}$ 本原. 若不然, 存在素数 $p$ 使得 $p \mid a_1 a_2$, $p \mid b$, $p \mid \dfrac{c_2}{a_1}$. 不妨设 $p \mid a_2$. 从而 $\gamma_2 f_2 = (a_2, b, c_2)$ 非本原型. 故 $f_2$ 也非本原型, 这和假设矛盾. □

　　引理 8.2.2 表明与具有相同判别式的两个本原型 $f_1$ 和 $f_2$ 共线的型 $f_3$ 一定存在. 显然 $f_3$ 不唯一, 这是因为对任何 $\gamma \in \mathrm{SL}_2(\mathbb{Z})$, $\gamma f_3$ 皆与 $f_1$ 和 $f_2$ 共线. 下面我们将证明任何与 $f_1$ 和 $f_2$ 共线的两个型都正常等价. 为此, 我们需要如下引理.

**引理8.2.3**(Gauss)　给定 $n \geqslant 2$. 假设两个整系数矩阵

$$A = \begin{pmatrix} p_1 & p_2 & \cdots & p_n \\ q_1 & q_2 & \cdots & q_n \end{pmatrix}, \quad A' = \begin{pmatrix} p_1' & p_2' & \cdots & p_n' \\ q_1' & q_2' & \cdots & q_n' \end{pmatrix}$$

满足下列条件:

(1) $A$ 和 $B$ 有相同的 2 阶子式, 即对任何 $1 \leqslant i, j \leqslant n$, 都有

$$\det\begin{pmatrix} p_i & p_j \\ q_i & q_j \end{pmatrix} = \det\begin{pmatrix} p_i' & p_j' \\ q_i' & q_j' \end{pmatrix},$$

(2) $A$ 的所有 2 阶子式互素,

则存在 $\gamma \in \mathrm{SL}_2(\mathbb{Z})$ 使得 $\gamma A = A'$.

**证明**　因为 $A$ 的所有 2 阶子式互素, 根据定理 1.2.2, 存在 $m_{ij} \in \mathbb{Z}$ 使得

$$\sum_{i,j=1}^{n} m_{ij} \det \begin{pmatrix} p_i & p_j \\ q_i & q_j \end{pmatrix} = 1.$$

于是

$$p_k \det \begin{pmatrix} p'_i & p'_j \\ q_i & q_j \end{pmatrix} + q_k \det \begin{pmatrix} p_i & p_j \\ p'_i & p'_j \end{pmatrix} = p'_i \det \begin{pmatrix} p_k & p_j \\ q_k & q_j \end{pmatrix} - p'_j \det \begin{pmatrix} p_k & p_i \\ q_k & q_i \end{pmatrix}$$

$$= p'_i \det \begin{pmatrix} p'_k & p'_j \\ q'_k & q'_j \end{pmatrix} - p'_j \det \begin{pmatrix} p'_k & p'_i \\ q'_k & q'_i \end{pmatrix}$$

$$= p'_k \det \begin{pmatrix} p'_i & p'_j \\ q'_i & q'_j \end{pmatrix} = p'_k \det \begin{pmatrix} p_i & p_j \\ q_i & q_j \end{pmatrix}.$$

令

$$a = \sum_{i,j=1}^{n} m_{ij} \det \begin{pmatrix} p'_i & p'_j \\ q_i & q_j \end{pmatrix}, \quad b = \sum_{i,j=1}^{n} m_{ij} \det \begin{pmatrix} p_i & p_j \\ p'_i & p'_j \end{pmatrix},$$

$$c = \sum_{i,j=1}^{n} m_{ij} \det \begin{pmatrix} q'_i & q'_j \\ q_i & q_j \end{pmatrix}, \quad d = \sum_{i,j=1}^{n} m_{ij} \det \begin{pmatrix} p_i & p_j \\ q'_i & q'_j \end{pmatrix}.$$

则 $a, b, c, d$ 为整数并满足

$$ap_k + bq_k = \sum_{i,j=1}^{n} m_{ij} \left( p_k \det \begin{pmatrix} p'_i & p'_j \\ q_i & q_j \end{pmatrix} + q_k \det \begin{pmatrix} p_i & p_j \\ p'_i & p'_j \end{pmatrix} \right)$$

$$= \sum_{i,j=1}^{n} m_{ij} p'_k \det \begin{pmatrix} p_i & p_j \\ q_i & q_j \end{pmatrix} = p'_k.$$

同理, $cp_k + dq_k = q'_k$. 这就证明了 $\gamma A = A'$, 其中 $\gamma = \begin{pmatrix} a & b \\ c & d \end{pmatrix}$. 从而 $\gamma \begin{pmatrix} p_i & p_j \\ q_i & q_j \end{pmatrix} = \begin{pmatrix} p'_i & p'_j \\ q'_i & q'_j \end{pmatrix}$. 取行列式得

$$\det(\gamma) \det \begin{pmatrix} p_i & p_j \\ q_i & q_j \end{pmatrix} = \det \begin{pmatrix} p'_i & p'_j \\ q'_i & q'_j \end{pmatrix} = \det \begin{pmatrix} p_i & p_j \\ q_i & q_j \end{pmatrix}.$$

因此

$$\det(\gamma) = \det(\gamma) \sum_{i,j=1}^{n} m_{ij} \det\begin{pmatrix} p_i & p_j \\ q_i & q_j \end{pmatrix} = \sum_{i,j=1}^{n} m_{ij} \det\begin{pmatrix} p_i & p_j \\ q_i & q_j \end{pmatrix} = 1. \qquad \square$$

**引理8.2.4** 设本原型 $f_1$, $f_2$, $f_3$ 共线, $g_1$, $g_2$, $g_3$ 共线. 若 $f_1$ 和 $g_1$ 正常等价, $f_2$ 和 $g_2$ 正常等价, 则 $f_3$ 和 $g_3$ 亦然.

**证明** 根据共线的定义, 存在立方体 $\mathcal{A}$ 和 $\mathcal{B}$ 满足

$$f_i = f_i^{\mathcal{A}}, \; g_i = f_i^{\mathcal{B}} \quad (i = 1, 2, 3).$$

由 $f_1 \approx g_1$, $f_2 \approx g_2$ 知, 存在 $\gamma_1, \gamma_2 \in \mathrm{SL}_2(\mathbb{Z})$ 使得 $\gamma_1 f_1 = g_1$, $\gamma_2 f_2 = g_2$. 令 $\gamma = (\gamma_1, \gamma_2, 1) \in \Gamma$, 则由 (8.23) 得

$$f_i^{\gamma\mathcal{A}} = \gamma_i f_i^{\mathcal{A}} = \gamma_i f_i = g_i = f_i^{\mathcal{B}} \quad (i = 1, 2),$$
$$f_3^{\gamma\mathcal{A}} = f_3^{\mathcal{A}} = f_3.$$

由于 $f_1$ 为本原型, 则 $f_1^{\gamma\mathcal{A}} = \gamma_1 f_1$ 亦然. 从而根据 (8.22), 立方体 $\gamma\mathcal{A}$ 和 $\mathcal{B}$ 所对应的矩阵 $M(\gamma\mathcal{A})$ 和 $M(\mathcal{B})$ 满足引理 8.2.3 的条件, 从而存在 $\gamma_3 \in \mathrm{SL}_2(\mathbb{Z})$ 使得 $\gamma_3 M(\gamma\mathcal{A}) = M(\mathcal{B})$. 换言之, $\mathcal{B} = (\gamma_1, \gamma_2, \gamma_3)\mathcal{A}$. 从而由 (8.23) 知

$$g_3 = f_3^{\mathcal{B}} = \gamma_3 f_3^{\mathcal{A}} = \gamma_3 f_3. \qquad \square$$

有了这些准备工作之后, 下面介绍如何通过 Bhargava 立方体给出 $\mathrm{Cl}^+(D)$ 上的群结构.

**定理8.2.1** $\mathrm{Cl}^+(D)$ 上存在唯一的群结构满足下列性质:

(1) 主型 $f_0$ 所在的主类 $[f_0]$ 为单位元;

(2) 对任何 $C_1, C_2, C_3 \in \mathrm{Cl}^+(D)$, 我们有 $C_1 C_2 C_3 = 1$ 当且仅当 $C_1$, $C_2$, $C_3$ 共线.

此外, 上述群结构使 $\mathrm{Cl}^+(D)$ 为有限 Abel 群, 我们称之为判别式等于 $D$ 的**狭义类群**.

**证明** 首先定义 $\mathrm{Cl}^+(D)$ 上的二元运算. 对任何 $C_1, C_2 \in \mathrm{Cl}^+(D)$, 任取 $f_1 \in C_1$, $f_2 \in C_2$. 根据引理 8.2.2, 存在本原型 $f_3$ 使得 $f_1$, $f_2$, $f_3$ 共线. 定义

$$[f_1] \cdot [f_2] = [f_3^-].$$

根据要求, 当 $D < 0$ 时 $f_1$, $f_2$ 正定, 从而由 (8.20) 知 $f_3$ 及其相反型 $f_3^-$ 也正定. 由 (8.21) 知 $f_3$ 和 $f_3^-$ 的判别式均为 $D$. 从而 $[f_3^-] \in \mathrm{Cl}^+(D)$. 设 $g_1 \in C_1$, $g_2 \in C_2$ 和型 $g_3$ 共线. 根据引理 8.2.4, $[f_3] = [g_3]$. 由于 $f_3$ 和 $g_3$ 分别与其相反型 $f_3^-$ 和 $g_3^-$ 反常等价, 从而 $f_3^-$ 和 $g_3^-$ 正常等价. 这就证明了 $C_1 C_2$ 的定义不依赖于 $f_1, f_2, f_3$ 的选取.

下证 $\mathrm{Cl}^+(D)$ 上的上述二元运算满足 Abel 群的公理 (定义 A.1.1).

**单位元** 对任何判别式等于 $D$ 的型 $f = (a, b, c)$, 令

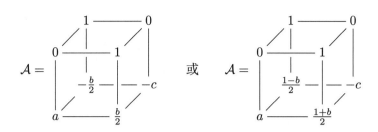

视 $D \equiv 0, 1 \pmod 4$ 而定. 通过计算可得

$$f_1^{\mathcal{A}} = f_0, \quad f_2^{\mathcal{A}} = (a, b, c), \quad f_3^{\mathcal{A}} = (a, -b, c).$$

于是 $f_0$, $f$, $f^-$ 共线. 根据定义, $[f_0] \cdot [f] = [(f^-)^-] = [f]$. 于是 $[f_0]$ 为 $\mathrm{Cl}^+(D)$ 的单位元.

**交换律** 任取 $C_1, C_2 \in \mathrm{Cl}^+(D)$. 根据引理 8.2.1, 存在 $f_1 = (a_1, b, c_1) \in C_1$, $f_2 = (a_2, b, c_2) \in C_2$, 其中 $\gcd(a_1, a_2) = 1$. 令 $f_3 = \left(a_1 a_2, -b, \dfrac{c_2}{a_1}\right)$. 从引理 8.2.2 的证明可知, $f_1, f_2, f_3$ 和 $f_2, f_1, f_3$ 均共线. 从而

$$[f_1] \cdot [f_2] = [f_2] \cdot [f_1] = [f_3^-] = \left[\left(a_1 a_2, b, \frac{c_2}{a_1}\right)\right].$$

**结合律** 任取 $C_1, C_2, C_3 \in \mathrm{Cl}^+(D)$. 根据引理 8.2.1, 对任何 $1 \leqslant i \leqslant 3$, 均存在 $f_i = (a_i, b, c_i) \in C_i$ 使得 $a_1, a_2, a_3$ 两两互素. 从而根据 $\dfrac{b^2 - D}{4} = a_1 c_1 = a_2 c_2 = a_3 c_3$ 知, $a_1 a_2 \mid c_3$, $a_2 a_3 \mid c_1$, $a_3 a_1 \mid c_2$. 从而

$$([f_1] \cdot [f_2]) \cdot [f_3] = \left[\left(a_1 a_2, b, \frac{c_2}{a_1}\right)\right] \cdot [f_3] = \left[\left(a_1 a_2 a_3, b, \frac{c_3}{a_1 a_2}\right)\right],$$

$$[f_1] \cdot ([f_2] \cdot [f_3]) = [f_1] \cdot \left[\left(a_2 a_3, b, \frac{c_3}{a_2}\right)\right] = \left[\left(a_1 a_2 a_3, b, \frac{c_3}{a_1 a_2}\right)\right].$$

**逆元** 对任何判别式等于 $D$ 的型 $f = (a, b, c)$, 令

视 $D \equiv 0, 1 \pmod 4$ 而定. 通过计算可得

$$f_1^{\mathcal{B}} = f, \quad f_2^{\mathcal{B}} = (a, -b, c) = f^-, \quad f_3^{\mathcal{B}} = f_0^-.$$

于是 $f$, $f^-$, $f_0^-$ 共线. 从而 $[f] \cdot [f^-] = [f_0]$, 即 $[f]$ 的逆元为 $[f^-]$.

这就证明了上述二元运算给出了 $Cl^+(D)$ 上的 Abel 群结构, 群结构的唯一性则由逆元部分的证明和定理 8.2.1 中条件 (1) 和 (2) 给出. 根据定理 8.1.3 和定理 8.1.9, $Cl^+(D)$ 为有限集. 于是上述二元运算给出了 $Cl^+(D)$ 上的一个有限 Abel 群结构. □

### 8.2.4　二次型复合的应用

我们称整数 $m$ 被 $Cl^+(D)$ 中的类 $C$ 表示, 是指 $m$ 被 $C$ 中某个型表示. 根据引理 8.1.1, 若 $m$ 被 $C$ 表示, 则 $m$ 被 $C$ 中任何型表示. 定理 8.2.1 的一个直接推论为

**引理8.2.5**　(1) 若整数 $m_1$ 和 $m_2$ 分别被判别式等于 $D$ 的型 $f_1$ 和 $f_2$ 表示, 则 $m_1 m_2$ 被 $f_1$ 和 $f_2$ 的任何复合表示.

(2) 若整数 $m_1$ 和 $m_2$ 分别被 $Cl^+(D)$ 中的类 $C_1$ 和 $C_2$ 表示, 则 $m_1 m_2$ 被类 $C_1 C_2$ 表示.

**证明**　任取 $f_1 \in C_1, f_2 \in C_2$. 假设 $m_1$ 和 $m_2$ 分别被类 $C_1$ 和 $C_2$ 表示, 从而 $m_1$ 被 $f_1$ 表示, $m_2$ 被 $f_2$ 表示. 根据定理 8.2.1, $C_1 C_2 = [f_3^-]$, 其中 $f_3$ 为与 $f_1$, $f_2$ 共线的任一型. 由等式 (8.20) 知 $m_1 m_2$ 被 $f_3$ 表示, 从而也被 $f_3^-$ 表示. 因此 $m_1 m_2$ 被类 $C_1 C_2$ 表示. 这就证明了 (2). (1) 则为定义 8.2.1 的显然结论. □

**例8.2.2**　求类群 $Cl^+(-56)$ 和 $Cl^+(-96)$ 的结构.

**解**　(1) 通过计算可得共有 4 个判别式等于 $D = -56$ 的约化本原型, 分别为 $(1, 0, 14)$, $(2, 0, 7), (3, 2, 5), (3, -2, 5)$, 其代表的正常等价类分别记为 $C_0, C_1, C_2, C_3$. 我们有 $(3, 2, 5) \approx (5, -2, 3)$, 并且在变量替换 $x \mapsto x + y, y \mapsto y$ 下, $(3, 2, 5) \approx (3, 8, 10)$ 和 $(5, -2, 3) \approx (5, 8, 6)$. 根据定理 8.2.1 中交换律部分的证明, 我们有

$$C_2 C_2 = [(3, 8, 10)] \cdot [(5, 8, 6)] = [(15, 8, 2)] = [(2, 0, 7)] = C_1.$$

由 $(2, 0, 7)$ 的相反型为其自身, 即 $C_1$ 为 $Cl^+(-56)$ 的二阶元, 从而 $C_2$ 为 4 阶元. 根据引理 A.1.1, 类群 $Cl^+(-56)$ 为 4 阶循环群, 其有两个生成元, 分别为 $C_2, C_3$.

(2) 判别式等于 $D = -96$ 的约化本原型共有 4 个, 分别为 $(1, 0, 24), (3, 0, 8), (5, 2, 5),$ $(4, 4, 7)$, 这些型均和其相反型正常等价. 因此类群 $Cl^+(-96)$ 中的元素要么为单位元, 要么为 2 阶元, 从而 $Cl^+(-96) \simeq \mathbb{Z}/2\mathbb{Z} \times \mathbb{Z}/2\mathbb{Z}$.

由例 8.2.2 可推出类似于定理 8.1.5 的如下结果.

**定理8.2.2(Euler 猜想)**　设 $p$ 为不等于 7 的奇素数. 我们有

$$p \text{ 形如 } x^2 + 14y^2 \text{ 或 } 2x^2 + 7y^2 \iff p \equiv 1, 9, 15, 23, 25, 39 \pmod{56},$$

$$p \text{ 形如 } 3x^2 \pm 2xy + 5y^2 \iff p \equiv 3, 5, 13, 19, 27, 45 \pmod{56},$$

$$3p \text{ 形如 } x^2 + 14y^2 \iff p \equiv 3, 5, 13, 19, 27, 45 \pmod{56},$$

这里 $x, y$ 为整数.

**证明** 给定与 $-56$ 互素的整数 $n$, 即 $n$ 为奇数且 $7 \nmid n$.

(i) 设 $n = x^2 + 14y^2$. 则 $x$ 为奇数且 $7 \nmid x$. 于是 $n \equiv 1 - 2y^2 \equiv \pm 1 \pmod 8$ 且 $n \equiv x^2 \equiv 1, 2, 4 \pmod 7$. 因此 $n \equiv 1, 9, 15, 23, 25, 39 \pmod{56}$.

(ii) 设 $n$ 被型 $(2, 0, 7)$ 表示. 显然 $57 = 2 \times 5^2 + 7 \times 1^2$ 也可被 $(2, 0, 7)$ 表示. 由定理 8.2.1 和引理 8.2.5 知 $57n$ 可被 $[(2, 0, 7)] \cdot [(2, 0, 7)] = [(1, 0, 14)]$ 表示. 由情形 (i), $n \equiv 57n \equiv 1, 9, 15, 23, 25, 39 \pmod{56}$. 这就证明了第一个命题的必要性.

(iii) 设 $n$ 被型 $(3, \pm 2, 5)$ 表示. 显然 $3$ 可被 $(3, \mp 2, 5)$ 表示. 由定理 8.2.1 和引理 8.2.5 知 $3n$ 可被 $[(3, \pm 2, 5)] \cdot [(3, \mp 2, 5)] = [(1, 0, 14)]$ 表示. 由情形 (i), $3n \equiv 1, 9, 15, 23, 25, 39 \pmod{56}$, 这等价于 $n \equiv 3, 5, 13, 19, 27, 45 \pmod{56}$. 这就证明了第二个命题的必要性.

(iv) 设 $3n = x^2 + 14y^2$. 由情形 (i) 知 $3n \equiv 1, 9, 15, 23, 25, 39 \pmod{56}$, 这等价于 $n \equiv 3, 5, 13, 19, 27, 45 \pmod{56}$. 这就证明了第三个命题的必要性.

由例 8.2.2 知共有 4 个判别式等于 $-56$ 的约化本原型 $(1, 0, 14), (2, 0, 7), (3, 2, 5), (3, -2, 5)$. 根据推论 8.1.1, 奇素数 $p$ 被这四个型中之一表示的充要条件为 $\left( \dfrac{-56}{p} \right) = \left( \dfrac{-14}{p} \right) = 1$. 根据推论 5.2.1 和定理 5.3.2, 我们有

$$\left( \frac{-14}{p} \right) = \left( \frac{2}{p} \right) \left( \frac{-7}{p} \right) = (-1)^{\frac{p^2-1}{8}} \left( \frac{p}{7} \right).$$

因此

$$\left( \frac{-14}{p} \right) = 1 \iff p \equiv 1, 9, 15, 23, 25, 39, 3, 5, 13, 19, 27, 45 \pmod{56}.$$

这就证明了前两个命题.

最后只剩下证明第三个命题的充分性. 假设 $p \equiv 3, 5, 13, 19, 27, 45 \pmod{56}$. 根据第二个命题, $p$ 可被 $(3, \pm 2, 5)$ 表示. 由情形 (iii) 知 $3p$ 可被 $[(3, \pm 2, 5)] \cdot [(3, \mp 2, 5)] = [(1, 0, 14)]$ 表示. $\qquad\square$

**定理 8.2.3** 设 $p$ 为不等于 5 的奇素数. 则

$$p \text{ 形如 } x^2 + 5y^2 \iff p \equiv 1, 9 \pmod{20},$$
$$p \text{ 形如 } 2x^2 + 2xy + 3y^2 \iff p \equiv 3, 7 \pmod{20},$$

其中 $x, y$ 为整数.

**证明**　共有两个判别式 $D = -20$ 的约化本原型 $(1,0,5)$ 和 $(2,2,3)$. 给定与 $D = -20$ 互素的整数 $n$, 即 $n$ 为奇数且 $5 \nmid n$.

设 $n$ 被 $(1,0,5)$ 表示. 则存在整数 $x, y$ 使得 $n = x^2 + 5y^2$. 于是 $n \equiv 1, 4 \pmod 5$ 且 $n \equiv 1 \pmod 4$, 从而 $n \equiv 1, 9 \pmod{20}$. 显然 1 和 9 都可被型 $(1,0,5)$ 表示.

设 $n$ 可被 $(2,2,3)$ 表示. 显然 3 可被 $(2,2,3)$ 表示. 根据定理 8.2.1 和引理 8.2.5, $3n$ 可被 $[(2,2,3)] \cdot [(2,2,3)] = [(1,0,5)]$ 表示. 因此 $3n \equiv 1, 9 \pmod{20}$, 即 $n \equiv 3, 7 \pmod{20}$.

根据推论 8.1.1, $p$ 被 $(1,0,5)$ 或 $(2,2,3)$ 表示的充要条件为 $\left(\dfrac{-20}{p}\right) = 1$. 根据定理 5.3.2,

$$\left(\frac{-20}{p}\right) = \left(\frac{-5}{p}\right) = (-1)^{\frac{p-1}{2}}\left(\frac{5}{p}\right) = (-1)^{\frac{p-1}{2}}\left(\frac{p}{5}\right).$$

从而

$$\left(\frac{-20}{p}\right) = 1 \iff p \equiv 1, 3, 7, 9 \pmod{20}.$$

这就完成了证明. □

从定理 8.2.2 和定理 8.2.3 容易看出, 一个素数 $p$ 能否被一个判别式等于 $D$ 的型 $f$ 表示很大程度上取决于 $p \pmod D$ 的同余性质. 我们将在第三节中对这个问题进行深入探讨.

### 8.2.5　几种复合之比较

本节的最后两个小节, 简述 Gauss, Dirichlet 和 Bhargava 等数学家用不同方法给出的二次型复合律之一致性.

**定理 8.2.4**　设 $f_1 = (a_1, b_1, c_1)$, $f_2 = (a_2, b_2, c_2)$ 为两个判别式等于 $D$ 的本原型, 且当 $D < 0$ 时还要求它们正定. 对任何型 $f_3$, $f_3$ 为 $f_1$ 和 $f_2$ 的一个复合当且仅当

$$[f_1] \cdot [f_2] = [f_3] \in \mathrm{Cl}^+(D).$$

**证明**　充分性为 (8.20) 的直接推论. 对必要性, 假设存在整系数二次多项式 $L_1 = exz + fxw + gyz + hyw$, $L_2 = axz + bxw + cyz + dyw$ 满足

$$f_1(x,y)f_2(z,w) = f_3(L_1, L_2), \tag{8.24}$$
$$a_1 = be - af, \quad a_2 = ce - ag.$$

将 (8.24) 重新写为

$$f_1(x,y)f_2(z,w) = f_3((ex+gy)z + (fx+hy)w, (ax+cy)z + (bx+dy)w).$$

将上式两端看成多项式环 $\mathbb{Z}[x,y]$ 上关于变量 $z$, $w$ 的二元二次型, 并计算其两边的判别式, 从而根据 (8.3) 得

$$f_1(x,y)^2 D = \big((ex+gy)(bx+dy) - (fx+hy)(ax+cy)\big)^2 D \in \mathbb{Z}[x,y].$$

从而我们有

$$\pm (a_1 x^2 + b_1 xy + c_1 y^2)$$
$$= (be-af)x^2 + (bg+de-ah-cf)xy + (dg-ch)y^2 \in \mathbb{Z}[x,y].$$

由 $a_1 = be - af$ 知 $b_1 = bg + de - ah - cf$, $c_1 = dg - ch$. 令 $\mathcal{A}$ 为 (8.17) 中的立方体. 于是由 (8.19) 得 $f_1 = f_1^{\mathcal{A}}$. 同理, $f_2 = f_2^{\mathcal{A}}$. 根据 (8.20), 我们有

$$(f_3^{\mathcal{A}})^-(L_1, L_2) = f_3^{\mathcal{A}}(L_1, -L_2) = f_1^{\mathcal{A}}(x,y)f_2^{\mathcal{A}}(z,w) = f_1(x,y)f_2(z,w) = f_3(L_1, L_2).$$

将 $x=1, y=0$ 代入上式可得

$$(f_3^{\mathcal{A}})^-(ez+fw, az+bw) = f_3(ez+fw, az+bw).$$

令 $\gamma = \begin{pmatrix} e & a \\ f & b \end{pmatrix}$, $\gamma^* = \begin{pmatrix} b & -a \\ -f & e \end{pmatrix}$. 则 $\gamma^* \gamma = \begin{pmatrix} a_1 & 0 \\ 0 & a_1 \end{pmatrix}$, 并且上式可写为 $\gamma((f_3^{\mathcal{A}})^-) = \gamma f_3$, 从而

$$a_1^2 (f_3^{\mathcal{A}})^- = \gamma^* \gamma((f_3^{\mathcal{A}})^-) = \gamma^* \gamma f_3 = a_1^2 f_3.$$

因为 $D$ 非完全平方数, 故 $a_1 \neq 0$. 从而 $(f_3^{\mathcal{A}})^- = f_3$. 根据定理 8.2.1,

$$[f_1] \cdot [f_2] = [f_1^{\mathcal{A}}] \cdot [f_2^{\mathcal{A}}] = [(f_3^{\mathcal{A}})^-] = [f_3]. \qquad \square$$

注记 8.2.2　(1) Gauss 在二次型复合的原始定义中, 并不要求两个型为本原型或它们的判别式相等, 也不要求判别式非完全平方数.

(2) Gauss 同样考虑了去掉 (8.16) 中最后两个条件之复合. 若忽略这两个条件, 二次型 $f_1$ 和 $f_2$ 在这种弱化意义下的复合一般可分为 4 个正常等价类, 它们分别由 $f_1$ 和 $f_2$, $f_1$ 和 $f_2^-$, $f_1^-$ 和 $f_2$, $f_1^-$ 和 $f_2^-$ 的复合给出, 其中 $f_1$, $f_2$ 的复合与 $f_1^-$, $f_2^-$ 的复合反常等价, $f_1$, $f_2^-$ 的复合与 $f_1^-$, $f_2$ 的复合反常等价. 但是在一些特殊情形下, 这四个正常等价类中的某些会相同, 其根本原因在于存在与自己反常等价的型, 这种型将在 8.3.4 小节中专门研究.

　　正如我们所看到的, Gauss 对复合的定义 8.2.1 不太容易使用, 因为它没有提供复合的直接算法. 为此, Dirichlet 引入了一个便于计算的复合新方法. 为了定义 Dirichlet 复

合, 我们需要以下引理.

**引理8.2.6** 给定两个判别式等于 $D$ 的型 $f_1 = (a_1, b_1, c_1)$ 和 $f_2 = (a_2, b_2, c_2)$. 令 $e = \gcd\left(a_1, a_2, \dfrac{b_1 + b_2}{2}\right)$. 则在模 $\dfrac{2a_1a_2}{e^2}$ 意义下存在唯一的整数 $B$ 满足

$$\begin{cases} B \equiv b_1 \quad \left(\bmod \dfrac{2a_1}{e}\right); \\[2mm] B \equiv b_2 \quad \left(\bmod \dfrac{2a_2}{e}\right); \\[2mm] (b_1 + b_2)B \equiv b_1 b_2 + D \quad \left(\bmod \dfrac{4a_1a_2}{e}\right). \end{cases} \tag{8.25}$$

**证明** 设整数 $B$ 满足条件 (8.25). 从而

$$\begin{cases} \dfrac{a_1}{e}B \equiv \dfrac{a_1}{e}b_2 \quad \left(\bmod \dfrac{2a_1a_2}{e^2}\right); \\[2mm] \dfrac{a_2}{e}B \equiv \dfrac{a_2}{e}b_1 \quad \left(\bmod \dfrac{2a_1a_2}{e^2}\right); \\[2mm] \dfrac{b_1 + b_2}{2e}B \equiv \dfrac{b_1 b_2 + D}{2e} \quad \left(\bmod \dfrac{2a_1a_2}{e^2}\right). \end{cases}$$

根据定理 1.2.2, 存在整数 $e_1, e_2, e_3$ 满足

$$e_1 a_1 + e_2 a_2 + e_3 \frac{b_1 + b_2}{2} = e.$$

因此

$$B = \left(e_1 \frac{a_1}{e} + e_2 \frac{a_2}{e} + e_3 \frac{b_1 + b_2}{2e}\right)B \equiv e_1 \frac{a_1}{e}b_2 + e_2 \frac{a_2}{e}b_1 + e_3 \frac{b_1 b_2 + D}{2e} \quad \left(\bmod \frac{2a_1a_2}{e^2}\right).$$

这就证明了唯一性. 为了方便, 不妨设

$$B = e_1 \frac{a_1}{e}b_2 + e_2 \frac{a_2}{e}b_1 + e_3 \frac{b_1 b_2 + D}{2e}.$$

对存在性, 只需证明 $B$ 为整数并满足 (8.25). 由

$$b_1 b_2 + D = b_1(b_1 + b_2) - 4a_1 c_1$$

知

$$b_1 b_2 + D \equiv 0 \pmod{2e}$$

且

$$b_1 b_2 + D \equiv b_1(b_1 + b_2) \pmod{4a_1}.$$

故 $B \in \mathbb{Z}$. 从而由 $b_1 \equiv b_2 \equiv D \pmod 2$ 知,

$$eB = e_1 a_1 b_2 + e_2 a_2 b_1 + e_3 \frac{b_1 b_2 + D}{2}$$

$$\equiv e_1 a_1 b_1 + e_2 a_2 b_1 + e_3 \frac{(b_1 + b_2)b_1}{2} \equiv eb_1 \pmod{2a_1}.$$

因此 $B \equiv b_1 \left( \bmod \dfrac{2a_1}{e} \right)$. 同理 $B \equiv b_2 \left( \bmod \dfrac{2a_2}{e} \right)$. 由

$$b_i(b_1 + b_2) \equiv b_1 b_2 + D \pmod{4a_i}$$

得

$$(b_1 + b_2)eB = e_1 a_1 b_2 (b_1 + b_2) + e_2 a_2 b_1 (b_1 + b_2) + e_3 (b_1 + b_2)\frac{b_1 b_2 + D}{2}$$

$$\equiv e_1 a_1 (b_1 b_2 + D) + e_2 a_2 (b_1 b_2 + D) + e_3 \frac{b_1 + b_2}{2}(b_1 b_2 + D)$$

$$\equiv e(b_1 b_2 + D) \pmod{4a_1 a_2}.$$

从而 $(b_1 + b_2)B \equiv b_1 b_2 + D \left( \bmod \dfrac{4a_1 a_2}{e} \right)$. $\qquad\square$

定理 8.2.5 给定判别式等于 $D$ 的型 $f_1 = (a_1, b_1, c_1)$ 和 $f_2 = (a_2, b_2, c_2)$. 任取满足条件 (8.25) 的整数 $B$. 则

$$B^2 - D = (B - b_1)(B - b_2) + (b_1 + b_2)B - (b_1 b_2 + D) \equiv 0 \left( \bmod \frac{4a_1 a_2}{e^2} \right).$$

于是 $\dfrac{e^2(B^2 - D)}{4a_1 a_2} \in \mathbb{Z}$. 定义 $f_1$ 和 $f_2$ 的 **Dirichlet 复合**为

$$f_1 * f_2 = \left( \frac{a_1 a_2}{e^2}, B, \frac{e^2(B^2 - D)}{4a_1 a_2} \right).$$

假设 $f_1, f_2$ 为本原型, 并且当 $D < 0$ 时, 还假设它们正定. 则

$$[f_1] \cdot [f_2] = [f_1 * f_2] \in \mathrm{Cl}^+(D).$$

**证明** 考虑立方体

其中

$$h = \frac{e[b_1 b_2 + D - (b_1 + b_2)B]}{4a_1 a_2}.$$

根据假设 (8.25), 立方体 $\mathcal{A}$ 的 8 个数均为整数. 根据 (8.19), 我们有

$$f_i^{\mathcal{A}} = (a_i, b_i, c_i) = f_i \quad (i = 1, 2),$$

$$f_3^{\mathcal{A}} = \left( \frac{a_1 a_2}{e^2}, -B, \frac{e^2(B^2 - D)}{4a_1 a_2} \right).$$

根据定理 8.2.1, 我们有

$$[f_1] \cdot [f_2] = [f_1^{\mathcal{A}}] \cdot [f_2^{\mathcal{A}}] = [(f_3^{\mathcal{A}})^-] = [f_1 * f_2] \in \mathrm{Cl}^+(D). \qquad \square$$

**命题8.2.1**　假设两个判别式等于 $D$ 的本原型 $f_1 = (a_1, b_1, c_1)$ 和 $f_2 = (a_2, b_2, c_2)$ 协调. 则

$$f_1 * f_2 = \left( a_1 a_2, b_1, \frac{c_2}{a_1} \right).$$

特别地, 若 $D < 0$ 时, 还要求 $f_1$, $f_2$ 正定, 则

$$[f_1] \cdot [f_2] = \left[ \left( a_1 a_2, b_1, \frac{c_2}{a_1} \right) \right] \in \mathrm{Cl}^+(D).$$

**证明**　根据协调的定义, $b_1 = b_2$ 且 $a_1 \mid c_2$. 从而 $B = b_1$ 满足同余式 (8.25). 因此命题为定理 8.2.5 的直接推论. $\qquad \square$

### 8.2.6　二次型与二次域

这一小节, 固定二次域

$$\mathbb{Q}(\sqrt{D}) = \{ u + v\sqrt{D} \mid u, v \in \mathbb{Q} \},$$

其中整数 $D \equiv 0, 1 \pmod 4$ 且非完全平方数. Dedekind 发现 $\mathbb{Q}(\sqrt{D})$ 某个子环的分式理想的等价类在分式理想的乘法运算下构成一个 Abel 群, 并证明了这个群典范同构于狭义类群 $\mathrm{Cl}^+(D)$. 本小节介绍 Dedekind 这一结果.

**定义8.2.4**　任取 $\eta = u + v\sqrt{D} \in \mathbb{Q}(\sqrt{D})$, 其中 $u, v \in \mathbb{Q}$. 定义 $\eta$ 的**共轭** $\bar{\eta}$、**迹** $\mathrm{Tr}(\eta)$ 和**范数** $\mathrm{N}(\eta)$ 分别为

$$\bar{\eta} = u - v\sqrt{D},$$

$$\mathrm{Tr}(\eta) = \eta + \bar{\eta} = 2u,$$

$$\mathrm{N}(\eta) = \eta\bar{\eta} = u^2 - Dv^2.$$

**定义8.2.5**　(1) 二次域 $\mathbb{Q}(\sqrt{D})$ 的一组**基**是指 $\mathbb{Q}(\sqrt{D})$ 中满足 $\dfrac{\alpha}{\beta} \notin \mathbb{Q}$ 的两个非零

元 $\alpha, \beta$. 基 $\alpha, \beta$ 被称为**正向**的, 是指 $\dfrac{\bar{\alpha}\beta - \alpha\bar{\beta}}{\sqrt{D}} > 0$. 更精确地说,

$$\begin{cases} \bar{\alpha}\beta - \alpha\bar{\beta} \text{ 为正实数}, & D > 0, \\ \bar{\alpha}\beta - \alpha\bar{\beta} \text{ 为具有正虚部的纯虚数}, & D < 0. \end{cases}$$

(2) 对 $\mathbb{Q}(\sqrt{D})$ 的一组基 $\eta, \xi$, 令

$$\mathbb{Z}\eta \oplus \mathbb{Z}\xi = \{a\eta + b\xi \mid a, b \in \mathbb{Z}\}.$$

我们也称 $\eta, \xi$ 为 $\mathbb{Z}\eta \oplus \mathbb{Z}\xi$ 的一组基.

(3) 令

$$\mathcal{O}(D) = \mathbb{Z} \oplus \mathbb{Z}\frac{D + \sqrt{D}}{2}.$$

由

$$\left(\frac{D + \sqrt{D}}{2}\right)^2 = \frac{D - D^2}{4} + D\frac{D + \sqrt{D}}{2} \in \mathcal{O}(D)$$

知 $\mathcal{O}(D)$ 为 $\mathbb{Q}(\sqrt{D})$ 的子环.

(4) 对任何 $\mathbb{Q}(\sqrt{D})$ 的非空子集 $M$, 令

$$\mathcal{O}(M) = \{\gamma \in \mathbb{Q}(\sqrt{D}) \mid \text{对任何 } m \in M \text{ 都有 } \gamma m \in M\}.$$

(5) 称 $\mathbb{Q}(\sqrt{D})$ 的子集 $M$ 为 $\mathcal{O}(D)$ 的**分式理想**, 是指存在 $\mathbb{Q}(\sqrt{D})$ 的一组基 $\alpha, \beta$ 使得 $M = \mathbb{Z}\alpha \oplus \mathbb{Z}\beta$ 且 $\mathcal{O}(D) = \mathcal{O}(M)$.

**定义8.2.6** 我们称 $\mathcal{O}(D)$ 的两个分式理想 $M$ 和 $M'$ **相似**是指存在 $\alpha \in \mathbb{Q}(\sqrt{D})$ 使得 $M' = \alpha M$. 若 $\mathrm{N}(\alpha) > 0$, 则称 $M$ 和 $M'$ **狭义相似**.

令 $\mathfrak{M}(\mathcal{O}(D))$ 为 $\mathcal{O}(D)$ 的所有分式理想组成的集合, $\mathfrak{Cl}^+(\mathcal{O}(D))$ 为 $\mathfrak{M}(\mathcal{O}(D))$ 中所有狭义相似类组成的集合.

**引理8.2.7** 对任何 $\mathbb{Q}(\sqrt{D})$ 的一组基 $\alpha, \beta$, 令 $M = \mathbb{Z}\alpha \oplus \mathbb{Z}\beta$. 设 $at^2 + bt + c$ 为 $\dfrac{\beta}{\alpha}$ 的特征多项式.

(1) $M$ 为 $\mathcal{O}(D)$ 的分式理想当且仅当 $D = b^2 - 4ac$.

(2) 假设 $\alpha, \beta$ 为正向基. 则 $a\mathrm{N}(\alpha) > 0$. 特别地, 当 $D < 0$ 时, $a > 0$.

**证明** 令 $\eta = \dfrac{\beta}{\alpha}$. 根据特征多项式的定义 A.3.3, $a\eta^2 - b\eta + c = 0$ 且 $\gcd(a, b, c) = 1$. 对任何 $\gamma \in \mathcal{O}(M)$, 存在唯一的 $u, v \in \mathbb{Q}$ 使 $\gamma = u + v\eta$. 于是

$$\gamma = u + v\eta, \quad \gamma\eta = -\frac{cv}{a} + \left(u + \frac{bv}{a}\right)\eta \in \mathbb{Z} \oplus \mathbb{Z}\eta.$$

从而 $u, v, -\dfrac{cv}{a}, u + \dfrac{bv}{a} \in \mathbb{Z}$. 由于 $\gcd(a, b, c) = 1$, 根据定理 1.2.2, 存在 $p, q, r \in \mathbb{Z}$ 使得 $pa + qb + rc = 1$, 于是

$$\frac{v}{a} = \frac{pav}{a} + \frac{qbv}{a} + \frac{rcv}{a} \in \mathbb{Z}.$$

从而 $\gamma = u + v\eta \in \mathcal{O}(M)$ 当且仅当 $u, \dfrac{v}{a} \in \mathbb{Z}$. 故

$$\mathcal{O}(M) = \mathbb{Z} \oplus \mathbb{Z}(a\eta) = \mathbb{Z} \oplus \mathbb{Z}\frac{b + \sqrt{d}}{2},$$

其中 $d = b^2 - 4ac$. 由 $b \equiv d \pmod 2$ 知

$$\mathcal{O}(M) = \mathbb{Z} \oplus \mathbb{Z}\frac{b + \sqrt{d}}{2} = \mathbb{Z} \oplus \mathbb{Z}\frac{d + \sqrt{d}}{2}.$$

假设 $D = b^2 - 4ac$. 于是

$$\mathcal{O}(M) = \mathbb{Z} \oplus \mathbb{Z}\frac{D + \sqrt{D}}{2} = \mathcal{O}(D),$$

即 $M$ 为 $\mathcal{O}(D)$ 的分式理想.

反之, 假设 $M$ 为 $\mathcal{O}(D)$ 的分式理想. 于是

$$\mathbb{Z} \oplus \mathbb{Z}\frac{d + \sqrt{d}}{2} = \mathcal{O}(M) = \mathbb{Z} \oplus \mathbb{Z}\frac{D + \sqrt{D}}{2}.$$

于是存在 $\delta \in \mathrm{GL}_2(\mathbb{Z})$ 使得 $\left(1, \dfrac{d + \sqrt{d}}{2}\right) = \left(1, \dfrac{D + \sqrt{D}}{2}\right)\delta$. 从而

$$\begin{pmatrix} 1 & \dfrac{d - \sqrt{d}}{2} \\ 1 & \dfrac{d + \sqrt{d}}{2} \end{pmatrix} = \begin{pmatrix} 1 & \dfrac{D - \sqrt{D}}{2} \\ 1 & \dfrac{D + \sqrt{D}}{2} \end{pmatrix}\delta.$$

对上式两边取行列式的平方可得 $d = D \cdot \det(\delta)^2 = D$, 从而 $D = b^2 - 4ac$.

假设 $\alpha, \beta$ 为正向基. 从而

$$0 < \frac{\bar{\alpha}\beta - \alpha\bar{\beta}}{\sqrt{D}} = \frac{\mathrm{N}(\alpha)(\eta - \bar{\eta})}{\sqrt{D}} = \frac{\mathrm{N}(\alpha)}{a}.$$

若 $D < 0$, 则 $\mathrm{N}(\alpha) > 0$, 从而 $a > 0$. $\qquad\qquad\square$

定理 8.2.6　(1) 我们有典范的一一对应

$$\Pi : \mathfrak{Cl}^+(\mathcal{O}(D)) \to \mathrm{Cl}^+(D);$$

$$[M] \mapsto [f_{\alpha, \beta}(x, y)],$$

其中 $M$ 为 $\mathcal{O}(D)$ 的分式理想, $\alpha, \beta$ 为 $M$ 的一组正向基, $f_{\alpha, \beta}(t, 1)$ 为 $\dfrac{\beta}{\alpha}$ 的特征多项式.

(2) 二元运算 $([M], [M']) \mapsto [MM']$ 给出了 $\mathfrak{Cl}^+(\mathcal{O}(D))$ 上的群结构, 其单位元为 $[\mathcal{O}(D)]$, $[M]$ 的逆元为 $[\overline{M}]$, 其中 $\overline{M} = \{\bar{m} \mid m \in M\}$, $MM'$ 为 $\mathbb{Q}(\sqrt{D})$ 中形如 $mm'$ 的元素生成的加法子群, 这里 $m \in M, m' \in M'$. 我们称这样定义的群 $\mathfrak{Cl}^+(\mathcal{O}(D))$ 为环 $\mathcal{O}(D)$ 的**狭义理想类群**.

(3) $\Pi : \mathfrak{Cl}^+(\mathcal{O}(D)) \to \mathrm{Cl}^+(D)$ 为群同构.

**证明** 首先证明映射 $\Pi$ 定义合理. 任给两个 $\mathcal{O}(D)$ 的分式理想 $M$ 和 $M'$ 及其正向基 $\alpha, \beta$ 和 $\alpha', \beta'$. 由引理 8.2.7 知 $f_{\alpha,\beta}$ 和 $f_{\alpha',\beta'}$ 均为判别式等于 $D$ 的本原型, 并且当 $D < 0$ 时, $f_{\alpha,\beta}$ 和 $f_{\alpha',\beta'}$ 都正定.

假设 $M$ 和 $M'$ 狭义相似. 于是存在 $\xi \in \mathbb{Q}(\sqrt{D})$ 使得 $\mathrm{N}(\xi) > 0$ 且

$$M' = \mathbb{Z}\alpha' \oplus \mathbb{Z}\beta' = \xi M = \mathbb{Z}\xi\alpha \oplus \mathbb{Z}\xi\beta.$$

从而存在 $\gamma = \begin{pmatrix} p & q \\ r & s \end{pmatrix} \in \mathrm{GL}_2(\mathbb{Z})$ 使得

$$\alpha' = \xi(p\alpha + q\beta), \quad \beta' = \xi(r\alpha + s\beta). \tag{8.26}$$

令 $\eta = \dfrac{\beta}{\alpha}$, $\eta' = \dfrac{\beta'}{\alpha'}$. 我们有

$$\eta' = \frac{s\eta + r}{q\eta + p}. \tag{8.27}$$

根据正向基的定义和 (8.26), 我们有

$$\frac{\overline{\alpha'}\beta' - \alpha'\overline{\beta'}}{\bar{\alpha}\beta - \alpha\bar{\beta}} = \frac{\mathrm{N}(\xi)(ps - qr)(\bar{\alpha}\beta - \alpha\bar{\beta})}{\bar{\alpha}\beta - \alpha\bar{\beta}} = \mathrm{N}(\xi)\det(\gamma) > 0.$$

从而 $\det(\gamma) = 1$, 即 $\gamma \in \mathrm{SL}_2(\mathbb{Z})$. 由 (8.27) 知 $\eta$ 和 $\eta'$ 正常等价. 根据引理 8.1.4, $f_{\alpha,\beta}$ 和 $f_{\alpha',\beta'}$ 正常等价. 这就证明了 $\Pi$ 的定义不依赖于狭义相似类中分式理想及其正向基的选取.

反之, 假设 $f_{\alpha,\beta}$ 和 $f_{\alpha',\beta'}$ 正常等价, 即存在 $\gamma = \begin{pmatrix} p & q \\ r & s \end{pmatrix} \in \mathrm{SL}_2(\mathbb{Z})$ 使得 $f_{\alpha',\beta'} = \gamma f_{\alpha,\beta}$. 根据引理 8.1.4, (8.27) 成立. 从而

$$M' = \alpha'(\mathbb{Z} \oplus \mathbb{Z}\eta') = \alpha'\left(\mathbb{Z} \oplus \mathbb{Z}\frac{r + s\eta}{p + q\eta}\right)$$

$$= \frac{\alpha'}{p + q\eta}(\mathbb{Z}(p + q\eta) \oplus \mathbb{Z}(r + s\eta))$$

$$= \frac{\alpha'}{p + q\eta}(\mathbb{Z} \oplus \mathbb{Z}\eta) = \frac{\alpha'}{p\alpha + q\beta}M.$$

从而根据正向基的定义, 由 (8.27) 我们有

$$0 < \frac{\overline{\alpha'}\beta' - \alpha'\overline{\beta'}}{\overline{\alpha}\beta - \alpha\overline{\beta}} = \frac{\mathrm{N}(\alpha')(\eta' - \overline{\eta'})}{\mathrm{N}(\alpha)(\eta - \overline{\eta})} = \frac{\mathrm{N}(\alpha')}{\mathrm{N}(\alpha) \cdot \mathrm{N}(p + q\eta)} = \frac{\mathrm{N}(\alpha')}{\mathrm{N}(p\alpha + q\beta)}.$$

因此 $M$ 和 $M'$ 狭义相似. 这就证明了 $\Pi$ 为单射.

我们只剩下证明 $\Pi$ 为满射. 任给判别式为 $D$ 的本原二次型 $f(x, y) = ax^2 + bxy + cy^2$, 其中当 $D < 0$ 时还要求 $a > 0$. 当 $a > 0$ 时, $1, \frac{b + \sqrt{D}}{2a}$ 为 $\mathbb{Z} \oplus \mathbb{Z}\frac{b + \sqrt{D}}{2a}$ 的正向基, 从而 $f_{1, \frac{b+\sqrt{D}}{2a}} = f$. 当 $a < 0$ 时必有 $D > 0$, 从而 $\sqrt{D}, \sqrt{D}\frac{b + \sqrt{D}}{2a}$ 为模 $\mathbb{Z}\sqrt{D} \oplus \mathbb{Z}\left(\sqrt{D}\frac{b + \sqrt{D}}{2a}\right)$ 的正向基且 $f_{\sqrt{D}, \sqrt{D}\frac{b+\sqrt{D}}{2a}} = f$. 根据引理 8.2.7, $\mathbb{Z} \oplus \mathbb{Z}\frac{b + \sqrt{D}}{2a}$ 和 $\mathbb{Z}\sqrt{D} \oplus \mathbb{Z}\left(\sqrt{D}\frac{b + \sqrt{D}}{2a}\right)$ 均为 $\mathcal{O}(D)$ 的分式理想. 于是 $\Pi$ 为满射. 这就证明了 (1).

对 $\mathcal{O}(D)$ 的两个分式理想 $M$ 和 $M'$, 令 $\Pi([M]) = [f]$, $\Pi([M']) = [f']$. 根据引理 8.2.1, 可设 $f = (a, b, c)$, $f' = (a', b, c')$, 其中 $\gcd(a, a') = 1$. 于是根据 (1) 的证明过程, 存在 $u, u' \in \mathbb{Q}(\sqrt{D})$ 使得

$$M = u\left(\mathbb{Z} \oplus \mathbb{Z}\frac{b + \sqrt{D}}{2a}\right), \quad M' = u'\left(\mathbb{Z} \oplus \mathbb{Z}\frac{b + \sqrt{D}}{2a'}\right),$$

并且 $a\mathrm{N}(u) > 0$, $a'\mathrm{N}(u') > 0$. 由于 $\gcd(a, a') = 1$, 存在整数 $e$ 和 $e'$ 使 $ae + a'e' = 1$. 于是

$$\frac{b + \sqrt{D}}{2aa'} = e'\frac{b + \sqrt{D}}{2a} + e\frac{b + \sqrt{D}}{2a'}.$$

结合等式

$$\frac{b + \sqrt{D}}{2a} = a'\frac{b + \sqrt{D}}{2aa'}, \quad \frac{b + \sqrt{D}}{2a'} = a\frac{b + \sqrt{D}}{2aa'},$$
$$\left(\frac{b + \sqrt{D}}{2a}\right)\left(\frac{b + \sqrt{D}}{2a'}\right) = -\frac{c'}{a} + b\frac{b + \sqrt{D}}{2aa'},$$

我们有

$$\left(\mathbb{Z} \oplus \mathbb{Z}\frac{b + \sqrt{D}}{2a}\right) \cdot \left(\mathbb{Z} \oplus \mathbb{Z}\frac{b + \sqrt{D}}{2a'}\right) = \mathbb{Z} \oplus \mathbb{Z}\frac{b + \sqrt{D}}{2aa'}.$$

从而

$$MM' = uu'\left(\mathbb{Z} \oplus \mathbb{Z}\frac{b + \sqrt{D}}{2aa'}\right).$$

根据引理 8.2.7, $MM'$ 为 $\mathcal{O}(D)$ 的分式理想. 由于

$$aa'\mathrm{N}(uu') = a\mathrm{N}(u) \cdot a'\mathrm{N}(u') > 0,$$

故 $uu', uu'\dfrac{b+\sqrt{D}}{2aa'}$ 为 $MM'$ 的正向基. 从而

$$\Pi([MM']) = \left[f_{uu', uu'\frac{b+\sqrt{D}}{2aa'}}\right] = \left[\left(aa', b, \frac{c'}{a}\right)\right].$$

根据命题 8.2.1, 我们有

$$\Pi([MM']) = \Pi([M]) \cdot \Pi([M']).$$

这就证明了 $([M], [M']) \mapsto [MM']$ 给出了 $\mathfrak{Cl}^+(\mathcal{O}(D))$ 上的群结构, 并使得 $\Pi$ 为群同构.

由 $M = u\left(\mathbb{Z} \oplus \mathbb{Z}\dfrac{b+\sqrt{D}}{2a}\right)$ 知 $\overline{M} = u\left(\mathbb{Z} \oplus \mathbb{Z}\dfrac{-b+\sqrt{D}}{2a}\right)$. 从而根据定理 8.2.1,

$$\Pi([\overline{M}]) = [(a, -b, c)] = [(a, b, c)]^{-1} = \Pi([M])^{-1} \in \mathrm{Cl}^+(D).$$

故 $[\overline{M}]$ 为 $[M]$ 在群 $\mathfrak{Cl}^+(\mathcal{O}(D))$ 中的逆元.

当 $D \equiv 0 \pmod 4$ 时, $\mathcal{O}(D) = \mathbb{Z} \oplus \mathbb{Z}\dfrac{\sqrt{D}}{2}$, 从而 $\Pi([\mathcal{O}(D)]) = \left[\left(1, 0, \dfrac{-D}{4}\right)\right] = [f_0]$.

当 $D \equiv 1 \pmod 4$ 时, $\mathcal{O}(D) = \mathbb{Z} \oplus \mathbb{Z}\dfrac{1+\sqrt{D}}{2}$, 从而 $\Pi([\mathcal{O}(D)]) = \left[\left(1, 1, \dfrac{1-D}{4}\right)\right] =$

$[f_0]$. 由定理 8.2.1 知 $[f_0]$ 为 $\mathrm{Cl}^+(D)$ 的单位元, 从而 $[\mathcal{O}(D)]$ 为 $\mathfrak{Cl}^+(\mathcal{O}(D))$ 的单位元. $\square$

注记 8.2.3 给定判别式等于 $D$ 的本原型 $f_1 = (a_1, b_1, c_1)$ 和 $f_2 = (a_2, b_2, c_2)$. 令 $e = \gcd\left(a_1, a_2, \dfrac{b_1+b_2}{2}\right)$. 则整数 $B$ 满足同余式 (8.25) 的充要条件为

$$\left(\mathbb{Z} \oplus \mathbb{Z}\dfrac{b_1+\sqrt{D}}{2a_1}\right) \cdot \left(\mathbb{Z} \oplus \mathbb{Z}\dfrac{b_2+\sqrt{D}}{2a_2}\right) = \dfrac{1}{e}\left(\mathbb{Z} \oplus \mathbb{Z}\dfrac{e^2(B+\sqrt{D})}{2a_1a_2}\right).$$

## 8.3 Gauss 亏格理论

本节中, 设整数 $D \equiv 0, 1 \pmod 4$, 并且 $D$ 非完全平方数.

### 8.3.1 Gauss 符号

从定理 8.2.2 和定理 8.2.3 可以看出, 一个判别式为 $D$ 的二次型是否可表某个与 $D$ 互素的素数与这个素数模 $D$ 的同余性质密切相关. 因此我们有如下定义.

**定义8.3.1** 给定判别式为 $D$ 的型 $f$ 或者类 $C$ 和 $[a] \in (\mathbb{Z}/D\mathbb{Z})^\times$. 我们称 $[a]$ 被 $f$ 或 $C$ **表示**, 是指模 $D$ 的剩余类 $[a]$ 中存在整数可被 $f$ 或 $C$ 表示.

令 $H_C$ 为 $(\mathbb{Z}/D\mathbb{Z})^\times$ 中所有被 $C$ 表示的剩余类组成的集合, 令 $H$ 为 $(\mathbb{Z}/D\mathbb{Z})^\times$ 中可被主类 $C_0$ 表示的剩余类组成的集合.

**引理8.3.1** (1) $H$ 为 $(\mathbb{Z}/D\mathbb{Z})^\times$ 的子群.

(2) 对任何 $C \in \mathrm{Cl}^+(D)$, $H_C$ 为子群 $H$ 在 $(\mathbb{Z}/D\mathbb{Z})^\times$ 中的陪集.

**证明** 根据引理 8.2.5, 对任何 $C$, $C' \in \mathrm{Cl}^+(D)$ 都有 $H_C H_{C'} \subset H_{CC'}$, $H_C H = H_C$. 特别地, $(\mathbb{Z}/D\mathbb{Z})^\times$ 的子集 $H$ 在剩余类的乘法运算下封闭. 于是对任何 $[u] \in H$, $[u^{\varphi(|D|)-1}]$ 被 $C_0^{\varphi(|D|)-1} = C_0$ 表示. 根据定理 2.4.1, $u^{\varphi(|D|)} \equiv 1 \pmod{D}$. 因此 $[u]$ 的逆元 $[u^{\varphi(|D|)-1}] \in H$, 这就证明了 $H$ 为 $(\mathbb{Z}/D\mathbb{Z})^\times$ 的子群.

将引理 8.2.1 应用到 $m = D$ 的情形, 可知 $C$ 中包含使 $a$ 和 $D$ 互素的型 $(a, h, l)$. 于是 $[a] \in H_C$, 从而 $H_C$ 不为空集. 于是我们有 $[a] \cdot H \subset H_C$ 且 $\mathrm{card}(H) \leqslant \mathrm{card}(H_C)$. 同理可取 $[b] \in H_{C^{-1}}$. 于是 $[b] \cdot H_C \subset H_{C^{-1}} H_C \subset H$, 从而 $\mathrm{card}(H_C) \leqslant \mathrm{card}(H)$. 这就证明了 $\mathrm{card}(H_C) = \mathrm{card}(H)$ 且 $H_C = [a] \cdot H$, 即 $H_C$ 为 $H$ 在 $(\mathbb{Z}/D\mathbb{Z})^\times$ 中的陪集. □

定理 8.2.2 和定理 8.2.3 可重新表述如下.

**例8.3.1** (1) 记判别式为 $D = -56$ 的型 $(1, 0, 14), (2, 0, 7), (3, 2, 5), (3, -2, 5)$ 所在的类分别为 $C_0, C_1, C_2, C_3$. 则

$$H = H_{C_1} = \{[1], [9], [15], [23], [25], [39]\}, \quad H_{C_2} = H_{C_3} = \{[3], [5], [13], [19], [27], [45]\}.$$

从而 $H$ 为 $(\mathbb{Z}/56\mathbb{Z})^\times$ 的 6 阶子群, $H_{C_2} = [3] \cdot H$ 为 $H$ 在 $(\mathbb{Z}/56\mathbb{Z})^\times$ 中的陪集.

(2) 记判别式为 $D = -20$ 的型 $(1, 0, 5), (2, 2, 3)$ 所在的类分别为 $C_0, C_1$. 则

$$H = \{[1], [9]\}, \quad H_{C_1} = \{[3], [7]\}.$$

从而 $H$ 为 $(\mathbb{Z}/20\mathbb{Z})^\times$ 的 2 阶子群, $H_{C_1} = [3] \cdot H$ 为 $H$ 在 $(\mathbb{Z}/20\mathbb{Z})^\times$ 中的陪集.

**定义8.3.2** 根据引理 8.3.1, 我们有群同态

$$\omega : \mathrm{Cl}^+(D) \to (\mathbb{Z}/D\mathbb{Z})^\times / H$$

$$C \mapsto H_C.$$

我们称 $\omega$ 为 **Gauss 符号**.

本节主要研究 Gauss 符号 $\omega$ 的性质, 共分为四个步骤.

(1) 通过引入 Kronecker 符号

$$\chi : (\mathbb{Z}/D\mathbb{Z})^\times \to \{\pm 1\}$$

来说明 $\mathrm{im}(\omega) \subset \ker(\chi)/H$, 从而将对 $\omega$ 的讨论归结为研究其诱导的群同态

$$\bar{\omega} : \mathrm{Cl}^+(D)/\mathrm{Cl}^+(D)^2 \to \ker(\chi)/H.$$

(2) 通过 $(\mathbb{Z}/D\mathbb{Z})^\times$ 的特征组来研究 $(\mathbb{Z}/D\mathbb{Z})^\times/H$ 和 $\ker(\chi)/H$ 的结构.

(3) 通过判别式等于 $D$ 的一类特殊二次型来计算 $\mathrm{Cl}^+(D)^2/\mathrm{Cl}^+(D)^2$ 的阶, 并证明 $\mathrm{Cl}^+(D)/\mathrm{Cl}^+(D)^2 \simeq \ker(\chi)/H$. 虽然这不足以说明 $\bar{\omega}$ 为同构, 但至少表明 $\bar{\omega}$ 为同构等价于其为满射或者单射.

(4) 通过三元二次型来证明 $\ker(\omega) = \mathrm{Cl}^+(D)^2$, 即 $\bar{\omega}$ 为单射.

综合这些步骤, 我们最后得出二次型理论中最核心的结果: $\bar{\omega}$ 为群同构.

## 8.3.2　Kronecker 符号

这一小节通过引入 Kronecker 符号来刻画 $(\mathbb{Z}/D\mathbb{Z})^\times$ 中能被某个判别式等于 $D$ 的本原型表示的剩余类.

**定理 8.3.1** *存在唯一的群同态*

$$\chi = \chi_D : (\mathbb{Z}/D\mathbb{Z})^\times \to \{\pm 1\},$$

*使得对任何奇素数 $p \nmid D$ 都有 $\chi([p]) = \left(\dfrac{D}{p}\right)$, 这里 $\left(\dfrac{D}{p}\right)$ 为 Legendre 符号. 此外, $\chi$ 为满同态并且*

$$\chi([-1]) = \begin{cases} 1, & D > 0, \\ -1, & D < 0. \end{cases}$$

我们称 $\chi$ 为 $(\mathbb{Z}/D\mathbb{Z})^\times$ 的 **Kronecker 符号**.

**证明**　这个定理的证明主要用到 Jacobi 符号和二次互反律. 命题用到如下事实: 若与 $D$ 互素的正奇数 $m$ 和 $n$ 满足 $m \equiv n \pmod{D}$, 则

$$\left(\frac{D}{m}\right) = \left(\frac{D}{n}\right).$$

事实上, 将 $D$ 写为 $D = (-1)^\alpha 2^\beta d$, 其中 $\alpha = 0$ 或 $1$, $\beta \in \mathbb{N}$, $d$ 为正奇数. 由命题 5.3.2 得

$$\left(\frac{D}{m}\right) = \left(\frac{-1}{m}\right)^\alpha \left(\frac{2}{m}\right)^\beta \left(\frac{d}{m}\right) = (-1)^{(\alpha + \frac{d-1}{2})\frac{m-1}{2} + \beta \frac{m^2-1}{8}} \left(\frac{m}{d}\right). \tag{8.28}$$

同理

$$\left(\frac{D}{n}\right) = (-1)^{(\alpha+\frac{d-1}{2})\frac{n-1}{2}+\beta\frac{n^2-1}{8}}\left(\frac{n}{d}\right).$$

由 $m \equiv n \pmod{D}$ 推出 $m \equiv n \pmod{d}$ 和 $\left(\frac{m}{d}\right) = \left(\frac{n}{d}\right)$. 因此要证 $\left(\frac{D}{m}\right) = \left(\frac{D}{n}\right)$, 我们只需证明 $\left(\alpha+\dfrac{d-1}{2}\right)\dfrac{m-n}{2}+\beta\dfrac{m^2-n^2}{8}$ 为偶数. 这个当 $\beta \geqslant 2$ 时成立, 这是因为 $4 \mid m-n$ 且 $8 \mid \beta(m-n)$. 否则 $\beta = 0$, $D = (-1)^\alpha d \equiv 1 \pmod{4}$, 从而 $\alpha+\dfrac{d-1}{2}$ 为偶数, 此时 $\left(\alpha+\dfrac{d-1}{2}\right)\dfrac{m-n}{2}+\beta\dfrac{m^2-n^2}{8}$ 亦为偶数. 不论何种情形, 我们都证明了上述事实.

由于 $(\mathbb{Z}/D\mathbb{Z})^\times$ 中每个剩余类均存在正奇数, 因此这一事实给出了一个良好定义的映射

$$\chi : (\mathbb{Z}/D\mathbb{Z})^\times \to \{\pm 1\}$$
$$[m] \mapsto \left(\frac{D}{m}\right),$$

其中 $m$ 为一个正奇数. Jacobi 符号的性质 (命题 5.3.2) 表明 $\chi$ 为群同态, 并且对任何奇素数 $p \nmid D$, 都有 $\chi([p]) = \left(\dfrac{D}{p}\right)$. 同态 $\chi$ 的唯一性成立是因为 $(\mathbb{Z}/D\mathbb{Z})^\times$ 的任何剩余类都含有正奇数, 而每个正奇数都可以写成奇素数之积.

取 $m = 2^{\beta+3}d - 1 \in [-1]$. 则 $\dfrac{m-1}{2}$ 为奇数, $\dfrac{m^2-1}{8}$ 为偶数. 代入 (8.28) 得

$$\chi([-1]) = (-1)^{(\alpha+\frac{d-1}{2})\frac{m-1}{2}+\beta\frac{m^2-1}{8}}\left(\frac{2^{\beta+3}d-1}{d}\right) = (-1)^{\alpha+\frac{d-1}{2}}(-1)^{\frac{d-1}{2}} = (-1)^\alpha.$$

因此当 $D > 0$ 时 $\chi([-1]) = 1$, 而当 $D < 0$ 时 $\chi([-1]) = -1$. 因此要证 $\chi$ 为满射, 只需考虑 $D > 0$ 的情形.

下设 $D > 0$ 并取整数 $D'$ 为使得 $\dfrac{D}{D'}$ 为奇数的平方. 则 $D' \equiv 0, 1 \pmod{4}$. 对任何和 $D$ 互素的整数 $m$, 由 Jacobi 符号的性质知 $\chi_D([m]) = \chi_{D'}([m])$. 故只需证 $\chi_{D'}$ 为满射. 将 $D$ 换成 $D'$, 我们可不妨设 $D$ 没有奇素数平方因子.

若 $D = 2^\beta$, 由 $D$ 不是完全平方数知 $\beta$ 为大于 2 的奇数. 我们有 $\chi([3]) = \left(\dfrac{2^\beta}{3}\right) = -1$.

否则 $d$ 含有奇素因子 $p$, 则 $D = 2^\beta pq$, 其中 $q$ 为与 $p$ 互素的奇数. 任取模 $p$ 的二次非剩余 $r$. 根据中国剩余定理, 存在正奇数 $e$ 满足

$$e \equiv r \pmod{p}, \quad e \equiv 1 \pmod{2^{\beta+3}q}.$$

于是 $\left(\dfrac{e}{p}\right) = \left(\dfrac{r}{p}\right) = -1$. 根据推论 5.2.1 和定理 5.3.1, 我们有

$$\chi([e]) = \left(\frac{D}{e}\right) = \left(\frac{2}{e}\right)^\beta \left(\frac{p}{e}\right) \left(\frac{q}{e}\right) = \left(\frac{e}{p}\right) \left(\frac{e}{q}\right) = -1.$$

这就完成了定理的证明. □

**引理8.3.2** 任给判别式为 $D$ 的本原型 $f$ 及其表示的整数 $m$. 当 $D < 0$ 时我们还要求 $f$ 正定. 若 $m$ 与 $D$ 互素, 则 $\chi([m]) = 1$.

换言之, $\mathrm{im}(\omega) \subset \ker(\chi)/H$.

**证明** 根据假设, 存在整数 $p, q$ 使 $m = f(p, q)$. 令 $e = \gcd(p, q)$, 从而 $\dfrac{m}{e^2} = f\left(\dfrac{p}{e}, \dfrac{q}{e}\right)$ 可被 $f$ 既约表示. 由于 $\chi([m]) = \chi([e])^2 \chi\left(\left[\dfrac{m}{e^2}\right]\right)$, 因此要证 $\chi([m]) = 1$, 我们可不妨设 $m$ 被 $f$ 既约表示. 根据引理 8.1.2, 存在整数 $h, l$ 满足 $D = h^2 - 4ml$. 由于 $m$ 和 $D$ 互素, 则 $h$ 与 $m$ 互素. 以下分三种情形计算 $\chi([m])$.

(i) 若 $m$ 为正奇数, 我们有

$$\chi([m]) = \left(\frac{D}{m}\right) = \left(\frac{h^2 - 4ml}{m}\right) = \left(\frac{h}{m}\right)^2 = 1.$$

(ii) 若 $m$ 为正偶数, 由 $m$ 分别与 $D$ 和 $h$ 互素知 $D$ 和 $h$ 皆为奇数, 从而 $D = h^2 - 4ml \equiv 1 \pmod 8$. 故

$$\chi([2]) = \left(\frac{\mathrm{sgn}(D)|D|}{2 + |D|}\right) = \left(\frac{2 + |D|}{|D|}\right) = \left(\frac{2}{|D|}\right) = 1.$$

将 $m$ 写为 $m = 2^\alpha m'$, 其中 $\alpha$ 为正整数, $m'$ 为奇数. 由情形 (i) 我们有

$$\chi([m]) = \chi([2])^\alpha \chi([m']) = 1.$$

(iii) 若 $m < 0$, 则由 $f$ 的假设知 $D > 0$, 根据定理 8.3.1 知 $\chi([-1]) = 1$. 考虑被型 $-f$ 表示的正整数 $-m$, 情形 (i) 和 (ii) 中已证 $\chi([-m]) = 1$, 从而

$$\chi([m]) = \chi([-1])\chi([-m]) = 1. \qquad \square$$

**引理8.3.3** Gauss 符号

$$\omega : \mathrm{Cl}^+(D) \to (\mathbb{Z}/D\mathbb{Z})^\times / H$$

诱导了群同态

$$\bar{\omega} : \mathrm{Cl}^+(D)/\mathrm{Cl}^+(D)^2 \to \ker(\chi)/H. \tag{8.29}$$

**证明** 根据引理 8.3.2, $\mathrm{im}(\omega) \subset \ker(\chi)/H$. 任取 $C \in \mathrm{Cl}^+(D)$. 根据引理 8.3.1, 存在 $[a] \in (\mathbb{Z}/D\mathbb{Z})^\times$ 使得 $H_C = [a] \cdot H$. 于是 $H_{C^2} = H_C^2 = [a^2] \cdot H$. 由于 $a^2 = f_0(a, 0)$, 即 $a^2$

被主型 $f_0$ 表示, 因此 $[a^2] \in H$. 从而 $\omega(C^2) = H_{C^2} = H$ 为商群 $\ker(\chi)/H$ 的单位元. 根据定理 A.1.1, $\omega$ 诱导了群同态

$$\bar{\omega} : \mathrm{Cl}^+(D)/\mathrm{Cl}^+(D)^2 \to \ker(\chi)/H. \hspace{2cm} \square$$

**注记 8.3.1** Dirichlet 算术级数定理 (定理 1.4.6) 可推出 $\bar{\omega}$ 为满同态. 事实上, 引理 8.3.2 证明了 $(\mathbb{Z}/D\mathbb{Z})^\times$ 中的某个剩余类 $[m]$ 被 $\mathrm{Cl}^+(D)$ 中的某个类表示的必要条件为 $\chi([m]) = 1$. 下证其充分性可由定理 1.4.6 推出. 假设 $\chi([m]) = 1$. 根据定理 1.4.6, 存在奇素数 $p$ 使得 $p \equiv m \pmod{D}$. 于是 $\chi([m]) = \chi([p]) = \left(\dfrac{D}{p}\right) = 1$. 由推论 8.1.1 知 $p$ 可被某个判别式等于 $D$ 的本原型 $f$ 表示. 根据 $\omega$ 的定义, 我们有 $\omega([f]) = [p] \cdot H = [m] \cdot H$. 这就证明了 $\omega$ 为满射, 故 $\bar{\omega}$ 为满同态.

本章的主要结果为 $\bar{\omega}$ 是群同构. 在 8.3.3 小节中通过特征组来计算 $\ker(\chi)/H$ 的阶, 在 8.3.4 小节中通过歧型来计算 $\mathrm{Cl}^+(D)/\mathrm{Cl}^+(D)^2$ 的阶, 我们将会看到 $\mathrm{Cl}^+(D)/\mathrm{Cl}^+(D)^2$ 和 $\ker(\chi)/H$ 的阶相等. 从而 $\bar{\omega}$ 为同构等价于其为单射或满射. 在承认定理 1.4.6 的前提下, 注记 8.3.1 得到了 $\bar{\omega}$ 为同构. 但是定理 1.4.6 的证明超出了本书的范围, 因此我们将在 8.3.5 小节中通过三元二次型理论证明 $\bar{\omega}$ 为单射, 从而也能证明 $\bar{\omega}$ 为同构.

### 8.3.3 群 $(\mathbb{Z}/D\mathbb{Z})^\times$ 的特征组

本小节中通过引入特征组来计算 $\ker(\chi)/H$ 的阶. 考虑 $D$ 的素因子分解

$$D = \pm 2^{\alpha_0} \prod_{i=1}^{k} p_i^{\alpha_i}, \hspace{2cm} (8.30)$$

其中 $p_1, p_2, \cdots, p_k$ 为 $D$ 不同的奇素因子, $\alpha_1, \alpha_2, \cdots, \alpha_k$ 为正整数, $\alpha_0$ 为自然数. 对任何 $1 \leqslant i \leqslant k$, 我们有特征

$$\chi_i : (\mathbb{Z}/D\mathbb{Z})^\times \to \{\pm 1\}$$

$$[a] \mapsto \left(\frac{a}{p_i}\right).$$

若 $D \equiv 0 \pmod 4$, 我们有特征

$$\delta : (\mathbb{Z}/D\mathbb{Z})^\times \to \{\pm 1\}$$

$$[a] \mapsto (-1)^{\frac{a-1}{2}}.$$

若 $D \equiv 0 \pmod 8$, 我们有特征

$$\epsilon : (\mathbb{Z}/D\mathbb{Z})^\times \to \{\pm 1\}$$

$$[a] \mapsto (-1)^{\frac{a^2-1}{8}}.$$

定义 $(\mathbb{Z}/D\mathbb{Z})^\times$ 的特征组如下 (其中 $\mu$ 为特征组所含特征的个数):

| $D$ | 特征组 | $\mu$ |
|---|---|---|
| $D \equiv 1 \pmod 4$ | $\chi_1, \chi_2, \cdots, \chi_k$ | $k$ |
| $D \equiv 4 \pmod{16}$ | $\chi_1, \chi_2, \cdots, \chi_k$ | $k$ |
| $D \equiv 12 \pmod{16}$ | $\chi_1, \chi_2, \cdots, \chi_k, \delta$ | $k+1$ |
| $D \equiv 8 \pmod{32}$ | $\chi_1, \chi_2, \cdots, \chi_k, \epsilon$ | $k+1$ |
| $D \equiv 16 \pmod{32}$ | $\chi_1, \chi_2, \cdots, \chi_k, \delta$ | $k+1$ |
| $D \equiv 24 \pmod{32}$ | $\chi_1, \chi_2, \cdots, \chi_k, \delta\epsilon$ | $k+1$ |
| $D \equiv 0 \pmod{32}$ | $\chi_1, \chi_2, \cdots, \chi_k, \delta, \epsilon$ | $k+2$ |

$$(8.31)$$

这些特征组给出了群同态

$$\Psi : (\mathbb{Z}/D\mathbb{Z})^\times \to \{\pm 1\}^\mu := \underbrace{\{\pm 1\} \times \cdots \times \{\pm 1\}}_{\mu \text{ 个}}. \tag{8.32}$$

例如, 当 $D \equiv 0 \pmod{32}$ 时,

$$\Psi([a]) = \big(\chi_1([a]), \chi_2([a]), \cdots, \chi_k([a]), \delta([a]), \epsilon([a])\big) \in \{\pm 1\}^{k+2}.$$

**定理 8.3.2** 同态 $\Psi$ 为满同态且其核为 $H$, 并且 $\Psi$ 诱导了群同构

$$\overline{\Psi} : (\mathbb{Z}/D\mathbb{Z})^\times / H \simeq \{\pm 1\}^\mu.$$

**证明** 对任何与 $D$ 互素的整数 $a$, 根据定理 3.3.1 知

$$[a] \in H \iff f_0(x, y) \equiv a \pmod D \text{ 有解}$$

$$\iff \begin{cases} f_0(x, y) \equiv a \pmod{2^{\alpha_0}} \text{ 有解}, \\ f_0(x, y) \equiv a \pmod{p_i^{\alpha_i}} \text{ 有解 } (1 \leqslant i \leqslant k). \end{cases}$$

由等式

$$\begin{cases} 4f_0(x, y) = 4\left(x^2 + xy + \dfrac{1-D}{4}y^2\right) \equiv (2x+y)^2 \pmod{p_i^{\alpha_i}}, & D \equiv 1 \pmod 4, \\ f_0(x, y) = x^2 - \dfrac{D}{4}y^2 \equiv x^2 \pmod{p_i^{\alpha_i}}, & D \equiv 0 \pmod 4, \end{cases}$$

以及定理 5.4.1 知

$$f_0(x, y) \equiv a \pmod{p_i^{\alpha_i}} \text{ 有解} \iff \left(\frac{a}{p_i}\right) = 1 \iff \chi_i([a]) = 1.$$

令 $D = 2^{\alpha_0} D'$. 于是 $D'$ 为奇数. 下面分 7 种情形讨论同余方程

$$f_0(x, y) \equiv a \pmod{2^{\alpha_0}}.$$

(i) 设 $D \equiv 1 \pmod 4$, 即 $\alpha_0 = 0$. 令 $\chi_0 : (\mathbb{Z}/D\mathbb{Z})^\times \to \{1\}$ 为平凡特征. 显然 $\chi_0$ 为满射, 并且 $f_0(x, y) \equiv a \pmod 1$ 恒有解. 换言之,

$$f_0(x, y) \equiv a \pmod 1 \text{ 有解} \iff \chi_0([a]) = 1.$$

(ii) 设 $D \equiv 4 \pmod{16}$. 则 $\alpha_0 = 2$, $D' \equiv 1 \pmod 4$, $2 \nmid a$. 令 $\chi_0 : (\mathbb{Z}/D\mathbb{Z})^\times \to \{1\}$ 为平凡特征. 显然 $\chi_0$ 为满射, 并且 $f_0(x, y) = x^2 - D'y^2 \equiv a \pmod 4$ 恒有解. 换言之,

$$f_0(x, y) \equiv a \pmod 4 \text{ 有解} \iff \chi_0([a]) = 1.$$

(iii) 设 $D \equiv 12 \pmod{16}$. 则 $\alpha_0 = 2$, $D' \equiv 3 \pmod 4$, $f_0(x, y) = x^2 - D'y^2$, $2 \nmid a$. 令 $\chi_0 = \delta : (\mathbb{Z}/D\mathbb{Z})^\times \to \{\pm 1\}$. 则 $\chi_0$ 为满射, 并且

$$f_0(x, y) \equiv a \pmod 4 \text{ 有解} \iff a \equiv 1 \pmod 4 \iff \chi_0([a]) = 1.$$

(iv) 设 $D \equiv 8 \pmod{32}$. 则 $\alpha_0 = 3$, $D' \equiv 1 \pmod 4$, $f_0(x, y) = x^2 - 2D'y^2$, $2 \nmid a$. 令 $\chi_0 = \epsilon : (\mathbb{Z}/D\mathbb{Z})^\times \to \{\pm 1\}$. 则 $\chi_0$ 为满射, 并且

$$f_0(x, y) \equiv a \pmod 8 \text{ 有解} \iff a \equiv 1, 7 \pmod 8 \iff \chi_0([a]) = 1.$$

(v) 设 $D \equiv 24 \pmod{32}$. 则 $\alpha_0 = 3$, $D' \equiv 3 \pmod 4$, $f_0(x, y) = x^2 - 2D'y^2$, $2 \nmid a$. 令 $\chi_0 = \delta\epsilon : (\mathbb{Z}/D\mathbb{Z})^\times \to \{\pm 1\}$. 则 $\chi_0$ 为满射, 并且

$$f_0(x, y) \equiv a \pmod 8 \text{ 有解} \iff a \equiv 1, 3 \pmod 8 \iff \chi_0([a]) = 1.$$

(vi) 设 $D \equiv 16 \pmod{32}$. 则 $\alpha_0 = 4$, $f_0(x, y) = x^2 - 4D'y^2$, $2 \nmid a$. 令 $\chi_0 = \delta : (\mathbb{Z}/D\mathbb{Z})^\times \to \{\pm 1\}$. 则 $\chi_0$ 为满射, 并且由定理 5.4.1 得

$$f_0(x, y) \equiv a \pmod{16} \text{ 有解} \iff a \equiv 1 \pmod 4 \iff \chi_0([a]) = 1.$$

(vii) 设 $D \equiv 0 \pmod{32}$. 则 $\alpha_0 \geqslant 5$, $f_0(x, y) = x^2 - 2^{\alpha_0 - 2}D'y^2$, $2 \nmid a$. 令 $\chi_0 = (\delta, \epsilon) : (\mathbb{Z}/D\mathbb{Z})^\times \to \{\pm 1\}^2$. 则 $\chi_0$ 为满射, 并且由定理 5.4.1 得

$$f_0(x, y) \equiv a \pmod{2^{\alpha_0}} \text{ 有解} \iff a \equiv 1 \pmod 8 \iff \chi_0([a]) = 1.$$

这就证明了 $\ker(\Psi) = H$. 要证 $\overline{\Psi}$ 为同构, 根据推论 A.1.1, 只需证明 $\Psi$ 为满射. 任取 $(r_1, r_2, \cdots, r_\mu) \in \{\pm 1\}^\mu$. 对任何 $1 \leqslant i \leqslant k$, 由于 $\chi_i : (\mathbb{Z}/D\mathbb{Z})^\times \to \{\pm 1\}$ 为满射, 则存在与 $D$ 互素的整数 $a_i$, 使得 $\chi_i([a_i]) = r_i$. 同样, 由 $\chi_0 : (\mathbb{Z}/D\mathbb{Z})^\times \to \{\pm 1\}^{\mu-k}$ 为满射知, 存在与 $D$ 互素的整数 $a_0$ 使得 $\chi_0([a_0]) = (r_{k+1}, \cdots, r_\mu)$. 根据中国剩余定理, 存在整数 $b$ 满足

$$b \equiv a_0 \pmod{2^{\alpha_0}}, \quad b \equiv a_i \pmod{p_i^{\alpha_i}} \quad (1 \leqslant i \leqslant k).$$

于是 $\Psi([b]) = (r_1, r_2, \cdots, r_\mu)$. 从而 $\Psi$ 为满射. $\qquad\square$

**推论8.3.1** 令 $\mu$ 为 (8.31) 中的整数. 则 $\ker(\chi)/H$ 为 $2^{\mu-1}$ 阶群.

**证明** 证明需要用到推论 A.1.1. 由定理 8.3.1 知 $\mathrm{card}((\mathbb{Z}/D\mathbb{Z})^\times)/\mathrm{card}(\ker(\chi)) = 2$. 由定理 8.3.2 知 $\mathrm{card}((\mathbb{Z}/D\mathbb{Z})^\times)/\mathrm{card}(H) = 2^\mu$. 因此

$$\mathrm{card}(\ker(\chi)/H) = \frac{\mathrm{card}(\ker(\chi))}{\mathrm{card}(H)} = \frac{\mathrm{card}((\mathbb{Z}/D\mathbb{Z})^\times)/\mathrm{card}(H)}{\mathrm{card}((\mathbb{Z}/D\mathbb{Z})^\times)/\mathrm{card}(\ker(\chi))} = 2^{\mu-1}. \qquad\square$$

### 8.3.4 歧型

这一小节通过歧型来计算狭义类群 $\mathrm{Cl}^+(D)$ 的子群 $\mathrm{Cl}^+(D)[2]$ 以及商群 $\mathrm{Cl}^+(D)/\mathrm{Cl}^+(D)^2$ 的阶.

**定义8.3.3** 我们称二次型 $f = (a, b, c)$ 为**歧型**, 是指 $b = 0$ 或 $b = a$. 换言之, $f$ 为歧型当且仅当 $\alpha f = f$ 或 $\beta f = f$, 其中 $\alpha = \begin{pmatrix} 1 & 0 \\ 0 & -1 \end{pmatrix}$, $\beta = \begin{pmatrix} 1 & 0 \\ 1 & -1 \end{pmatrix}$.

歧型所在的类称为**歧类**.

本节的主要结果为判别式为负的每个歧类有且仅有 2 个歧型, 而判别式为正的每个歧类有且仅有 4 个歧型. 证明之前, 我们需要如下两个引理.

**引理8.3.4** 假设型 $f = (A, B, C)$ 和 $\gamma = \begin{pmatrix} p & q \\ r & s \end{pmatrix} \in \mathrm{GL}_2(\mathbb{Z})$ 满足 $\det(\gamma) = -1$ 且 $\gamma f = f$.

(1) $\gamma^2 = I_2 := \begin{pmatrix} 1 & 0 \\ 0 & 1 \end{pmatrix}$.

(2) 若 $\sigma \in \mathrm{SL}_2(\mathbb{Z})$ 满足 $\sigma f = f$, 则 $\sigma\gamma\sigma = \gamma$.

(3) 存在 $\sigma \in \mathrm{SL}_2(\mathbb{Z})$ 使得 $\sigma\gamma\sigma^{-1} \in \{\alpha, \beta\}$.

(4) 若 $\sigma, \tau \in \mathrm{SL}_2(\mathbb{Z})$ 使得 $\tau\gamma\tau^{-1}$, $\sigma\gamma\sigma^{-1} \in \{\alpha, \beta\}$, 则 $\tau = \sigma$ 或 $\tau = -\sigma$.

**证明** (3) 令 $\eta = \dfrac{B + \sqrt{D}}{2A}$, 其中 $D = B^2 - 4AC$. 由于 $\gamma f = f$ 且 $\det(\gamma) = -1$, 从而根据引理 8.1.4,

$$\bar{\eta} = \frac{r + s\eta}{p + q\eta}.$$

故 $p\bar{\eta} + q\mathrm{N}(\eta) = r + s\eta$, 从而 $p + s = 0$. 由 $\det(\gamma) = -1$ 得 $qr = 1 - p^2 = (1 - p)(1 + p)$. 令 $d = \gcd(1 - p, q)$, $e = \mathrm{sgn}(q)\gcd(1 + p, q)$. 由 $\gcd(1 - p, 1 + p) = 1$ 或 2 以及 $q \mid (1 - p)(1 + p)$ 知 $de = q$ 或 $de = 2q$. 令

$$\sigma = \begin{pmatrix} \dfrac{1+p}{e} & \dfrac{q}{e} \\[2mm] \dfrac{p-1}{d} & \dfrac{q}{d} \end{pmatrix} \quad \text{或} \quad \sigma = \begin{pmatrix} \dfrac{1+p}{e} & \dfrac{q}{e} \\[2mm] \dfrac{1+p}{2e}+\dfrac{p-1}{2d} & \dfrac{q}{2e}+\dfrac{q}{2d} \end{pmatrix},$$

视 $de = 2q$ 或 $de = q$ 而定. 相应地, $\sigma\gamma\sigma^{-1} = \alpha$ 或 $\sigma\gamma\sigma^{-1} = \beta$. 不论何种情形, 都有 $\sigma \in \mathrm{SL}_2(\mathbb{Z})$.

(1) 显然 $\alpha^2 = \beta^2 = I_2$. 当 $\sigma\gamma\sigma^{-1} = \alpha$ 时, $\gamma^2 = (\sigma^{-1}\alpha\sigma)^2 = \sigma^{-1}\alpha^2\sigma = I_2$. 同理, 当 $\sigma\gamma\sigma^{-1} = \beta$ 时, $\gamma^2 = I_2$.

(2) 设 $\sigma \in \mathrm{SL}_2(\mathbb{Z})$ 满足 $\sigma f = f$. 将 (1) 应用到 $\sigma\gamma$ 上, 有 $(\sigma\gamma)(\sigma\gamma) = I_2$. 于是

$$\sigma\gamma\sigma = \sigma\gamma\sigma\gamma\gamma = (\sigma\gamma)(\sigma\gamma)\gamma = \gamma.$$

(4) 只需证明: 若 $\alpha_1, \alpha_2 \in \{\alpha, \beta\}$ 和 $\tau = \begin{pmatrix} a & b \\ c & d \end{pmatrix} \in \mathrm{SL}_2(\mathbb{Z})$ 满足 $\tau\alpha_1 = \alpha_2\tau$, 则 $\tau = I_2$ 或 $\tau = -I_2$. 下面分三种情形讨论.

(i) 若 $\alpha_1 \neq \alpha_2$, 不妨设 $\alpha_1 = \alpha, \alpha_2 = \beta$. 则

$$\begin{pmatrix} a & -b \\ c & -d \end{pmatrix} = \begin{pmatrix} a & b \\ c & d \end{pmatrix}\begin{pmatrix} 1 & 0 \\ 0 & -1 \end{pmatrix} = \begin{pmatrix} 1 & 0 \\ 1 & -1 \end{pmatrix}\begin{pmatrix} a & b \\ c & d \end{pmatrix} = \begin{pmatrix} a & b \\ a-c & b-d \end{pmatrix}.$$

则 $b = 0, c = a - c$. 这与 $1 = ad - bc = 2cd$ 矛盾.

(ii) 若 $\alpha_1 = \alpha_2 = \alpha$, 则

$$\begin{pmatrix} a & -b \\ c & -d \end{pmatrix} = \begin{pmatrix} a & b \\ c & d \end{pmatrix}\begin{pmatrix} 1 & 0 \\ 0 & -1 \end{pmatrix} = \begin{pmatrix} 1 & 0 \\ 0 & -1 \end{pmatrix}\begin{pmatrix} a & b \\ c & d \end{pmatrix} = \begin{pmatrix} a & b \\ -c & -d \end{pmatrix}.$$

于是 $b = c = 0, a = d = \pm 1$.

(iii) 若 $\alpha_1 = \alpha_2 = \beta$, 则

$$\begin{pmatrix} a+b & -b \\ c+d & -d \end{pmatrix} = \begin{pmatrix} a & b \\ c & d \end{pmatrix}\begin{pmatrix} 1 & 0 \\ 1 & -1 \end{pmatrix} = \begin{pmatrix} 1 & 0 \\ 1 & -1 \end{pmatrix}\begin{pmatrix} a & b \\ c & d \end{pmatrix} = \begin{pmatrix} a & b \\ a-c & b-d \end{pmatrix}.$$

从而 $b = 0$ 且 $c + d = a - c$. 由 $ad - bc = 1$ 知 $a = d = \pm 1$, 从而 $c = 0$. $\qquad\square$

考虑二次域 $\mathbb{Q}(\sqrt{D})$ 的子环 $\mathcal{O}(D) = \mathbb{Z} \oplus \mathbb{Z}\eta_D$, 其中 $\eta_D = \dfrac{\sqrt{D}}{2}$ 或 $\dfrac{1+\sqrt{D}}{2}$, 视 $D \equiv 0, 1 \pmod 4$ 而定. 令

$$\mathcal{O}(D)^{\times} = \{\xi \in \mathcal{O}(D) \mid \mathrm{N}(\xi) = \pm 1\},$$

$$\mathcal{O}(D)_{+}^{\times} = \{\xi \in \mathcal{O}(D) \mid \mathrm{N}(\xi) = 1\}.$$

由 7.3.3 小节知 $\mathcal{O}(D)^{\times}$ 为环 $\mathcal{O}(D)$ 的单位群, $\mathcal{O}(D)_{+}^{\times}$ 为 $\mathcal{O}(D)^{\times}$ 的子群.

**引理8.3.5** 设 $f = (a, b, c)$ 为判别式等于 $D$ 的本原型, $\eta = \dfrac{b + \sqrt{D}}{2a}$. 考虑 $\mathrm{SL}_2(\mathbb{Z})$ 的子群

$$I_f = \{\gamma \in \mathrm{SL}_2(\mathbb{Z}) \mid \gamma f = f\}.$$

则有典范的群同构

$$\phi : I_f \to \mathcal{O}(D)_+^{\times}$$

$$\gamma = \begin{pmatrix} p & q \\ r & s \end{pmatrix} \mapsto p + q\eta.$$

**证明** 对任何 $\gamma = \begin{pmatrix} p & q \\ r & s \end{pmatrix} \in I_f$, 根据引理 8.1.4, $\eta = \dfrac{r + s\eta}{p + q\eta}$. 从而

$$\eta - \bar{\eta} = \frac{r + s\eta}{p + q\eta} - \frac{r + s\bar{\eta}}{p + q\bar{\eta}} = \frac{\det(\gamma)}{\mathrm{N}(p + q\eta)}(\eta - \bar{\eta}). \tag{8.33}$$

故 $\mathrm{N}(p + q\eta) = 1$. 由 $\eta = \dfrac{r + s\eta}{p + q\eta}$ 还可得 $q\eta^2 + (p - s)\eta - r = 0$. 由于 $at^2 + bt + c$ 为 $\eta$ 的特征多项式, 故 $a \mid q$. 从而 $p + q\eta \in \mathcal{O}(D)$, 于是 $\phi(\gamma) = p + q\eta \in \mathcal{O}(D)_+^{\times}$. 这就证明了 $\phi$ 的合理性.

要证映射 $\phi$ 为群同态, 再取 $\gamma' = \begin{pmatrix} p' & q' \\ r' & s' \end{pmatrix} \in I_f$. 从而

$$\phi(\gamma')\phi(\gamma) = (p' + q'\eta)(p + q\eta) = \left(p' + q'\frac{r + s\eta}{p + q\eta}\right)(p + q\eta)$$

$$= (p'p + q'r) + (p'q + q's)\eta = \phi(\gamma'\gamma).$$

若 $\phi(\gamma) = p + q\eta = 1$, 则 $p = 1, q = 0$. 从而 $\eta = \dfrac{r + s\eta}{p + q\eta} = r + s\eta$, 即 $r = 0$, $s = 1$. 故 $\phi(\gamma) = 1$ 当且仅当 $\gamma = \begin{pmatrix} 1 & 0 \\ 0 & 1 \end{pmatrix}$. 这就证明了 $\phi$ 为单射.

要证 $\phi$ 为满射, 任取整数 $p$, $q$ 使得 $p + q\eta \in \mathcal{O}(D)_+^{\times}$. 于是 $a \mid q$, 从而 $p\eta + q\eta^2 = p\eta + \dfrac{q}{a}(b\eta - c) \in \mathbb{Z} \oplus \mathbb{Z}\eta$, 故存在 $r, s \in \mathbb{Z}$ 使得 $p\eta + q\eta^2 = r + s\eta$. 取 $\gamma = \begin{pmatrix} p & q \\ r & s \end{pmatrix}$. 于是 $\eta = \dfrac{r + s\eta}{p + q\eta}$, 从而根据 (8.33) 知 $\det(\gamma) = \mathrm{N}(p + q\eta) = 1$, 再由引理 8.14 得 $\gamma f = f$, 从而 $\gamma \in I_f$ 且 $\phi(\gamma) = p + q\eta$. $\qquad \square$

**定理8.3.3** 设 $C \in \mathrm{Cl}^+(D)[2]$. 则当 $D < 0$ 时 $C$ 中有且仅有两个歧型, 而当 $D > 0$

时 $C$ 中有且仅有四个歧型.

**证明** 固定 $f = (a, b, c) \in C$. 由 $C \in \mathrm{Cl}^+(D)[2]$ 知 $C = C^{-1}$. 从而根据定理 8.2.1 中逆元部分的证明, $[f] = [f^-]$, 即 $f$ 与其相反型 $f^-$ 正常等价. 而 $f$ 和 $f^-$ 反常等价, 故 $f$ 与自身反常等价. 换言之, 存在 $\gamma \in \mathrm{GL}_2(\mathbb{Z})$ 使得 $\gamma f = f$ 且 $\det(\gamma) = -1$. 固定一个这样的 $\gamma$.

令 $C^0$ 为 $C$ 中所有歧型组成的集合. 定义映射

$$\Upsilon : I_f / I_f^2 \to C^0$$

$$\delta I_f^2 \mapsto \sigma f,$$

这里 $\sigma$ 为 $\mathrm{SL}_2(\mathbb{Z})$ 中满足 $\sigma(\gamma\delta)\sigma^{-1} \in \{\alpha, \beta\}$ 的任何元素, 其存在性为引理 8.3.4 保证. 首先证明 $\Upsilon$ 定义合理并且为双射.

(1) 对 $\Upsilon$ 定义的合理性, 假设 $\delta$, $\delta' \in I_f$ 满足 $\delta I_f^2 = \delta' I_f^2$. 从而存在 $\omega \in I_f$ 使得 $\delta' = \delta\omega^2$. 根据引理 8.3.4 (2), 我们有 $\omega(\gamma\delta)\omega = \gamma\delta$. 因此

$$(\sigma\omega)\gamma\delta'(\sigma\omega)^{-1} = (\sigma\omega)\gamma\delta\omega^2(\sigma\omega)^{-1} = \sigma(\omega\gamma\delta\omega)\sigma^{-1} = \sigma\gamma\delta\sigma^{-1} \in \{\alpha, \beta\}.$$

根据定义, $\Upsilon(\delta' I_f^2) = \sigma\omega f = \sigma f = \Upsilon(\delta I_f^2)$.

(2) 要证 $\Upsilon$ 为单射, 设 $\delta$, $\delta' \in I_f$ 满足 $\Upsilon(\delta I_f^2) = \Upsilon(\delta' I_f^2)$. 根据定义, 存在 $\sigma$, $\sigma' \in \mathrm{SL}_2(\mathbb{Z})$ 满足 $\sigma(\gamma\delta)\sigma^{-1}$, $\sigma'(\gamma\delta')\sigma'^{-1} \in \{\alpha, \beta\}$ 并且 $\sigma f = \sigma' f$. 由于 $\alpha\sigma f = \sigma f$ 和 $\beta\sigma f = \sigma f$ 不能同时满足, 故 $\sigma(\gamma\delta)\sigma^{-1} = \sigma'(\gamma\delta')\sigma'^{-1}$. 令 $\omega = \sigma^{-1}\sigma'$, 则 $\omega \in I_f$. 从而根据引理 8.3.4 (2), 我们有

$$\gamma\delta = \omega(\gamma\delta')\omega^{-1} = \omega(\gamma\delta')\omega\omega^{-2} = \gamma\delta'\omega^{-2}.$$

因此 $\delta' = \delta\omega^2$, 即 $\delta I_f^2 = \delta' I_f^2$.

(3) 要证 $\Upsilon$ 为满射, 任取 $g \in C^0$. 则存在 $\sigma \in \mathrm{SL}_2(\mathbb{Z})$ 使得 $g = \sigma f$. 根据歧型的定义, $\alpha g = g$ 或者 $\beta g = g$. 不妨设 $\alpha g = g$. 由

$$(\gamma^{-1}\sigma^{-1}\alpha\sigma)f = \gamma^{-1}\sigma^{-1}\alpha g = \gamma^{-1}f = f$$

知 $\gamma^{-1}\sigma^{-1}\alpha\sigma \in I_f$. 从而 $\Upsilon(\gamma^{-1}\sigma^{-1}\alpha\sigma I_f^2) = \sigma f = g$.

从而根据引理 8.3.5, 我们只需证当 $D < 0$ 时, $\mathcal{O}(D)_+^\times / (\mathcal{O}(D)_+^\times)^2$ 为 2 阶群, 当 $D > 0$ 时, $\mathcal{O}(D)_+^\times / (\mathcal{O}(D)_+^\times)^2$ 为 4 阶群. 其中 $D > 0$ 的情形成立, 这是因为根据定理 7.3.3,

$$\mathcal{O}(D)_+^\times / (\mathcal{O}(D)_+^\times)^2 \simeq \mathbb{Z}/2\mathbb{Z} \times \mathbb{Z}/2\mathbb{Z}.$$

下面假设 $D < 0$. 由于 $\mathbb{Q}(\sqrt{D})$ 中任何非零元的范数为正, 我们有 $\mathcal{O}(D)^\times = \mathcal{O}(D)_+^\times$. 故我们只需证

$$\mathcal{O}(D)^\times / (\mathcal{O}(D)^\times)^2 \simeq \mathbb{Z}/2\mathbb{Z}.$$

下面分四种情形来证明. 注意到, 对整数 $p$ 和 $q$, $p + q\eta_D \in \mathcal{O}(D)^\times$ 等价于 $f_0(p, q) = 1$,

其中 $f_0$ 为判别式等于 $D$ 的主型.

(i) 假设 $D = -4$. 则

$$p + q\eta_D \in \mathcal{O}(D)^\times \iff p^2 + q^2 = 1 \iff (p, q) = \pm(1, 0), \pm(0, 1).$$

因此 $\mathcal{O}(D)^\times = \mu_4(\mathbb{C}) = \{\pm 1, \pm \mathrm{i}\}$. 从而

$$\mathcal{O}(D)^\times / (\mathcal{O}(D)^\times)^2 = \{\pm 1, \pm \mathrm{i}\} / \{\pm 1\} \simeq \mathbb{Z}/2\mathbb{Z}.$$

(ii) 假设 $D < -4$ 且 $D \equiv 0 \pmod 4$. 则

$$p + q\eta_D \in \mathcal{O}(D)^\times \iff p^2 - \frac{D}{4}q^2 = 1 \iff (p, q) = \pm(1, 0).$$

从而 $\mathcal{O}(D)^\times = \{\pm 1\}$ 并且 $\mathcal{O}(D)^\times / (\mathcal{O}(D)^\times)^2 \simeq \mathbb{Z}/2\mathbb{Z}$.

(iii) 假设 $D = -3$. 则

$$p + q\eta_D \in \mathcal{O}(D)^\times \iff p^2 + pq + q^2 = 1 \iff (p, q) = \pm(1, 0), \pm(0, 1), \pm(1, -1).$$

从而 $\mathcal{O}(D)^\times = \mu_6(\mathbb{C}) \simeq \mathbb{Z}/6\mathbb{Z}$, 因此 $\mathcal{O}(D)^\times / (\mathcal{O}(D)^\times)^2 \simeq \mathbb{Z}/2\mathbb{Z}$.

(iv) 假设 $D < -3$ 且 $D \equiv 1 \pmod 4$. 则

$$p + q\eta_D \in \mathcal{O}(D)^\times \iff (2p + q)^2 - Dq^2 = 4 \iff (p, q) = \pm(1, 0).$$

从而 $\mathcal{O}(D)^\times = \{\pm 1\}$ 并且 $\mathcal{O}(D)^\times / (\mathcal{O}(D)^\times)^2 = \mathbb{Z}/2\mathbb{Z}$. $\qquad \square$

**注记8.3.2** 设 $D > 0$. 根据定理 8.3.3, 每个判别式等于 $D$ 的歧类 $C$ 中有且仅有 4 个歧型. 若 $(a, 0, c)$ 为 $C$ 中歧型, 则 $(c, 0, a)$ 也为 $C$ 中歧型, 此时 $ac = -\dfrac{D}{4} < 0$; 若 $f = (a, a, c)$ 为 $C$ 中歧型, 则 $g := \begin{pmatrix} -1 & 2 \\ -1 & 1 \end{pmatrix} f = (4c - a, 4c - a, c)$ 也为 $C$ 中歧型, 并且 $\begin{pmatrix} -1 & 2 \\ -1 & 1 \end{pmatrix} g = f$, 此时 $a(4c - a) = -D < 0$. 因此 $C$ 中 4 个歧型可分为两对, 使得每对歧型中恰有一个歧型的 $x^2$ 项系数为正.

定理 8.3.3 的一个重要应用是通过计算给定判别式 $D$ 的歧型个数来确定 $\mathrm{Cl}^+(D)[2]$ 的阶.

**定理8.3.4** 令 $\mu$ 为 (8.31) 所定义的数. 我们有

$$\mathrm{card}(\mathrm{Cl}^+(D)[2]) = 2^{\mu - 1}.$$

换言之, $\mathrm{Cl}^+(D)$ 中恰有 $2^{\mu - 1}$ 个歧类.

**证明** 为了处理正定型和不定型的一致性, 我们在歧型的定义中再加上条件 $a > 0$. 根据定理 8.3.3 和注记 8.3.2, $\mathrm{Cl}^+(D)[2]$ 中每个类均含有两个歧型. 根据例 8.1.1, 每个歧型 $f$ 均与其相反型正常等价, 从而 $[f] \in \mathrm{Cl}^+(D)[2]$. 故 $\mathrm{Cl}^+(D)$ 中的类 $C$ 为歧类当且仅当 $C \in \mathrm{Cl}^+(D)[2]$. 因此只需证明共有 $2^\mu$ 个判别式为 $D$ 的歧型.

注意到 $k$ 为 (8.30) 中 $D$ 的不同奇素因子个数. 先考虑判别式等于 $D$ 的第一种歧型 $(a, 0, c)$, 其个数记为 $n_1$. 这等价于说 $a > 0$, $a$ 和 $c$ 互素, $D \equiv 0 \pmod 4$ 且 $ac = -\dfrac{D}{4}$. 从而第一类歧型个数为 $2^{k'}$, 其中 $k'$ 为 $-\dfrac{D}{4}$ 两两不同之素因子个数. 于是我们有

$$n_1 = \begin{cases} 0, & D \equiv 1 \pmod 4, \\ 2^k, & D \equiv 4 \pmod 8, \\ 2^{k+1}, & D \equiv 0 \pmod 8. \end{cases}$$

再考虑判别式等于 $D$ 的第二种歧型 $(a, a, c)$, 其个数记为 $n_2$. 这等价于说 $a > 0$, $a$ 和 $c$ 互素, $a(a - 4c) = D$. 下面分三种情形来计算 $n_2$.

(i) 设 $D \equiv 1 \pmod 4$. 令 $b = a - 4c$, 则 $(a, a, c)$ 为歧型等价于 $D = ab$, 其中 $a, b$ 为互素的奇数, $a > 0$, 并且 $a \equiv b \pmod 4$. 而最后一个条件由 $D \equiv 1 \pmod 4$ 直接推出. 因此 $n_2$ 为 $D$ 分解为两个互素奇数 $a, b$ 之积的种数, 其中 $a > 0$. 此时, $n_2 = 2^k$.

(ii) 设 $D \equiv 4 \pmod 8$. 由 $D = a(a - 4c)$ 知存在奇数 $a'$ 使得 $a = 2a'$, $c$ 为奇数. 于是 $\dfrac{D}{4} = a'(a' - 2c) \equiv 3 \pmod 4$. 令 $a' - 2c = b'$. 因此 $n_2$ 为奇数 $\dfrac{D}{4}$ 分解为两个互素奇数 $a', b'$ 之积的种数, 其中 $a' > 0$ 且 $a' - b' \equiv 2 \pmod 4$. 此时,

$$n_2 = \begin{cases} 0, & D \equiv 4 \pmod{16}, \\ 2^k, & D \equiv 12 \pmod{16}. \end{cases}$$

(iii) 设 $D \equiv 0 \pmod 8$. 由 $D = a(a - 4c)$ 知存在整数 $a''$ 使得 $a = 4a''$, $c$ 为奇数, $16 \mid D$. 令 $b'' = a'' - c$. 于是 $\dfrac{D}{16} = a''b''$ 且 $a''$ 与 $b''$ 互素. 由 $c = a'' - b''$ 为奇数知 $2 \mid a''b'' = \dfrac{D}{16}$. 故 $32 \mid D$. 因此当 $32 \nmid D$ 时 $n_2 = 0$, 而当 $32 \mid D$ 时, $n_2$ 为偶数 $\dfrac{D}{16}$ 分解为两个互素整数 $a'', b''$ 乘积的种数, 其中 $a'' > 0$. 于是我们有

$$n_2 = \begin{cases} 0, & D \equiv 8, 16, 24 \pmod{32}, \\ 2^{k+1}, & D \equiv 0 \pmod{32}. \end{cases}$$

不管哪种情形, 都有 $n_1 + n_2 = 2^\mu$. $\qquad\qquad\square$

**推论8.3.2** 我们有

$$\mathrm{card}(\mathrm{Cl}^+(D)/\mathrm{Cl}^+(D)^2) = 2^{\mu-1}.$$

**证明** 由引理 5.1.1 和定理 8.3.4 知

$$\mathrm{card}(\mathrm{Cl}^+(D)/\mathrm{Cl}^+(D)^2) = \mathrm{card}(\mathrm{Cl}^+(D)[2]) = 2^{\mu-1}. \qquad\square$$

**注记8.3.3** 根据推论 8.3.1 和推论 8.3.2, 同态

$$\bar{\omega} : \mathrm{Cl}^+(D)/\mathrm{Cl}^+(D)^2 \to \ker(\chi)/H$$

的两端均为 $2^{\mu-1}$ 阶群. 因此要证 $\bar{\omega}$ 为同构, 只需证明其为单射或者满射.

### 8.3.5 三元二次型

一个**有理系数三元二次型**是指形如

$$f = ax^2 + by^2 + cz^2 + uxy + vyz + wzx$$

的函数, 其中 $x, y, z$ 为不定元, $a, b, c, u, v, w$ 为有理数. 和二元二次型类似, $f$ 也可写作矩阵乘法

$$f(x, y, z) = (x, y, z) \begin{pmatrix} a & \dfrac{u}{2} & \dfrac{w}{2} \\ \dfrac{u}{2} & b & \dfrac{v}{2} \\ \dfrac{w}{2} & \dfrac{v}{2} & c \end{pmatrix} \begin{pmatrix} x \\ y \\ z \end{pmatrix}.$$

将上式中的 3 阶方阵记为 $M_f$. 定义 $f$ 的**判别式**为

$$\det(M_f) = abc + \frac{uvw}{2} - \frac{av^2}{4} - \frac{bw^2}{4} - \frac{cu^2}{4}.$$

我们同样可以定义**整系数三元二次型**. 我们称两个三元二次型 $f$ 和 $F$ **等价**, 是指存在整数 $p, q, r, p', q', r', p'', q'', r''$ 满足

$$F(x, y, z) = f(px + qy + rz, p'x + q'y + r'z, p''x + q''y + r''z),$$

$$pq'r'' + qr'p'' + rp'q'' - pr'q'' - qp'r'' - rq'p'' = \pm 1. \tag{8.34}$$

换言之, $f$ 和 $F$ 等价是指, 存在三阶整系数矩阵 $\gamma$ 使得 $F(x, y, x) = f((x, y, z)\gamma)$ 并且 $\det(\gamma) = \pm 1$. 此时, $M_F = \gamma M_f \gamma^{\mathrm{T}}$, 从而

$$\det(M_F) = \det(M_f)\det(\gamma)^2 = \det(M_f),$$

即两个等价的三元二次型有相同的判别式. 定义 $f$ 的**伴随型**为

$$f^* := a^*x^2 + b^*y^2 + c^*z^2 + u^*xy + v^*yz + w^*zx,$$

其中

$$a^* = bc - \frac{v^2}{4}, \quad b^* = ac - \frac{w^2}{4}, \quad c^* = ab - \frac{u^2}{4},$$

$$u^* = \frac{vw}{2} - cu, \quad v^* = \frac{uw}{2} - av, \quad w^* = \frac{uv}{2} - bw.$$

换言之, $M_{f^*}$ 为 $M_f$ 的伴随矩阵. 于是 $-4a^*$, $-4b^*$, $-4c^*$ 分别为二元二次型 $f(0,y,z)$, $f(x,0,z)$, $f(x,y,0)$ 的判别式. 将 $f^*$ 的伴随 $f^{**}$ 写为

$$f^{**} = a^{**}x^2 + b^{**}y^2 + c^{**}z^2 + u^{**}xy + v^{**}yz + w^{**}zx.$$

由 $M_{f^{**}} = ((M_f)^*)^* = \det(M_f)M_f$ 可得

$$f^{**} = \det(M_f)f. \tag{8.35}$$

**引理8.3.6** 任何判别式为 $\delta \neq 0$ 的整系数三元二次型均等价于一个整系数三元二次型 $f = ax^2 + by^2 + cz^2 + uxy + vyz + wzx$, 其中

(1) $|a| \leqslant \sqrt{\frac{1}{3}|u^2 - 4ab|}$;

(2) $|u^2 - 4ab| \leqslant \sqrt{\frac{64}{3}|a\delta|}$.

**证明** 证明用到如下两个事实.

(i) 任何判别式为 $d$ 的本原二元二次型均正常等价于型 $(\alpha, \beta, \gamma)$, 其中整数 $\alpha$ 满足 $|\alpha| \leqslant \sqrt{\frac{|d|}{3}}$. 这是定理 8.1.3 和定理 8.1.8 的直接推论.

(ii) 不等式 (1) 等价于 $|a| \leqslant \sqrt{\frac{4}{3}|c^*|}$, 由 (8.35) 知不等式 (2) 等价于 $|c^*| \leqslant \sqrt{\frac{4}{3}|a^{**}|}$.

给定判别式等于 $\delta$ 的整系数三元二次型

$$f_0 = a_0x^2 + b_0y^2 + c_0z^2 + u_0xy + v_0yz + w_0zx.$$

下面来归纳定义一列等价的整系数三元二次型

$$f_n = a_nx^2 + b_ny^2 + c_nz^2 + u_nxy + v_nyz + w_nzx \quad (n \geqslant 0).$$

(a) 若 $f_n$ 不满足 (1), 则 $\sqrt{\frac{4}{3}|c_n^*|} < |a_n|$. 根据事实 (i), 存在整数 $p, q, r, s$ 满足 $ps - qr = 1$ 和 $|a_{n+1}| \leqslant \sqrt{\frac{4}{3}|c_n^*|}$, 其中

$$f_{n+1}(x, y, z) = f_n(px + ry, qx + sy, z).$$

根据伴随型的定义, $-4c_{n+1}^*$ 和 $-4c_n^*$ 分别为二元二次型 $f_{n+1}(x,y,0) = f_n(px + ry, qx + sy, 0)$ 和 $f_n(x,y,0)$ 的判别式. 根据引理 8.1.1, $-4c_{n+1}^* = -4c_n^*$, 即 $c_{n+1}^* = c_n^*$. 此时我们有

$$|a_n| + |c_n^*| > |a_{n+1}| + |c_{n+1}^*|. \tag{8.36}$$

(b) 若 $f_n$ 满足 (1) 但不满足 (2), 则 $\sqrt{\dfrac{4}{3}|a_n^{**}|} < |c_n^*|$. 将情形 (a) 应用到 $f_n^*$ 上, 同理可知存在整数 $p', q', r', s'$ 满足 $p's' - q'r' = 1$ 和 $|c_{n+1}^*| \leqslant \sqrt{\dfrac{4}{3}|a_n^{**}|}$, 其中

$$f_{n+1}^*(x, y, z) = f_n^*(x, p'y + r'z, q'y + s'z).$$

和情形 (a) 类似, $|c_{n+1}^*| < |c_n^*|$ 且 $a_{n+1}^{**} = a_n^{**}$. 令 $f_{n+1} = \dfrac{1}{\delta} f_{n+1}^{**}$. 由 (8.35) 知 $a_{n+1} = \dfrac{a_{n+1}^{**}}{\delta} = \dfrac{a_n^{**}}{\delta} = a_n$. 此时, 我们也有

$$|a_n| + |c_n^*| > |a_{n+1}| + |c_{n+1}^*|.$$

(c) 若 $f_n$ 同时满足 (1) 和 (2), 令 $f_{n+1} = f_n$.

于是我们可得一列等价的整系数三元二次型 $\{f_n\}_{n \in \mathbb{N}}$ 使得

$$|a_n| + |c_n^*| \geqslant |a_{n+1}| + |c_{n+1}^*| \quad (n \geqslant 0).$$

由于 $a_n, 4c_n^* \in \mathbb{Z}$, 于是存在 $k \in \mathbb{N}$ 使得 $|a_k| + |c_k^*| = |a_{k+1}| + |c_{k+1}^*|$. 故 $f_k$ 同时满足条件 (1) 和 (2). $\qquad\square$

**推论8.3.3** 若整系数三元二次型 $f$ 的判别式 $\delta = -\dfrac{1}{4}$, 则 $f$ 等价于 $y^2 - xz$.

**证明** 根据引理 8.3.6, 可设型 $f = ax^2 + by^2 + cz^2 + uxy + vyz + wzx$ 满足

$$|a| \leqslant \sqrt{\frac{1}{3}|u^2 - 4ab|}, \quad |u^2 - 4ab| \leqslant \sqrt{\frac{64}{3}|a\delta|}.$$

于是 $|a|^3 \leqslant \dfrac{16}{27}$, 即 $a = 0$, 因此 $u = 0$. 此时 $\delta = -\dfrac{1}{4}bw^2 = -\dfrac{1}{4}$, 即 $b = 1$, $w = \pm 1$. 因此

$$f = y^2 + cz^2 + vyz + wxz = y^2 + (wx + vy + cz)z.$$

因此

$$y^2 - xz = f(-w(x + vy + cz), y, z).$$

这就完成了推论的证明. $\qquad\square$

**定理8.3.5** 考虑定义 8.3.2 中的 Gauss 符号

$$\omega : \mathrm{Cl}^+(D) \to (\mathbb{Z}/D\mathbb{Z})^\times / H.$$

我们有 $\ker(\omega) = \mathrm{Cl}^+(D)^2$. 特别地, $\omega$ 诱导了群结构

$$\bar{\omega} : \mathrm{Cl}^+(D)/\mathrm{Cl}^+(D)^2 \simeq \ker(\chi)/H.$$

**证明**　任取 $C \in \ker(\omega)$ 以及本原二次型 $f(x,y) = ax^2 + bxy + cy^2 \in C$. 首先证明 $f$ 可表与 $D$ 互素的完全平方数.

根据 Gauss 符号 $\omega$ 的定义, 存在整数 $u, v$ 使得 $f(u,v) \equiv 1 \pmod{D}$, 即存在整数 $w$ 使得 $f(u,v) = 1 - wD$. 因此整系数三元二次型

$$g(x,y,z) = ax^2 + bxy + cy^2 + wz^2 + uyz - vzx$$

的判别式为 $-\dfrac{1}{4}$. 根据推论 8.3.3, 存在整数 $p, q, r, p', q', r', p'', q'', r''$ 满足 (8.34) 和

$$g(x,y,z) = (p'x + q'y + r'z)^2 - (px + qy + rz)(p''x + q''y + r''z).$$

将 $z = 0$ 代入上式可得

$$f(x,y) = (p'x + q'y)^2 - (px + qy)(p''x + q''y). \tag{8.37}$$

比较上式两边的系数可得

$$\begin{cases} a = p'^2 - pp'', \\ b = 2p'q' - pq'' - p''q, \\ c = q'^2 - qq''. \end{cases} \tag{8.38}$$

令

$$\begin{cases} A = pq' - p'q, \\ B = pq'' - p''q, \\ C = p'q'' - p''q'. \end{cases}$$

根据 (8.38), 我们有

$$B^2 - 4AC = b^2 - 4ac = D. \tag{8.39}$$

为了记号简洁, 令

$$L = px + qy, \ L' = p'x + q'y, \ L'' = p''x + q''y.$$

对任何整数 $t$, 由 (8.37) 得

$$
\begin{aligned}
f(x,y) &= L'^2 - LL'' \\
&= \left[ (t^2 + t)L + (2t+1)L' + L'' \right]^2 - \\
&\quad \left[ (t+1)^2 L + (2t+2)L' + L'' \right]\left( t^2 L + 2tL' + L'' \right).
\end{aligned}
$$

将 $x = t^2 q + 2tq' + q''$, $y = -(t^2 p + 2tp' + p'')$ 代入上式得

$$f(t^2q + 2tq' + q'', -(t^2p + 2tp' + p'')) = (At^2 + Bt + C)^2.$$

因此要证 $f$ 可表与 $D$ 互素的完全平方数, 只需证明存在整数 $t$ 使得 $At^2 + Bt + C$ 与 $D$ 互素. 根据中国剩余定理, 只需证对 $D$ 的任一素因子 $e$, 均存在整数 $t$ 使得 $At^2 + Bt + C$ 与 $e$ 互素. 若 $e \nmid C$, 取 $t = 0$ 即可. 否则 $e \mid C$, 从而由 $D = B^2 - 4AC$ 知 $e \mid B$. 等式 (8.34) 等价于 $r''A - r'B + rC = \pm 1$, 故 $e \nmid A$, 此时令 $t = 1$ 即可.

上面我们证明了存在整数 $m, n, k$ 使得 $f(n, k) = m^2$, $m$ 与 $D$ 互素并且 $m > 0$. 约去 $n, k$ 的最大公因子后, 可不妨设 $n$ 与 $k$ 互素. 根据引理 8.1.2 知存在整数 $h$ 和 $l$ 使得 $f$ 正常等价于 $(m^2, h, l)$. 由于等价的型有相同的判别式, 则 $D = h^2 - 4m^2 l$. 由 $m$ 和 $D$ 互素知 $m$ 和 $h$ 互素. 于是 $(m, h, ml)$ 为判别式等于 $D$ 的本原二次型, 并且当 $D < 0$ 时, 其为正定型. 根据定义 8.23 知 $(m, h, ml)$ 与自身协调. 由命题 8.2.1 知,

$$(m^2, h, l) = (m, h, ml) * (m, h, ml),$$
$$C = [(m^2, h, l)] = [(m, h, ml)]^2 \in \mathrm{Cl}^+(D)^2.$$

这就证明了 $\ker(\omega) \subset \mathrm{Cl}^+(D)^2$, 从而 $\bar{\omega}$ 为单射. 根据注记 8.3.3, $\bar{\omega}$ 为同构. □

**定义8.3.4**　沿用定义 8.3.2 中的记号. 对任何 $H$ 在 $\ker(\chi)$ 中的陪集 $H'$, 称 $\omega^{-1}(H')$ 为 $H'$ 的**族**. 特别地, 将 $\omega^{-1}(H)$ 称为**主族**.

沿用 8.3.3 小节中的记号. 给定 $f \in C \in \mathrm{Cl}^+(D)$. 根据引理 8.2.1, $f$ 可表与 $D$ 互素的某个整数 $m$. 则 $\Psi([m]) \in \{\pm 1\}^\mu$ 不依赖于 $m$ 的选取, 称之为 $f$ 和 $C$ 的**特征系**.

**推论8.3.4**　(1) $\mathrm{Cl}^+(D)$ 中共有 $2^{\mu-1}$ 个族, 每个族所含的类数相等, 并且一个类属于主族当且仅当其为某个类的平方.

(2) $\mathrm{Cl}^+(D)$ 中两个类属于同一个族当且仅当它们有相同的特征系, 也当且仅当它们表示 $(\mathbb{Z}/D\mathbb{Z})^\times$ 中同样的剩余类.

(3) 设奇素数 $p \nmid D$. 则 $\chi([p]) = 1$ 当且仅当 $p$ 被族 $\omega^{-1}([p] \cdot H)$ 中的某个类表示.

(4) 假设 $\mathrm{Cl}^+(D)$ 中的主族只含有一个类. 则对任何 $f \in C \in \mathrm{Cl}^+(D)$ 以及奇素数 $p \nmid D$, $f$ 可表剩余类 $[p] \in (\mathbb{Z}/D\mathbb{Z})^\times$ 当且仅当 $f$ 可表 $p$.

**证明**　(1) 和 (2) 为注记 8.3.3 和定理 8.3.5 的直接推论. (3) 的充分性由引理 8.3.2 直接推出, (4) 的充分性显然.

假设 $\chi([p]) = 1$. 根据 Kronecker 符号的定义, Legendre 符号 $\left(\dfrac{D}{p}\right) = 1$. 根据推论 8.1.1, $p$ 被某个判别式等于 $D$ 的型 $f$ 表示. 从而 $f$ 属于族 $\omega^{-1}([p] \cdot H)$, 这就证明了 (3) 的必要性.

假设判别式为 $D$ 的主族中只含有一个类. 于是 Gauss 符号 $\omega : \mathrm{Cl}^+(D) \to (\mathbb{Z}/D\mathbb{Z})^\times / H$ 为单射. 设 $f$ 可表剩余类 $[p]$, 即存在整数 $p' \equiv p \pmod{D}$ 使得 $p'$ 可被 $f$ 表示. 由引理 8.3.2 知 $\chi([p']) = 1$. 根据 Kronecker 符号的定义, $1 = \chi([p']) = \chi([p])$. 根据 (3) 的结果, $p$ 被族

$\omega^{-1}([p] \cdot H)$ 中的某个类表示. 根据假设, 族 $\omega^{-1}([p] \cdot H)$ 中只有一个类. 这就证明了 (4) 的
必要性. □

根据推论 8.3.4, $\mathrm{Cl}^+(D)$ 中的类在 $(\mathbb{Z}/D\mathbb{Z})^\times$ 中的取值只能确定该类所在的族, 而无
法确定它具体为族中的哪个类, 除非主族中只包含一个类.

例如, 在定理 8.2.2 中, $\mathrm{Cl}^+(-56)$ 含有两个族, 每个族含有两个类. 于是按照类在
$(\mathbb{Z}/-56\mathbb{Z})^\times$ 中的取值是无法区分型 $(1, 0, 14)$ 和 $(2, 0, 7)$ 所在的类, 也无法区分 $(3, 2, 5)$
和 $(3, -2, 5)$ 所在的类. 又例如, 在定理 8.2.3 中, $\mathrm{Cl}^+(-20)$ 含有两个族, 每个族只含一个
类, 从而 $\mathrm{Cl}^+(-20)$ 中的类完全由其在 $(\mathbb{Z}/-20\mathbb{Z})^\times$ 中的取值决定.

## 习题

**1.** (1) 分别求出判别式 $D = -108, -256$ 的所有约化本原型;

(2) 求与 $126x^2 + 74xy + 15y^2$ 正常等价的约化型.

**2.** (1) 判定判别式等于 $-83$ 的两个型 $(297, 103, 9)$ 和 $(2777, 105, 1)$ 是否正常等价?

(2) 试问判别式等于 $109$ 的两个型 $(3, 5, -7)$ 和 $(5, 7, -3)$ 是否正常等价?

(3) 分别求出判别式 $D = -83, 109$ 的所有约化本原型, 并计算类数 $h(D)$.

**3.** 令 $T = \begin{pmatrix} 1 & 0 \\ 1 & 1 \end{pmatrix}$, $S = \begin{pmatrix} 0 & 1 \\ -1 & 0 \end{pmatrix}$. 利用正定型的约化理论证明: 群 $\mathrm{SL}_2(\mathbb{Z})$ 可由 $T$
和 $S$ 生成.

**4.** (1) 证明: 任何判别式等于 $D$ 的本原型均正常等价于型 $ax^2 + bxy + cy^2$, 其中
$$|b| \leqslant |a| \leqslant |c|.$$

(2) 若判别式等于 $D$ 的型 $ax^2 + bxy + cy^2$ 满足 (1) 中的不等式, 证明: 当 $D < 0$ 时,
$|a| \leqslant \sqrt{\dfrac{|D|}{3}}$, 当 $D > 0$ 时, $|a| \leqslant \dfrac{\sqrt{D}}{2}$. 并由此推出类数 $h(D)$ 有限.

**5.** (1) 证明: 判别式 $D = -24, -40, -52, -60, -84, -88, -120$ 中的主族均只含
一个类.

(2) 对任何素数 $p \nmid D$, 证明:

$p$ 可被 $x^2 + 6y^2$ 表示 $\iff p \equiv 1, 7 \pmod{24}$,

$p$ 可被 $x^2 + 10y^2$ 表示 $\iff p \equiv 1, 9, 11, 19 \pmod{40}$,

$p$ 可被 $x^2 + 13y^2$ 表示 $\iff p \equiv 1, 9, 17, 25, 29, 49 \pmod{52}$,

$p$ 可被 $x^2 + 15y^2$ 表示 $\iff p \equiv 1, 19, 31, 49 \pmod{60}$,

$p$ 可被 $x^2 + 21y^2$ 表示 $\Longleftrightarrow p \equiv 1, 25, 37 \pmod{84}$,

$p$ 可被 $x^2 + 22y^2$ 表示 $\Longleftrightarrow p \equiv 1, 9, 15, 23, 25, 31, 47, 49, 71, 81 \pmod{88}$,

$p$ 可被 $x^2 + 30y^2$ 表示 $\Longleftrightarrow p \equiv 1, 31, 49, 79 \pmod{120}$.

**6.** 在定义 8.2.1 中, 忽略 (8.16) 中的最后两个条件. 证明: 两个型

$$14x^2 + 10xy + 21y^2, \quad 9x^2 + 2xy + 30y^2$$

可以复合成四个两两不正常等价的型

$$126x^2 \pm 74xy + 13y^2, \quad 126x^2 \pm 38xy + 5y^2.$$

**7.** 设 $p, q$ 为奇素数. 证明:

$$p, q \equiv 3, 7 \pmod{20} \Longrightarrow pq \text{ 被 } x^2 + 5y^2 \text{ 表示} \quad \text{(Fermat)}$$

$$p \equiv 3, 7 \pmod{20} \Longrightarrow 2p \text{ 被 } x^2 + 5y^2 \text{ 表示} \quad \text{(Euler)}.$$

**8.** 对任何正整数 $m$, 定义 Kronecker 符号 $\left(\dfrac{D}{m}\right)$ 如下:

$$\left(\frac{D}{m}\right) = \begin{cases} 1, & m = 2, \ D \equiv 1 \pmod{8}, \\ -1, & m = 2, \ D \equiv 5 \pmod{8}, \\ \text{Legendre 符号} \left(\dfrac{D}{m}\right), & m \text{ 为奇素数}, \ m \nmid D, \\ 0, & m \text{ 为素数}, \ m \mid D, \\ \displaystyle\prod_{i=1}^{r} \left(\frac{D}{p_i}\right), & m \text{ 素因子分解为} \displaystyle\prod_{i=1}^{r} p_i. \end{cases}$$

设正整数 $m$ 与 $D$ 互素. 证明:

(1) $\chi_D([m]) = \left(\dfrac{D}{m}\right)$;

(2) Kronecker 符号

$$\left(\frac{D}{m}\right) = \begin{cases} \left(\dfrac{m}{|D|}\right), & D \equiv 1 \pmod{4}, \\ (-1)^{\frac{m-1}{2} \frac{d-1}{2}} \left(\dfrac{2}{m}\right)^{\beta} \left(\dfrac{m}{|d|}\right), & D = 2^{\beta} d, \ 2 \nmid d, \end{cases}$$

其中 $\left(\dfrac{m}{|D|}\right), \left(\dfrac{m}{|d|}\right)$ 皆为 Jacobi 符号.

**9.** 设正整数 $m$ 和 $D$ 互素, 则同余方程

$$x^2 \equiv D \pmod{4m}$$

的解数等于

$$2\sum_d \left(\frac{D}{d}\right),$$

其中 $d$ 取遍 $m$ 之无平方因子的正因子，$\left(\dfrac{D}{d}\right)$ 为习题 8 的 Kronecker 符号．

**10.** 给定判别式等于 $D$ 的本原型 $f(x,y)$ 和正整数 $m$．若互素的整数 $p$，$q$ 满足 $f(p,q)=m$，则称 $x=p, y=q$ 为不定方程

$$f(x,y)=m \tag{8.40}$$

的既约解．

(1) 若 $x=p, y=q$ 为 (8.40) 的既约解，则存在唯一的整数 $r$，$s$，$h$，$l$ 满足

$$\begin{cases} ps - qr = 1, \\ f(px+ry, qx+sy) = mx^2 + hxy + ly^2, \\ 0 \leqslant h < 2m. \end{cases}$$

(2) 设 (8.40) 的两组既约解 $x=p, y=q$ 和 $x=p', y=q'$ 对应同一个 $h$，则

$$[(2ap+bq)+q\sqrt{D}]\left(\frac{u+v\sqrt{D}}{2}\right) = (2ap'+bq')+q'\sqrt{D}, \tag{8.41}$$

其中 $x=u, y=v$ 为方程

$$x^2 - Dy^2 = 4 \tag{8.42}$$

的整数解．反之，设 $x=u, y=v$ 为 (8.42) 的整数解，$x=p, y=q$ 为 (8.40) 对应 $h$ 的既约解．则 (8.41) 中定义的 $x=p', y=q'$ 也为 (8.40) 对应 $h$ 的既约解．

(3) 设 $w$ 为 (8.42) 的整数解个数．则

$$w = \begin{cases} 2, & D < -4, \\ 4, & D = -4, \\ 6, & D = -3. \end{cases}$$

(4) 假设 $D < 0$ 且和 $m$ 互素．令 $f_1, f_2, \cdots, f_{h(D)}$ 为所有判别式等于 $D$ 的约化本原型．则

$$f_i(x,y) = m \quad (1 \leqslant i \leqslant h(D))$$

中每个不定方程的既约解个数之和为

$$w \sum_d \left( \frac{D}{d} \right),$$

其中 $d$ 取遍 $m$ 之无平方因子的正因子, $\left( \dfrac{D}{d} \right)$ 为习题 8 的 Kronecker 符号.

(5) 在 (4) 的假设下,

$$f_i(x, y) = m \quad (1 \leqslant i \leqslant h(D))$$

中每个不定方程的整数解个数之和为

$$w \sum_d \left( \frac{D}{d} \right),$$

其中 $d$ 取遍 $m$ 的正因子.

**11.** 设 $m$ 为正整数. 则不定方程

$$x^2 + y^2 = m$$

的整数解个数为

$$4 \sum_{d \mid m} \left( \frac{-1}{d} \right) = 4(d_1(m) - d_3(m)),$$

其中 $d_1(m)$ 和 $d_3(m)$ 分别为 $m$ 模 4 余 1 和模 4 余 3 的正因子个数. 这给出了命题 6.5.2 的另一个证明.

**12.** 对任何正整数 $m$, 令 $\psi(m)$ 为 $D$ 模 3 余 1 的正因子个数减去模 3 余 2 的正因子个数. 证明:

(1) 不定方程

$$x^2 + xy + y^2 = m$$

的整数解个数为 $6\psi(m)$;

(2) 若 $\alpha \in \mathbb{N}$, $m$ 为奇数, 不定方程

$$x^2 + 3y^2 = 2^\alpha m$$

的整数解个数为

$$\begin{cases} 0, & \alpha \text{ 为正奇数}, \\ 2\psi(m), & \alpha = 0, \\ 6\psi(m), & \alpha \text{ 为正偶数}. \end{cases}$$

**13.** 给定正整数 $m = 2^\alpha n$, 其中 $\alpha \in \mathbb{N}$, $n$ 为奇数. 证明: 不定方程

$$x^2 + 2y^2 = m$$

的整数解个数为

$$2\sum_d \left(\frac{-2}{d}\right) = 2f(n),$$

其中 $d$ 取遍 $m$ 的正奇因子, $f(n)$ 为 $n$ 之模 8 余 1 或 3 的正因子个数减去模 8 余 5 或 7 的正因子个数.

**14.** 已知共有两个判别式 $-20$ 的约化本原型 $x^2 + 5y^2$ 和 $2x^2 + 2xy + 3y^2$. 设正整数 $m$ 与 20 互素. 证明:

(1) 当 $m \equiv -1, -3, -7, -9 \pmod{20}$ 时, $m$ 不能被上述二型之任一表示;

(2) 当 $m \equiv 1, 9 \pmod{20}$ 时, $x^2 + 5y^2 = m$ 的整数解个数为 $2\sum_{d|m} \left(\frac{-5}{d}\right)$;

(3) 当 $m \equiv 3, 7 \pmod{20}$ 时, $2x^2 + 2xy + 3y^2 = m$ 的整数解个数为 $2\sum_{d|m} \left(\frac{-5}{d}\right)$.

**15.** 确定 $\mathrm{Cl}^+(D)$ 的群结构, 其中 $D = -96, -195$.

附录 A

# 群、环、域初步

本书的正文中用到了一些代数学中最基本的概念. 为了便于阅读, 本章对书中涉及的群、环、域等代数结构做一个初步的介绍, 并给出与书中内容相关的一些例子. 本章分为三节, 第一节是群理论, 包括子群、商群、群同态基本定理、循环群与有限生成 Abel 群的结构; 第二节和第三节分别为环理论和域理论, 主要内容包括多项式环, 域上的多项式、二次域.

# A.1  群

这一节主要介绍群的基本概念和性质, 特别是循环群以及有限生成 Abel 群的结构.

## A.1.1  群的基本概念及性质

**定义A.1.1**    非空集合 $G$ 上的**二元运算**是指一个映射 $G \times G \to G$, 一般用乘法记号写为 $(x, y) \mapsto x \cdot y$, 或简写为 $xy$. 二元运算可视作 $G$ 上的某种乘法.

一个**群**是指一个二元组 $(G, \cdot)$, 其中 $G$ 为一个非空集合, $\cdot$ 为 $G$ 上的二元运算, 并且它们满足下述三条公理:

(1) **结合律**成立, 即对所有 $x, y, z \in G$ 都有等式 $(xy)z = x(yz)$.

(2) $G$ 中存在**单位元** $1_G$, 即对任何 $x \in G$ 都有 $x \cdot 1_G = 1_G \cdot x = x$.

(3) $G$ 中每个元素 $x$ 均有**逆元**, 即存在 $x^{-1} \in G$ 使得 $xx^{-1} = x^{-1}x = 1_G$.

称群 $(G, \cdot)$ 为**交换群**或 **Abel 群**, 是指它们还满足公理

(4) **交换律**成立, 即对所有 $x, y \in G$ 都有等式 $xy = yx$.

我们常用 $G$ 来简记群 $(G, \cdot)$, 用 1 来简记群 $G$ 的单位元 $1_G$.

**定义A.1.2**    设 $G$ 为群.

(1) 若 $A, B$ 为 $G$ 的子集, 定义

$$AB = \{ab \mid a \in A, \, b \in B\} \subset G;$$

若 $A$ 或 $B$ 是独点集 $\{x\}$, 则 $AB$ 相应地写作 $xB$ 或 $Ax$. 根据结合律, 我们还可以定义子集 $ABC$, $ABCD$ 等.

(2) 若 $G$ 的非空子集 $H$ 满足对任何 $x, y \in H$ 都有 $xy^{-1} \in H$, 则称 $H$ 为 $G$ 的**子群**, 记为 $H < G$.

(3) 若 $G$ 的子群 $H$ 满足对任何 $g \in G$ 都有 $gHg^{-1} \subset H$, 则称 $H$ 为 $G$ 的**正规子群**, 记为 $H \lhd G$.

(4) 若 $G$ 只包含有限个元素, 则称 $G$ 为**有限群**. 此时 $G$ 的元素个数称为 $G$ 的**阶**, 记为 $\mathrm{card}(G)$.

**例A.1.1**　(1) **平凡群**: 即只含有一个元素的群, 记为 1, 有时也记为 0.

(2) $m$-**次单位根群**: 对任何正整数 $m$, $\mu_m := \{z \in \mathbb{C} \mid z^m = 1\}$ 在复数的乘法运算下构成一个群, 其单位元为 1.

(3) **整数加法群**: $(\mathbb{Z}, +)$ 为交换群, 单位元为 0.

<u>**定义A.1.3**</u>　(左陪集)　设 $H$ 为群 $G$ 的子群, $H$ 在 $G$ 中的**左陪集**是指 $G$ 中形如 $gH$ 的子集, 其中 $g \in G$. 有时我们也用 $[g]$ 表示左陪集 $gH$. 左陪集中任一元素均称为该陪集的**代表元**, 全体左陪集构成的集合记作 $G/H$.

**命题A.1.1**(Lagrange)　设 $H$ 为群 $G$ 的子群. 若 $G$ 为有限群, 则

$$\mathrm{card}(G) = \mathrm{card}(H) \cdot \mathrm{card}(G/H).$$

特别地, $\mathrm{card}(H)$ 整除 $\mathrm{card}(G)$.

**证明**　任取 $H$ 在 $G$ 中两个左陪集 $gH$ 和 $g'H$. 若 $gH \cap g'H \neq \emptyset$, 则存在 $h, h' \in H$ 使得 $gh = g'h'$, 从而 $g = g'h'h^{-1}$. 于是我们有

$$gH = (g'h'h^{-1})H = g'(h'h^{-1}H) = g'H.$$

这就证明了 $H$ 的任何两个左陪集要么相同, 要么无交. 故我们有左陪集分解

$$G = \bigsqcup_{gH \in G/H} gH.$$

映射 $h \mapsto gh$ 给出了从 $H$ 到 $gH$ 的双射, 从而 $H$ 所有左陪集包含的元素个数都相等. 比较陪集分解两边的元素个数, 我们有

$$\mathrm{card}(G) = \sum_{gH \in G/H} \mathrm{card}(gH) = \mathrm{card}(H) \cdot \mathrm{card}(G/H).$$

特别地, $\mathrm{card}(H)$ 整除 $\mathrm{card}(G)$. 　　　　　　　　　　　　　　　　□

## A.1.2　群同态基本定理

上一小节介绍了群与子群的概念, 这一小节介绍群之间的同态, 其最主要的结果为群同态基本定理.

<u>**定义A.1.4**</u>　(1) 称两个群之间的映射 $\phi : G \to H$ 为**同态**, 是指对任何 $g_1, g_2 \in G$ 都有

$$\phi(g_1 g_2) = \phi(g_1)\phi(g_2).$$

若群同态为满射, 则称之为**满同态**; 若群同态为单射, 则称之为**单同态**.

(2) 设 $\phi: G \to H$ 为群同态. 若存在同态 $\psi: H \to G$ 使得 $\phi \circ \psi = \mathrm{id}_H$, $\psi \circ \phi = \mathrm{id}_G$, 则称 $\phi$ 可逆, 而 $\psi$ 是 $\phi$ 的逆; 可逆同态称作**同构**, 写成 $\phi: G \xrightarrow{\sim} H$. 此时我们也称 $G$ 与 $H$ 同构. 从群映至自身的同构称为**自同构**.

下述性质是显然的.

**命题 A.1.2** (1) 群同态 $\phi: G \to H$ 必满足 $\phi(1) = 1$ 以及 $\phi(g^{-1}) = \phi(g)^{-1}$, 对任何 $g \in G$ 都成立.

(2) 群同态 $\phi$ 为同构当且仅当 $\phi$ 是双射.

**定义 A.1.5**   设 $\phi: G \to H$ 为群同态. 它的**像**记作

$$\mathrm{im}(\phi) := \{\phi(g) \mid g \in G\},$$

它的**核**定义为

$$\ker(\phi) := \phi^{-1}(1) = \{g \in G \mid \phi(g) = 1\}.$$

从定义立刻得到 $\mathrm{im}(\phi)$ 是 $H$ 的子群, 而 $\ker(\phi)$ 是 $G$ 的正规子群.

**定理 A.1.1 (群同态基本定理)**   设 $G$ 为群, $N$ 为 $G$ 的正规子群.

(1) 左陪集集合 $G/N$ 上存在唯一的群结构使得自然映射

$$\pi: G \to G/N$$
$$g \mapsto gN$$

为群同态.

(2) $G/N$ 的上述群结构满足范性质: 对任何满足 $N \subset \ker(\phi)$ 的群同态 $\phi: G \to H$, 存在唯一的群同态 $\bar{\phi}: G/N \to H$ 使得 $\bar{\phi} \circ \pi = \phi$.

**证明** (1) 由于 $\pi: G \to G/N$ 为满射, 要使 $\pi$ 为群同态, 左陪集集合 $G/N$ 上的二元运算只能定义为

$$gN \cdot hN = ghN \quad (g, h \in G).$$

这就说明了 $G/N$ 上群结构的唯一性. 对存在性, 只需证明上述二元运算的定义不依赖左陪集代表元的选取. 任取 $g, h, g', h' \in G$ 使得 $gN = g'N$, $hN = h'N$, 即 $g^{-1}g'$, $h^{-1}h' \in N$. 由 $N \lhd G$ 知 $h'^{-1}(g^{-1}g')h' \in N$, 从而

$$(gh)^{-1}(g'h') = h^{-1}g^{-1}g'h' = (h^{-1}h')h'^{-1}(g^{-1}g')h' \in N,$$

即 $ghN = g'h'N$. 这就证明了 $G/N$ 的上述二元运算是良好定义的.

(2) 给定满足 $N \subset \ker(\phi)$ 的群同态 $\phi: G \to H$. 设 $\bar{\phi}: G/N \to H$ 为群同态并满足 $\bar{\phi} \circ \pi = \phi$. 对群 $G/N$ 中任何元素 $x$, 存在 $g \in G$ 使得 $x = gN = \pi(g)$. 因此必有

$$\bar{\phi}(x) = \bar{\phi}(\pi(g)) = \phi(g),$$

这就证明了同态 $\bar{\phi}$ 的唯一性. 对存在性, 只需证明映射

$$\bar{\phi} : G/N \to H$$

$$gN \mapsto \phi(g)$$

不依赖于左陪集代表元的选取并且为群同态. 若 $g' \in G$ 也满足 $gN = g'N$, 则 $g^{-1}g' \in N$. 由于 $N \subset \ker(\phi)$, 根据命题 A.1.2, 有 $1 = \phi(g^{-1}g') = \phi(g)^{-1}\phi(g') \in H$, 即 $\phi(g) = \phi(g')$. 这就证明了映射 $\bar{\phi}$ 不依赖于左陪集代表元的选取. 根据定义, $\bar{\phi}$ 必为同态. $\square$

**定义 A.1.6** 设 $G$ 为群, $N$ 为其正规子群. 陪集空间 $G/N$ 上的二元运算

$$gN \cdot hN = ghN \quad (g, h \in G)$$

使 $G/N$ 为一个群, 称之为 $G$ 模 $N$ 的**商群**.

**推论 A.1.1** 设 $\phi : G \to H$ 是群同态, 则 $\phi$ 诱导了群同构

$$\bar{\phi} : G/\ker(\phi) \overset{\sim}{\to} \mathrm{im}(\phi)$$

$$g\ker(\phi) \mapsto \phi(g).$$

特别地, 当 $G$ 为有限群时,

$$\mathrm{card}(G) = \mathrm{card}(\ker(\phi)) \cdot \mathrm{card}(\mathrm{im}(\phi)).$$

**证明** 同态 $\phi : G \to H$ 诱导了满同态

$$\phi' : G \to \mathrm{im}(\phi)$$

$$g \mapsto \phi(g),$$

并且 $\ker(\phi) = \ker(\phi')$. 根据群同态基本定理, 存在唯一的群同态 $\bar{\phi} : G/\ker(\phi) \to \mathrm{im}(\phi)$ 使得 $\bar{\phi} \circ \pi = \phi'$. 于是 $\bar{\phi}$ 为满射, 并且对任何 $g \in G$, 都有

$$\bar{\phi}(g \cdot \ker(\phi)) = 1 \Longleftrightarrow \phi(g) = 1 \Longleftrightarrow g \in \ker(\phi) \Longleftrightarrow g \cdot \ker(\phi) = \ker(\phi).$$

这就证明了 $\bar{\phi}$ 也为单射. 故 $\bar{\phi}$ 为双射, 根据命题 A.1.2 知 $\bar{\phi}$ 为同构. 再由命题 A.1.1 知

$$\mathrm{card}(\mathrm{im}(\phi)) = \mathrm{card}(G/\ker(\phi)) = \frac{\mathrm{card}(G)}{\mathrm{card}(\ker(\phi))}. \qquad \square$$

## A.1.3 群中元素的阶

**定义 A.1.7** 设 $S$ 是群 $G$ 的任意子集, 则 $G$ 中包含 $S$ 的最小子群称为由 $S$ **生成**的子群, 记为 $\langle S \rangle$. 实际上

$$\langle S \rangle = \bigcap_{S \subset H < G} H.$$

当 $S$ 是独点集 $\{g\}$ 时, 使用简写

$$\langle g \rangle := \langle \{g\} \rangle = \{g^n \mid n \in \mathbb{Z}\}.$$

如果存在 $G$ 的有限子集 $S$ 使得 $G = \langle S \rangle$, 则称 $G$ 为**有限生成群**, $S$ 为 $G$ 的**生成元**.

若 $\langle g \rangle$ 为有限群, 则称 $g$ 为群 $G$ 的**有限阶元**, 称群 $\langle g \rangle$ 的阶为 $g$ 的阶, 记为 $\mathrm{ord}(g)$.

**命题A.1.3**    设 $G$ 是群, $g$ 为 $G$ 的有限阶元.

(1) 对任何整数 $n$, $g^n = 1$ 的充要条件为 $\mathrm{ord}(g) \mid n$. 特别地, $g^{\mathrm{ord}(g)} = 1$.

(2) 若 $G$ 是有限群, 则 $\mathrm{ord}(g) \mid \mathrm{card}(G)$ 且 $g^{\mathrm{card}(G)} = 1$.

(3) 对任何整数 $k$, $\mathrm{ord}(g^k) = \dfrac{\mathrm{ord}(g)}{\gcd(k, \mathrm{ord}(g))}$.

(4) 设 $G$ 是 Abel 群, $h_1, h_2, \cdots, h_k$ 为 $G$ 的有限阶元, 其阶分别为 $d_1, d_2, \cdots, d_k$. 若 $d_1, d_2, \cdots, d_k$ 两两互素, 则 $h_1 h_2 \cdots h_k$ 的阶为 $d_1 d_2 \cdots d_k$.

**证明**    (1) 根据定义, $\langle g \rangle$ 为 $\mathrm{ord}(g)$ 阶群, 于是存在不同正整数 $a, b$ 使得 $g^a = g^b$. 不妨设 $a > b$, 从而存在正整数 $a - b$ 使 $g^{a-b} = 1$. 令 $d$ 为使得 $g^d = 1$ 成立的最小正整数. 则 $1, g, \cdots, g^{d-1}$ 为 $G$ 中两两不同的元素. 对任何 $n, k \in \mathbb{Z}$, 由定理 1.1.1 知存在整数 $q$ 和 $r$ 使得 $n - k = qd + r$ 且 $0 \leqslant r < d$. 故

$$g^k = g^n \iff g^{n-k} = 1 \iff g^r = (g^d)^q g^r = 1 \iff r = 0 \iff n \equiv k \pmod{d}.$$

从而 $\langle g \rangle = \{1, g, \cdots, g^{d-1}\}$ 为 $d$ 阶群. 因此 $d = \mathrm{ord}(g)$ 且 (1) 成立.

(2) 考虑有限群 $G$ 的 $\mathrm{ord}(g)$ 阶子群 $\langle g \rangle$. 根据命题 A.1.1, $\mathrm{ord}(g) \mid \mathrm{card}(G)$. 由 (1) 立得 $g^{\mathrm{card}(G)} = 1$.

(3) 由 (1) 和推论 1.2.2 中的 (2) 得

$$(g^k)^n = 1 \iff \mathrm{ord}(g) \mid nk \iff \frac{\mathrm{ord}(g)}{\gcd(k, \mathrm{ord}(g))} \,\Big|\, n \iff \mathrm{ord}(g^k) = \frac{\mathrm{ord}(g)}{\gcd(k, \mathrm{ord}(g))}.$$

(4) 令 $h = h_1 h_2 \cdots h_k$, $D = d_1 d_2 \cdots d_k$. 由 $G$ 的交换性知 $h^D = \prod_{i=1}^{k} h_i^D = 1$, 由 (1) 得 $\mathrm{ord}(h) \mid D$. 任取整数 $n$ 满足 $h^n = 1$. 由于对任何 $i \neq j$, $d_i \,\Big|\, \dfrac{D}{d_j}$, 则

$$1 = h^{\frac{nD}{d_j}} = \prod_{i=1}^{k} h_i^{\frac{nD}{d_j}} = h_j^{\frac{nD}{d_j}}.$$

由 (1) 知 $d_j \,\Big|\, \dfrac{nD}{d_j}$. 由于 $d_1, d_2, \cdots, d_k$ 两两互素, 由推论 1.2.2 得 $d_j \mid n$ 和 $D \mid n$. 特别地, $D \mid \mathrm{ord}(h)$. 这就证明了 $\mathrm{ord}(h) = D$.    $\square$

### A.1.4　循环群

**定义A.1.8**　若群 $G$ 中存在元素 $g$ 使得 $G = \langle g \rangle$, 则称 $G$ 为**循环群**, $g$ 为 $G$ 的**生成元**.

根据循环群与阶的定义, 我们有如下引理.

**引理A.1.1**　一个有限 $m$ 阶群 $G$ 为循环群的充要条件为其存在 $m$ 阶元.

**例A.1.2**　(1) 整数加法群 $\mathbb{Z}$ 为循环群, 其有两个生成元 $1$ 和 $-1$.

(2) 对任何正整数 $m$, $\mathbb{Z}$ 模子群 $m\mathbb{Z} := \{am \mid a \in \mathbb{Z}\}$ 所得的商群 $\mathbb{Z}/m\mathbb{Z}$ 为循环群. 实际上, $\mathbb{Z}/m\mathbb{Z}$ 为定义 2.2.2 中给出的模 $m$ 剩余类群.

**命题A.1.4**(有限阶循环群的结构)　设 $G$ 为有限 $m$ 阶循环群, $d$ 为 $m$ 的正因子.

(1) $G$ 同构于 $\mathbb{Z}/m\mathbb{Z}$.

(2) $G$ 存在唯一的 $d$ 阶子群 $G_d := \{x \in G \mid x^d = 1\}$, 并且 $G_d$ 也为循环群.

(3) $G$ 中恰有 $\varphi(d)$ 个 $d$ 阶元, 其中 $\varphi(d)$ 为所有不超过 $d$ 且与 $d$ 互素的正整数个数.

**证明**　取定循环群 $G$ 的生成元 $g$, 即 $\mathrm{ord}(g) = m$.

(1) 由于 $G$ 中元素均形如 $g^k$, 其中 $k \in \mathbb{Z}$, 因此我们可定义

$$\mathrm{ind}_g : G \to \mathbb{Z}/m\mathbb{Z}$$

$$g^k \mapsto [k].$$

对任何 $k, n \in \mathbb{Z}$, 由命题 A.1.3 (1) 得

$$g^k = g^n \iff k \equiv n \pmod{m} \iff \mathrm{ind}_g(g^k) = \mathrm{ind}_g(g^n).$$

这就证明了 $\mathrm{ind}_g$ 定义合理并且为群同构.

(2) 对 $x \in G$, 存在唯一整数 $1 \leqslant k \leqslant m$ 使得 $x = g^k$. 由命题 A.1.3 (1) 知

$$x^d = 1 \iff g^{dk} = 1 \iff m \mid dk \iff \frac{m}{d} \,\Big|\, k.$$

因此 $G_d = \{g^{\frac{im}{d}} \mid 1 \leqslant i \leqslant d\}$ 为 $G$ 的 $d$ 阶子群. 任取 $G$ 的 $d$ 阶子群 $H$. 由命题 A.1.3 (2) 知, 当 $x \in H$ 时必有 $x^d = 1$, 因此 $H \subset G_d$. 这就证明了 $H = G_d$.

(3) 根据命题 A.1.3 (3) 知,

$$\mathrm{ord}(g^k) = d \iff \frac{m}{\gcd(k, m)} = d \iff \gcd(k, m) = \frac{m}{d} \iff \frac{m}{d} \,\Big|\, k, \ \gcd\left(\frac{kd}{m}, d\right) = 1.$$

因此 $G$ 中所有的 $d$ 阶元为 $g^{\frac{im}{d}}$, 其中 $1 \leqslant i \leqslant d$ 且 $\gcd(i, d) = 1$. 故 $G$ 有 $\varphi(d)$ 个 $d$ 阶元素. □

**推论A.1.2**　对任何正整数 $m$, 我们有

$$m = \sum_d \varphi(d),$$

其中 $d$ 取遍 $m$ 的所有正因子.

**证明** 取 $m$ 阶循环群 $G$. 对任何 $m$ 的正因子 $d$, 令 $S_d$ 为 $G$ 中 $d$ 阶元组成的集合. 由命题 A.1.4 (3) 知 $\mathrm{card}(S_d) = \varphi(d)$. 根据命题 A.1.3 (2), $G$ 中任何元素的阶都是 $m$ 的因子. 因此 $G = \bigsqcup_{d \mid m} S_d$, 比较该式两边元素个数可证此命题. $\square$

**推论A.1.3**($\mathbb{Z}$ 和 $\mathbb{Z}/m\mathbb{Z}$ 的子群)  (1) $\mathbb{Z}$ 的任何子群 (正规子群) 皆形如 $m\mathbb{Z}$, 其中 $m \in \mathbb{N}$. 子群 $m\mathbb{Z}$ 是循环群, 生成元为 $\pm m$.

(2) 对任何正整数 $m$, $\mathbb{Z}/m\mathbb{Z}$ 为 $m$ 阶循环群, 其有 $\varphi(m)$ 个生成元, 分别为 $[a]$, 其中 $a$ 为不超过 $m$ 且与 $m$ 互素的正整数.

(3) 对任何正整数 $m$, $\mathbb{Z}/m\mathbb{Z}$ 的子群都形如 $d\mathbb{Z}/m\mathbb{Z}$, 其中 $d$ 为 $m$ 的正因子, 并且 $d\mathbb{Z}/m\mathbb{Z}$ 同构于 $\mathbb{Z}/(m/d)\mathbb{Z}$.

**证明** 由于 $\mathbb{Z}$ 交换, 其子群皆为正规子群. 任取 $\mathbb{Z}$ 的子群 $H$. 若 $H = \{0\}$, 则 $H = 0\mathbb{Z}$. 下设 $H \neq \{0\}$, 即存在非零整数 $a \in H$. 由于 $H$ 为 $\mathbb{Z}$ 的子群, 则 $-a \in H$, 从而 $H$ 中包含正整数. 令 $m$ 为 $H$ 中最小的正整数, 故 $\langle m \rangle = m\mathbb{Z} \subset H$. 对任何 $a \in H$, 由定理 1.1.1 知存在整数 $q$ 和 $0 \leqslant r < m$ 使得 $a = qm + r$. 从而 $r = a - qm \in H$. 由 $m$ 的最小性知 $r = 0$, 即 $m \mid a$. 于是 $H = m\mathbb{Z}$, 这就证明了 (1). (2) 和 (3) 则为命题 A.1.4 的直接推论. $\square$

下面的引理可以用来判断给定的群是否为循环群.

**引理A.1.2** 设有限群 $G$ 的阶数为 $m$. 若对任何 $m$ 的正因子 $d$, $G$ 中至多有 $d$ 个元素 $x$ 满足 $x^d = 1$, 则 $G$ 是循环群.

**证明** 对任何 $m$ 的正因子 $d$, 令

$$G_d = \{x \in G \mid x^d = 1\},$$
$$S_d = \{x \in G \mid \mathrm{ord}(x) = d\}.$$

由命题 A.1.3 (2) 知 $G$ 中任何元素的阶都整除 $m$, 从而

$$G = \bigsqcup_{d \mid m} S_d.$$

比较上式两边的元素个数, 我们有

$$m = \sum_{d \mid m} \mathrm{card}(S_d). \tag{A.1}$$

若 $\mathrm{card}(S_d) > 0$, 则 $G$ 中存在 $d$ 阶元 $g$, 即 $\langle g \rangle = \{1, g, \cdots, g^{d-1}\}$ 为 $G$ 的 $d$ 阶循环子群. 对任何 $i \in \mathbb{Z}$, 都有 $(g^i)^d = (g^d)^i = 1$, 于是 $\langle g \rangle \subset G_d$, 这里 $1$ 为 $G$ 的单位元.

因此 $d = \operatorname{card}(\langle g \rangle) \leqslant \operatorname{card}(G_d)$. 根据假设, $\operatorname{card}(G_d) \leqslant d$, 从而 $G_d = \langle g \rangle$ 为 $d$ 阶循环群. 根据命题 A.1.4 (3), $G_d$ 中有 $\varphi(d)$ 个 $d$ 阶元. 显然 $G$ 的 $d$ 阶元必为 $G_d = \langle g \rangle$ 的 $d$ 阶元. 这就证明了当 $\operatorname{card}(S_d) > 0$ 时, 必有 $\operatorname{card}(S_d) = \varphi(d)$. 因此对任何 $d \mid m$ 都有 $\varphi(d) \geqslant \operatorname{card}(S_d)$. 由推论 A.1.2 知

$$m = \sum_{d \mid m} \varphi(d). \tag{A.2}$$

联立 (A.1), (A.2) 以及不等式 $\varphi(d) \geqslant \operatorname{card}(S_d)$ 知, 对任何 $d \mid m$ 都有 $\operatorname{card}(S_d) = \varphi(d)$. 特别地, $\operatorname{card}(S_m) = \varphi(m)$. 因此 $G$ 存在 $m$ 阶生成元, 根据引理 A.1.1, $G$ 为循环群. $\quad\square$

**定义A.1.9** (群的直积) 设 $I$ 为集合, $\{G_i\}_{i \in I}$ 为一族以 $I$ 为指标的群. 集合族 $\{G_i\}_{i \in I}$ 的**积**定义为集合

$$\prod_{i \in I} G_i = \{(g_i)_{i \in I} \mid g_i \in G_i\}.$$

对集合 $\prod_{i \in I} G_i$ 中任何两个元素 $(g_i)_{i \in I}$ 和 $(h_i)_{i \in I}$, 其乘法定义为

$$(g_i)_{i \in I} \cdot (h_i)_{i \in I} = (g_i \cdot h_i)_{i \in I}$$

不难验证, $(\prod_{i \in I} G_i, \cdot)$ 为群, $(1)_{i \in I}$ 为其单位元, 该群称为群族 $\{G_i\}_{i \in I}$ 的**直积**, 简记为 $\prod_{i \in I} G_i$.

**引理A.1.3** 对任何 $1 \leqslant i \leqslant k$, 给定群 $G_i$ 及其有限阶元 $g_i$. 则群 $G := \prod_{i=1}^{k} G_i$ 中元素 $g := (g_i)_{1 \leqslant i \leqslant k}$ 亦为有限阶元, 其阶等于 $g_1, g_2, \cdots, g_k$ 的阶之最小公倍数.

**证明** 令 $d_i = \operatorname{ord}(g_i)$, $d = \operatorname{lcm}(d_1, d_2, \cdots, d_k)$. 对任何整数 $n$, 根据命题 A.1.3 (1), 我们有

$$g^n = 1 \iff g_i^n = 1, \ 1 \leqslant i \leqslant k \iff d_i \mid n, \ 1 \leqslant i \leqslant k \iff d \mid n.$$

从而 $d = \operatorname{ord}(g)$. $\quad\square$

**引理A.1.4** 设 $G_1, G_2, \cdots, G_k$ 为有限群, 阶数分别为 $m_1, m_2, \cdots, m_k$. 下列条件等价:

(1) $\prod_{i=1}^{k} G_i$ 为循环群.

(2) 每个 $G_i$ 都为循环群, 并且 $m_1, m_2, \cdots, m_k$ 两两互素.

**证明** 令 $G = \prod_{i=1}^{k} G_i$, 则 $G$ 为 $m := m_1 m_2 \cdots m_k$ 阶群.

假设 $G$ 为循环群. 取 $g = (g_i)_{1 \leqslant i \leqslant k}$ 为 $G$ 的生成元, 即 $\mathrm{ord}(g) = m$. 令 $d_i = \mathrm{ord}(g_i)$, 显然 $d_i \leqslant m_i$. 由引理 A.1.3 知 $m = \mathrm{lcm}(d_1, d_2, \cdots, d_k)$. 于是根据引理 1.2.3, $d_i = m_i$, 并且 $m_1, m_2, \cdots, m_k$ 两两互素. 由引理 A.1.1 知 (1) $\implies$ (2).

反之, 假设每个 $G_i$ 都为循环群, 并且 $m_1, m_2, \cdots, m_k$ 两两互素. 取每个 $G_i$ 的生成元 $h_i$, 即 $\mathrm{ord}(h_i) = m_i$. 由引理 1.2.3 和引理 A.1.3 知 $h := (h_i)_{1 \leqslant i \leqslant k}$ 的阶为 $\mathrm{lcd}(m_1, m_2, \cdots, m_k) = m$. 再由引理 A.1.1 知 $G$ 是循环群, 这就证明了 (2) $\implies$ (1). $\square$

### A.1.5 有限生成 Abel 群

**定义 A.1.10** 设 $G$ 为 Abel 群, 运算记为加法.

(1) 若 $G$ 中存在有限个元素 $g_1, g_2, \cdots, g_k$ 使得 $G$ 中任何元素 $g$ 均可写为

$$g = \sum_{j=1}^{k} n_j g_j, \quad \text{其中 } n_j \in \mathbb{Z},$$

则称 $G$ 为 **有限生成 Abel 群**, $g_1, g_2, \cdots, g_k$ 为 $G$ 的**生成元**.

(2) 若对任何 $g \in G$, 上述表达式唯一, 则称 $G$ 为 **有限生成自由 Abel 群**, $g_1, g_2, \cdots, g_k$ 为 $G$ 的一组**基**, $k$ 为 $G$ 的**秩**.

(3) 若存在 $G$ 的子群 $G_1, G_2, \cdots, G_k$ 使得 $G$ 中任何元素 $g$ 均可唯一写为 $g = \sum_{j=1}^{k} g_j$, 其中 $g_j \in G_j$, 则称 $G$ 为子群 $G_1, G_2, \cdots, G_k$ 的**直和**, 记为

$$G = \bigoplus_{j=1}^{k} G_j.$$

**定理 A.1.2** 设 $G$ 为秩 $k$ 的有限生成自由 Abel 群, $N$ 为 $G$ 的子群. 则存在 $G$ 的一组基 $g_1, g_2, \cdots, g_k$, 整数 $0 \leqslant r \leqslant k$ 以及正整数 $d_1, d_2, \cdots, d_r$, 使得 $d_1 \mid d_2 \mid \cdots \mid d_r$ 并且 $d_1 g_1, d_2 g_2, \cdots, d_r g_r$ 为 $N$ 的一组基. 特别地, $N$ 为秩 $r$ 的自由 Abel 群.

**证明** 对 $k$ 作归纳. 当 $k = 0$ 时命题显然成立. 假设命题对秩小于 $k$ 的有限生成自由 Abel 群皆成立, 其中 $k \geqslant 1$. 下证明命题对秩等于 $k$ 的有限生成自由 Abel 群 $G$ 成立.

命题显然对 $N = 0$ 成立, 故下设 $N \neq 0$. 则必有正整数 $d_1$, 使得存在 $G$ 的一组基 $g_1, g_2, \cdots, g_k$ 和整数 $d_2, d_3, \cdots, d_k$ 满足 $\sum_{i=1}^{k} d_i g_i \in N$. 取正整数 $d_1$ 使之尽可能地小.

首先断言: 对任何满足 $\sum_{i=1}^{k} d_i g_i \in N$ 的基 $g_1, g_2, \cdots, g_k$ 和整数 $d_2, \cdots, d_k$, 每个 $d_i$ 都能被 $d_1$ 整除.

事实上, 根据定理 1.1.1, 可取整数 $q$ 和 $r$ 满足 $d_2 = q d_1 + r$ 且 $0 \leqslant r < d_1$. 于是

$$rg_2 + d_1(g_1 + qg_2) + \sum_{3 \leqslant i \leqslant k} d_i g_i \in N.$$

由于 $g_2, g_1 + qg_2, g_3, \cdots, g_k$ 也为 $G$ 的一组基, 由 $d_1$ 的最小性可得 $r = 0$, 即 $\dfrac{d_2}{d_1} \in \mathbb{Z}$. 同理, 对任何 $i$ 都有 $\dfrac{d_i}{d_1} \in \mathbb{Z}$. 这就证明了上述论断.

于是 $d_1\left(g_1 + \sum_{i=2}^{k} \dfrac{d_i}{d_1} g_i\right) \in N$, 并且 $g_1 + \sum_{i=2}^{k} \dfrac{d_i}{d_1} g_i, g_2, \cdots, g_k$ 也为 $G$ 的一组基. 将 $g_1$ 替换为 $g_1 + \sum_{i=2}^{k} \dfrac{d_i}{d_1} g_i$, 我们可不妨设 $d_1 g_1 \in N$.

对任何 $g \in N$, 存在 $l_i \in \mathbb{Z}$ 使 $g = \sum_{i=1}^{k} l_i g_i$. 取整数 $q', r'$ 满足 $l_1 = q' d_1 + r'$ 和 $0 \leqslant r' < d_1$. 于是 $r' g_1 + \sum_{i=2}^{k} l_i g_i \in N$. 根据 $d_1$ 的选取知 $r' = 0$. 从而

$$g = q'(d_1 g_1) + \sum_{i=2}^{k} l_i g_i \in (\langle g_1 \rangle \cap N) + (H \cap N),$$

其中 $H = \langle g_2, g_3, \cdots, g_k \rangle$. 由 $G = \langle g_1 \rangle \oplus H$ 立得

$$N = (\langle g_1 \rangle \cap N) \oplus (H \cap N) = \langle d_1 g_1 \rangle \oplus (H \cap N).$$

由于 $H$ 为秩等于 $k - 1$ 的有限生成自由 Abel 群, 从而根据归纳假设, 存在 $H$ 的一组基 $h_2, h_3, \cdots, h_k$, 整数 $0 \leqslant r \leqslant k$ 和正整数 $d_2, \cdots, d_r$, 满足 $d_2 \mid d_3 \mid \cdots \mid d_r$ 以及 $d_2 h_2, \cdots, d_r h_r$ 为 $H \cap N$ 的一组基. 为了简化记号, 不妨设 $h_i = g_i$. 从而 $g_1, g_2, \cdots, g_k$ 为 $G$ 的一组基, $d_1 g_1, d_2 g_2, \cdots, d_r g_r$ 为 $N$ 的一组基. 根据上述断言, 由 $d_1 g_1 + d_2 g_2 \in N$ 可推出 $d_1 \mid d_2$, 这就完成了归纳证明. $\qquad \square$

**定理 A.1.3**　设 $G$ 为有限生成 Abel 群. 则存在有限个自然数 $d_1, d_2, \cdots, d_k$ 使得 $d_1 \mid d_2 \mid \cdots \mid d_k$, 并且有群同构

$$G \simeq \prod_{i=1}^{k} \mathbb{Z}/d_i \mathbb{Z}.$$

**证明**　任取 $G$ 的一组生成元 $h_1, h_2, \cdots, h_k$. 我们有满群同态

$$\phi : \prod_{i=1}^{k} \mathbb{Z} \to G$$

$$(n_i)_{1 \leqslant i \leqslant k} \mapsto \sum_{i=1}^{k} n_i h_i.$$

令 $N = \ker(\phi)$. 根据定理 A.1.2, 存在 $\prod\limits_{i=1}^{k} \mathbb{Z}$ 的一组基 $g_1, g_2, \cdots, g_k$, 整数 $0 \leqslant r \leqslant k$ 和 正整数 $d_1, d_2, \cdots, d_r$ 满足 $d_1 \mid d_2 \mid \cdots \mid d_r$ 以及 $d_1 g_1, d_2 g_2, \cdots, d_r g_r$ 为 $N$ 的一组基. 对 任何 $r < i \leqslant k$, 约定 $d_i = 0$. 根据推论 A.1.1, 我们有

$$G \simeq \Big(\prod_{i=1}^{k} \mathbb{Z}\Big)\Big/ N = \Big(\bigoplus_{i=1}^{k} \langle g_i \rangle\Big)\Big/\Big(\bigoplus_{i=1}^{k} \langle d_i g_i \rangle\Big) \simeq \prod_{i=1}^{k} \mathbb{Z}/d_i\mathbb{Z}. \qquad \square$$

### A.1.6  群在集合上的作用

**定义A.1.11**    (1) 群 $G$ 在非空集合 $X$ 上的**作用**是指一个映射

$$G \times X \to X$$
$$(g, x) \mapsto gx,$$

并且满足如下公理:

(i) 对任何 $x \in X$ 都有 $1x = x$, 其中 $1$ 为 $G$ 的单位元;

(ii) 对任何 $g, h \in G$ 和 $x \in X$ 都有 $g(hx) = (gh)x$.

(2) 设群 $G$ 作用在集合 $X$ 上. 对任何 $x \in X$, 令

$$Gx = \{gx \mid g \in G\},$$
$$\mathrm{Stab}_x = \{g \in G \mid gx = x\}.$$

分别称 $Gx$ 和 $\mathrm{Stab}_x$ 为 $x$ 在 $G$ 作用下的**轨道**和**稳定化子**. 该作用给出了 $X$ 上的一个等 价关系 $\sim$, 使得 $x \sim y$ 当且仅当存在 $g \in G$ 使得 $gx = y$. 于是 $X$ 中的轨道即为等价类, 从而 $X$ 可拆分为这些轨道的无交并. 用 $X/G$ 记 $X$ 在 $G$ 作用下所有轨道组成的集合.

(3) 给定两个带有群 $G$ 作用的集合 $X$ 和 $Y$. 称映射 $\phi: X \to Y$ 为 **$G$-等变**, 是指对 任何 $g \in G$ 和 $x \in X$ 都有

$$\phi(gx) = g\phi(x).$$

(4) 称群 $G$ 和 $H$ 在集合 $X$ 上的两个作用交换, 是指对任何 $g \in G$, $h \in H$, $x \in X$, 都 有 $g(hx) = h(gx)$.

**引理A.1.5**    设群 $G_1, G_2, \cdots, G_n$ 分别作用在集合 $X$ 上, 并且这些作用两两交换. 则

$$((g_1, g_2, \cdots, g_n), x) \mapsto g_1(g_2(\cdots (g_n x)))$$

给出了 $G_1 \times G_2 \times \cdots \times G_n$ 在 $X$ 上的作用.

**证明**    这里只证明 $n = 2$ 的情形, 一般情形类似. 任取 $g_1, h_1 \in G_1, g_2, h_2 \in G_2$.

我们有

$$(g_1, g_2)((h_1, h_2)x) = (g_1, g_2)(h_1(h_2 x)) = g_1(g_2(h_1(h_2 x)))$$
$$= g_1(h_1(g_2(h_2 x))) = (g_1 h_1, g_2 h_2)x. \qquad \square$$

# A.2　环

这一节介绍环的概念, 特别是多项式环.

## A.2.1　环的定义和例子

**定义 A.2.1**　**环**是一个三元组 $(R, +, \cdot)$, 其中 $R$ 为非空集合, $+$(称为加法) 和 $\cdot$(称为乘法) 为 $R$ 上的二元运算, 并满足如下的公理:

(1) $(R, +)$ 是交换群;

(2) 乘法运算 $\cdot$ 满足结合律、交换律, 并且存在乘法单位元 1;

(3) 乘法运算 $\cdot$ 对加法运算 $+$ 满足**分配律**, 即

$$a \cdot (b + c) = a \cdot b + a \cdot c \text{ 对任何 } a, b, c \in R \text{ 都成立.}$$

我们用 0 表示环的加法单位元. 满足条件 $1 = 0$ 的环只有一个元素 0, 我们称之为**零环**. 本书如不另作说明, 环皆指非零环, 并将 $(R, +, \cdot)$ 简记为 $R$. 称 $R$ 中元素 $r$ 为**可逆元**或**单位**, 是指存在 $s \in R$ 使得 $rs = 1$. 用 $R^{\times}$ 记 $R$ 中所有可逆元组成的集合, 则 $R^{\times}$ 在乘法运算下为 Abel 群, 称为环 $R$ 的**单位群**.

**定义 A.2.2**　环之间的映射 $\phi : R \to S$ 被称为**环同态**, 是指对任何 $a, b \in R$ 都有

(1) $\phi(a + b) = \phi(a) + \phi(b)$;

(2) $\phi(ab) = \phi(a)\phi(b)$;

(3) $\phi(1) = 1$.

由此可导出环的同构 (即可逆同态)、自同态、自同构等概念, 与探讨群同态为同一套路, 不再赘述.

**例 A.2.1**　(1) $(\mathbb{Z}, +, \cdot)$ 为环, 我们称之为整数环, 简记为 $\mathbb{Z}$.

(2) 设 $m$ 为正整数. 定义群 $(\mathbb{Z}/m\mathbb{Z}, +)$ 上的乘法运算为

$$[a] \cdot [b] = [ab], \ a, b \in \mathbb{Z}.$$

则 $(\mathbb{Z}/m\mathbb{Z}, +, \cdot)$ 为环, 简记为 $\mathbb{Z}/m\mathbb{Z}$. 实际上, 环 $\mathbb{Z}/m\mathbb{Z}$ 为定义 2.3.1 中给出的模 $m$ 剩

余类环.

## A.2.2 多项式环

**定义A.2.3** (一元多项式环) 设 $R$ 为环.

(1) 设 $n \in \mathbb{N}$, $a_0, a_1, \cdots, a_n \in R$, 表达式

$$a_n x^n + a_{n-1} x^{n-1} + \cdots + a_0 \tag{A.3}$$

称为系数在 $R$ 中的**一元多项式** (或 $R$ 上的一元多项式), 简称**多项式**. 在多项式 (A.3) 中, $a_i x^i$ 是 $i$ 次项, $a_i$ 是 $i$ 次项的系数, 一般用 $f(x), g(x), \cdots$ 或 $f, g, \cdots$ 表示多项式.

(2) 如果多项式 $f(x)$ 和 $g(x)$ 的所有次项的系数都相等, 则称 $f(x)$ 和 $g(x)$ 相等, 记为 $f(x) = g(x)$. 系数全为 0 的多项式称为**零多项式**, 记为 0.

(3) 在多项式 (A.3) 中, 若 $a_n \neq 0$, 称 $a_n x^n$ 为该多项式的**首项**, $a_n$ 为**首项系数**, $n$ 为**次数**. 首项系数为 1 的多项式称为**首一多项式**, 非零多项式 $f$ 的次数记为 $\deg(f)$, 约定零多项式的次数为 $\deg(0) = -\infty$.

(4) 对 $R$ 上任意两个多项式

$$f(x) = \sum_{i=0}^{m} a_i x^i, \ g(x) = \sum_{j=0}^{n} b_j x^j,$$

对 $m < i \leqslant m+n$ 和 $n < j \leqslant m+n$, 令 $a_i = b_j = 0$. 定义多项式 $f(x)$ 和 $g(x)$ 的加法和乘法分别为

$$f(x) + g(x) = \sum_{i=0}^{m+n} (a_i + b_i) x^i,$$

$$f(x) \cdot g(x) = \sum_{k=0}^{m+n} \left( \sum_{i+j=k} a_i b_j \right) x^k.$$

(5) 所有系数在 $R$ 中的一元多项式的全体记为

$$R[x] := \Big\{ \sum_{i=0}^{n} a_i x^i \ \Big| \ n \in \mathbb{N}, \ a_i \in R \Big\}.$$

易知, 在 (4) 定义的多项式加法和乘法运算下 $R[x]$ 构成一个环, 称为 $R$ 上的**一元多项式环**或**多项式环**. 多项式环 $R[x]$ 的零元和单位元分别为多项式 0 和 1.

**定理A.2.1**(多项式的带余除法) 设 $R$ 为环, $g(x) = \sum_{j=0}^{n} b_j x^j \in R[x]$. 若 $b_n \in R^{\times}$, 则对任何 $f(x) \in R[x]$, 存在唯一的多项式 $q(x), r(x) \in R[x]$ 使得

$$f(x) = q(x)g(x) + r(x) \ 且 \ \deg(r) < \deg(g) = n. \tag{A.4}$$

**证明**　对 $\deg(f)$ 作归纳证明存在性. 当 $\deg(f) < n$ 时, 取 $q(x) = 0, r(x) = f(x)$, 等式 (A.4) 显然成立. 假设命题对 $\deg(f) < m$ 成立, 其中 $m \geqslant n$. 设 $f(x) = \sum_{k=0}^{m} a_k x^k$. 令

$$F(x) = f(x) - b_n^{-1} a_m x^{m-n} g(x).$$

由于 $b_n^{-1} a_m x^{m-n} g(x)$ 和 $f(x)$ 有相同的首项 $a_m x^m$, 则 $\deg(F) < m$. 对 $F(x)$ 用归纳假设, 存在 $Q(x), r(x) \in R[x]$ 满足

$$F(x) = Q(x)g(x) + r(x) \text{ 且 } \deg(r) < n.$$

因此

$$f(x) = (Q(x) + b_n^{-1} a_m x^{m-n})g(x) + r(x).$$

存在性得证.

对唯一性, 假设存在多项式 $q_1(x), r_1(x)$ 也满足

$$f(x) = q_1(x)g(x) + r_1(x) \text{ 且 } \deg(r_1) < \deg(g) = n.$$

上式减去 (A.4) 得

$$(q_1(x) - q(x))g(x) = r(x) - r_1(x).$$

若 $q_1(x) - q(x) \neq 0$, 可设 $q_1(x) - q(x)$ 的首项为 $ax^i$, 其中 $i \in \mathbb{N}, 0 \neq a \in R$. 于是 $r(x) - r_1(x) = (q_1(x) - q(x))g(x)$ 的首项为 $ab_n x^{n+i}$, 由 $b_n \in R^{\times}$ 得 $ab_n \neq 0$, 即 $\deg(r - r_1) = n + i$, 这和 $\deg(r), \deg(r_1) < n$ 矛盾. 故 $q_1(x) = q(x), r_1(x) = r(x)$, 唯一性得证.　□

**<u>定义A.2.4</u>**　(1) 任何环 $R$ 和 $f(x) = \sum_{i=0}^{n} a_i x^i \in R[x]$ 诱导了映射

$$f : R \to R$$
$$r \mapsto f(r),$$

其中 $f(r) = \sum_{i=0}^{n} a_i r^i$ 称为多项式 $f(x)$ 在 $r$ 上的**取值**. 若 $R$ 中元素 $r$ 满足 $f(r) = 0$, 则称 $r$ 为多项式 $f$ 在 $R$ 中的**根**.

(2) 任何环同态 $\phi : R \to S$ 诱导了多项式环同态

$$R[x] \to S[x]$$

$$\sum_{i=0}^{n} a_i x^i \mapsto \sum_{i=0}^{n} \phi(a_i) x^i.$$

该环同态一般仍记为 $\phi$.

# A.3  域

**定义A.3.1**  设 $R$ 为非零环. 若 $R$ 中任何非零元皆可逆, 则称 $R$ 为**域**.

**例A.3.1**  有理数集 $\mathbb{Q}$、实数集 $\mathbb{R}$ 和复数集 $\mathbb{C}$ 在加法和乘法运算下都是域, 分别称为**有理数域**、**实数域**和**复数域**.

## A.3.1  域上的多项式

**命题A.3.1**  设 $f$ 为域 $K$ 上 $n$ 次多项式, 其中 $n \geqslant 1$. 则 $f$ 在 $K$ 中至多有 $n$ 个根.

**证明**  对多项式 $f(x)$ 的次数作归纳. 若 $f(x)$ 为一次多项式, 则 $f(x) = ax - b$, 其中 $a, b \in K$ 且 $a \neq 0$. 从而 $f$ 在 $K$ 上恰有一个根 $x = \dfrac{b}{a}$, 故命题对次数为 1 的多项式成立. 假设命题对次数小于 $n$ 的多项式皆成立, 其中 $n \geqslant 2$. 下证命题对次数等于 $n$ 的多项式 $f$ 成立.

若 $f(x)$ 在 $K$ 上没有根, 命题显然成立. 否则, 存在 $a_1 \in K$ 使得 $f(a_1) = 0$. 根据定理 A.2.1 知存在 $g(x) \in K[x]$ 以及 $r \in K$ 使得

$$f(x) = (x - a_1)g(x) + r.$$

将 $x = a_1$ 代入上式得 $r = f(a_1) = 0$, 于是 $f(x) = (x - a_1)g(x)$. 由于 $\deg(g) = n - 1$, 根据归纳假设, 可设 $g(x)$ 在 $K$ 中两两不同的根为 $a_2, a_3, \cdots, a_k$, 其中 $2 \leqslant k \leqslant n$. 任取 $f(x)$ 在 $K$ 上的根 $a$. 将 $x = a$ 代入 $f(x) = (x - a_1)g(x)$ 得 $(a - a_1)g(a) = 0$, 因此 $a = a_1$ 或 $g(a) = 0$. 从而存在 $1 \leqslant i \leqslant k$ 使得 $a = a_i$, 即 $f$ 在 $K$ 上所有根为 $a_1, a_2, \cdots, a_k$. 这就完成了归纳证明.  $\square$

**引理A.3.1**  设 $K$ 是域, $G$ 是乘法群 $K^\times$ 的有限子群. 则 $G$ 为循环群.

**证明**  设 $G$ 的阶为 $m$. 要证 $G$ 为循环群, 由引理 A.1.2 知, 只需证对 $m$ 的任一正因子 $d$, 多项式 $x^d - 1$ 在 $K$ 中至多有 $d$ 个根, 而这是命题 A.3.1 的直接推论.  $\square$

**例A.3.2**  (1) 设 $K$ 是域. 则对任何正整数 $m$,

$$\mu_m(K) := \{a \in K \mid a^m = 1\}$$

在乘法运算下为循环群. 特别地,

$$\mu_m(\mathbb{C}) = \{\mathrm{e}^{\frac{2k\pi i}{m}} \mid 0 \leqslant k \leqslant m-1\}$$

为 $m$ 阶循环群, 其有 $\varphi(m)$ 个生成元, $\mathrm{e}^{\frac{2k\pi i}{m}}$ 为其生成元当且仅当 $\gcd(k,m)=1$. 循环群 $\mu_m(\mathbb{C})$ 的生成元也称为 $m$ **次本原复单位根**.

(2) 设 $K$ 为只含有限个元素的域. 则 $K$ 的单位群 $K^\times$ 为循环群.

### A.3.2 二次无理数与二次域

**定义 A.3.2** 我们称复数 $\eta$ 为**二次无理数**, 是指 $\eta$ 不为有理数且为某个二次整系数多项式的根. 若二次无理数 $\eta$ 为实数, 则称之为**实二次无理数**.

**引理 A.3.2** 任何二次无理数 $\eta$ 均可唯一地写为 $\eta = \dfrac{b+\sqrt{D}}{2a}$, 其中 $a,b,D$ 为整数并满足 $\dfrac{b^2-D}{4a} \in \mathbb{Z}$ 且 $\gcd\left(a,b,\dfrac{b^2-D}{4a}\right)=1$. 此时, $D$ 不为完全平方数.

**证明** 根据定义, 存在整数 $a,b,c$ 满足 $a\eta^2 - b\eta + c = 0$ 和 $\gcd(a,b,c)=1$. 由 $\eta$ 不为有理数知 $D := b^2 - 4ac$ 不为完全平方数. 因此 $\eta = \dfrac{b+\sqrt{D}}{2a}$ 或 $\eta = \dfrac{-b+\sqrt{D}}{-2a}$. 这就证明了存在性.

对唯一性, 假设 $\eta = \dfrac{b+\sqrt{D}}{2a} = \dfrac{b'+\sqrt{D'}}{2a'}$, 其中整数 $a', b', D'$ 满足和 $a,b,D$ 同样的条件. 则

$$\left(x+\frac{b+\sqrt{D}}{2a}\right)\left(x+\frac{b-\sqrt{D}}{2a}\right) = \left(x+\frac{b'+\sqrt{D'}}{2a'}\right)\left(x+\frac{b'-\sqrt{D'}}{2a'}\right).$$

比较系数可得 $\dfrac{b}{a} = \dfrac{b'}{a'}$, $\dfrac{b^2-D}{4a^2} = \dfrac{b'^2-D'}{4a'^2}$. 令 $c = \dfrac{b^2-D}{4a}$, $c' = \dfrac{b'^2-D'}{4a'}$. 将 $\dfrac{a'}{a}$ 写成既约分数 $\dfrac{p'}{p}$, 我们有 $pa' = p'a, pb' = p'b, pc' = p'c$. 于是

$$p = \gcd(pa', pb', pc') = \gcd(p'a, p'b, p'c) = |p'|.$$

因此 $p=1$, $p' = \pm 1$. 从而 $D' = D$. 由

$$\eta - \bar{\eta} = \frac{b+\sqrt{D}}{2a} - \frac{b-\sqrt{D}}{2a} = \frac{b'+\sqrt{D'}}{2a'} - \frac{b'-\sqrt{D'}}{2a'}$$

得 $a = a'$. 从而 $p' = 1$, $b = b'$. □

根据引理 A.3.2, 我们有如下定义.

**定义 A.3.3** 对任何二次无理数 $\eta$, 其**特征多项式** $P_\eta(t) = at^2 + bt + c$ 定义为满足条件

$$\gcd(a,b,c) = 1, \qquad \eta = \frac{b + \sqrt{b^2 - 4ac}}{2a}$$

唯一的整系数多项式. 我们称 $b^2 - 4ac$ 为 $\eta$ 的**判别式**.

**例A.3.3** 设整数 $D$ 不为完全平方数. 则 $\mathbb{C}$ 的子集

$$\mathbb{Q}(\sqrt{D}) = \{a + b\sqrt{D} \mid a, b \in \mathbb{Q}\}$$

在复数的加法和乘法两个运算下构成域. 我们把这种域叫做**二次数域**或**二次域**. 当 $D > 0$ 时, 称为**实二次域**; 否则称为**虚二次域**.

**证明** 显然 $(\mathbb{Q}(\sqrt{D}), +)$ 为 Abel 群. 对任何 $a, b, u, v \in \mathbb{Q}$, 我们有

$$(a + b\sqrt{D})(u + v\sqrt{D}) = (au + Dbv) + (av + bu)\sqrt{D} \in \mathbb{Q}(\sqrt{D}).$$

于是 $\mathbb{Q}(\sqrt{D})$ 为环. 若 $u + v\sqrt{D} \neq 0$, 则 $u^2 - Dv^2 \neq 0$, 并且

$$\frac{1}{u + v\sqrt{D}} = \frac{u - v\sqrt{D}}{(u + v\sqrt{D})(u - v\sqrt{D})} = \frac{u}{u^2 - Dv^2} - \frac{v}{u^2 - Dv^2}\sqrt{D} \in \mathbb{Q}(\sqrt{D}).$$

根据定义, $\mathbb{Q}(\sqrt{D})$ 为域. $\qquad\qquad\square$

## 习题

**1.** 从平面到自身的映射如果保持平面上任两点的距离, 则称该映射为保距映射. 证明保距映射都是双射, 且所有保距映射在映射的复合下构成群.

**2.** 证明函数集合

$$\left\{ \frac{ax + b}{cx + d} \,\middle|\, a, b, c, d \in \mathbb{Z} \text{ 且 } ad - bc = 1 \right\}$$

在函数的复合下构成群.

**3.** 若群 $G$ 中任何元素 $g$ 满足 $g^2 = 1$, 则 $G$ 是 Abel 群.

**4.** 证明: 任何阶为素数的群均为 Abel 群.

**5.** 求所有的 4 阶群.

**6.** 求所有的 6 阶群.

**7.** 设 $\pi : G \to H$ 为群同态, $g$ 为 $G$ 的有限阶元. 证明: $\phi(g)$ 为 $H$ 的有限阶元, 并且 $\mathrm{ord}(\phi(g)) \mid \mathrm{ord}(g)$.

**8.** 设 $G$ 为有限阶群. 若素数 $p \mid \mathrm{card}(G)$, 则存在 $g \in G$ 使得 $p = \mathrm{ord}(g)$.

**9.** 证明: 由群 $\mathbb{Z}/m\mathbb{Z}$ 所有的自同构组成的集合在同构的复合下构成群, 并且该群同

构于环 $\mathbb{Z}/m\mathbb{Z}$ 的单位群 $(\mathbb{Z}/m\mathbb{Z})^{\times}$.

**10.** 设 $G$ 为群. 试问

$$G \to G,$$
$$g \mapsto g^2$$

何时为群同态, 何时为群同构?

**11.** 设 $a, b \in \mathbb{R}$ 并且 $a < b$. 证明: 闭区间 $[a, b]$ 上所有连续函数组成的集合 $C^0([a, b])$ 在函数的逐点加法和乘法运算下构成环, 并且对给定的 $x_0 \in [a, b]$, 映射

$$C^0([a, b]) \to \mathbb{R},$$
$$f(x) \mapsto f(x_0)$$

为环同态.

**12.** 试给出群 $\mathbb{Z}/6\mathbb{Z}$ 到 $(\mathbb{Z}/7\mathbb{Z})^{\times}$ 的所有同构.

**13.** 证明群 $(\mathbb{Z}/13\mathbb{Z})^{\times}$ 为循环群, 并求其所有的 2 阶元、3 阶元、4 阶元、6 阶元与 12 阶元.

**14.** 设 $m, n$ 为正整数. 证明: 环 $\mathbb{Z}/mn\mathbb{Z}$ 与 $\mathbb{Z}/m\mathbb{Z} \times \mathbb{Z}/n\mathbb{Z}$ 同构的充要条件为 $m$ 与 $n$ 互素.

**15.** 设 $m, n$ 为正整数. 证明: 群 $(\mathbb{Z}/mn\mathbb{Z})^{\times}$ 与 $(\mathbb{Z}/m\mathbb{Z})^{\times} \times (\mathbb{Z}/n\mathbb{Z})^{\times}$ 同构的充要条件为 $m$ 与 $n$ 互素.

**16.** 设 $m, n$ 为正整数. 证明: 存在环同态 $\mathbb{Z}/m\mathbb{Z} \to \mathbb{Z}/n\mathbb{Z}$ 的充要条件为 $n \mid m$, 并且这样的环同态如果存在的话必定唯一.

**17.** 假设整数 $D \equiv 0, 1 \pmod 4$ 且 $D$ 不为完全平方数. 证明:

(1) 集合

$$\mathcal{O} = \left\{ a + b\frac{1 + \sqrt{D}}{2} \,\middle|\, a, b \in \mathbb{Z} \right\}$$

为 $\mathbb{Q}(\sqrt{D})$ 的子环.

(2) 设 $\mathcal{O}'$ 为 $\mathbb{Q}(\sqrt{D})$ 的子环. 若作为 Abel 群, $\mathcal{O}'$ 是有限生成的, 则 $\mathcal{O}' \subset \mathcal{O}$.

**18.** 假设整数 $D$ 不为完全平方数. 证明:

(1) 映射

$$N : \mathbb{Q}(\sqrt{D})^{\times} \to \mathbb{Q}^{\times}$$
$$a + b\sqrt{D} \mapsto a^2 - Db^2$$

为群同态, 其中 $a, b \in \mathbb{Q}$.

(2) 映射

$$\mathbb{Q}(\sqrt{D}) \to \mathbb{Q}(\sqrt{D})$$
$$a + b\sqrt{D} \mapsto a - b\sqrt{D}$$

为域的同构, 其中 $a, b \in \mathbb{Q}$.

(3) 域 $\mathbb{Q}(\sqrt{D})$ 有且仅有两个自同构, 分别为恒等同构与 (2) 中给出的同构.

**19.** 假设整数 $D$ 不为完全平方数. 证明:

(1) 加法群 $\mathbb{Q}(\sqrt{D})$ 不是有限生成 Abel 群.

(2) 加法群 $\mathbb{Q}(\sqrt{D})$ 的任何有限生成子群均为自由 Abel 群, 且其秩不超过 2.

(3) 加法群 $\mathbb{Q}(\sqrt{D})$ 的任何秩为 2 的子群均存在一组基 $\alpha, \beta$, 其中 $\alpha$ 为有理数.

**20.** 给定环 $R$ 和 $f = \sum_i a_i x^i \in R[x]$, 令 $f$ 的**导多项式**为 $f' = \sum_i i a_i x^{i-1}$. 定义

$$\frac{f^{(0)}(x)}{0!} = f(x),$$

$$\frac{f^{(n)}(x)}{n!} = \sum_{i \geqslant n} a_i \binom{i}{n} x^{i-n} \quad (n \geqslant 1).$$

**证明: Taylor 展开式**

$$f(x + t) = \sum_{n=0}^{\deg(f)} \frac{f^{(n)}(x)}{n!} t^n \tag{A.5}$$

成立.

**21.** 设 $K$ 为有限域. 证明: $K$ 的元素个数为素数幂, 并且 $K^\times$ 为循环群.

**22.** 设

$$K = \{a + b\sqrt{2} + c\sqrt{3} + d\sqrt{6} \mid a, b, c, d \in \mathbb{Q}\}.$$

证明 $K$ 为域并计算域 $K$ 的自同构群.

# 参考文献

[Hua]  华罗庚. 数论导引. 北京: 科学出版社, 1957.

[Kes]  柯召, 孙琦. 数论讲义. 2 版. 北京: 高等教育出版社, 2003.

[Luh]  陆洪文. 从高斯到盖尔方特: 二次数域的高斯猜想. 哈尔滨: 哈尔滨工业大学出版社, 2013.

[MiY]  闵嗣鹤, 严士健. 初等数论. 3 版. 北京: 高等教育出版社, 2003.

[Pan]  潘承洞, 潘承彪. 初等数论. 2 版. 北京: 北京大学出版社, 2003.

[Paz]  高斯. 算术探索. 潘承彪, 张明尧, 译. 哈尔滨: 哈尔滨工业大学出版社, 2011.

[Tian]  田野. Binary quadratic forms.

[Yuj]  余家富, 洪梵雲. 二次域類數與二元二次型理論介紹. 數學傳播, 2023, 47(2): 38-64.

[Apo]  APOSTOL T. Introduction to Analytic Number Theory. New York: Springer, 1976.

[Bag1]  BHARGAVA M. Arithematic theory of quadratic forms, Course notes, taken by me from Math 251, taught at Harvard in the spring of 2003.

[Bag2]  BHARGAVA M. Higher Composition Laws I-III. Annals of Math. 2004(159).

[Cox]  COX D A. Primes of the Form $x^2 + ny^2$: Fermat, Class Field Theory, and Complex Multiplication. 2nd ed. Hoboken: John Wiley & Sons Inc, 2013.

[Dav]  DAVENPORT H. The higher arithmetic: An introduction to the theory of numbers. Cambridge: Cambridge University Press, 1999.

[Dav2]  DAVENPORT H. Multiplicative number theory. 3rd ed. New York: Springer-Verlag, 2000.

[Dic]  DICKSON L E. History of the Theory of Numbers. Washington D.C.: Carnegie Institute, 1919–1923. (Reprint by Chelsea, New York, 1971).

[Gau]  GAUSS C F. Disquisitiones Arithmeticae. Leipzig:[s.n.], 1801.

[HW]  HARDY G H, WRIGHT E M. Introduction to the Theory of Numbers. 6th ed. Oxford: Oxford University Press, 2008.

[Hua1]   HUA L K. Introduction to Number Theory. Berlin: Springer-Verlag, 1982.

[IR]      IRELAND K, ROSEN M. A classical introduction to modern number theory. 2nd ed. New York: Springer-Verlag, 1990.

[Jon]     JONES G A, JONES J M. Elementary Number Theory. London: Springer-Verlag, 1998.

[Ros]     ROSEN K H. Elementary Number Theory and its applications. 5th ed. Boston: Pearson International, 2005.

[Ser]     SERRE J-P. A Course in Arithmetic. Berlin. Springer-Verlag, 1973.

[Tra]     TRAVAGLINI G. Number theory, Fourier analysis and geometric discrepancy. Cambridge: Cambridge University Press, 2014.

[Wei]     WEIL A. Number theory for beginners. New York: Springer-Verlag, 1979.

[Zagi]    ZAGIER D. Zetafunktionen und quadratische Körper. Berlin: Springer-Verlag, 1981.

[Sil]     SILVERMAN J H. Advanced topics in the arithmetic of elliptic curves. New York: Springer-Verlag, 1999.

## 郑重声明

高等教育出版社依法对本书享有专有出版权。任何未经许可的复制、销售行为均违反《中华人民共和国著作权法》，其行为人将承担相应的民事责任和行政责任；构成犯罪的，将被依法追究刑事责任。为了维护市场秩序，保护读者的合法权益，避免读者误用盗版书造成不良后果，我社将配合行政执法部门和司法机关对违法犯罪的单位和个人进行严厉打击。社会各界人士如发现上述侵权行为，希望及时举报，我社将奖励举报有功人员。

反盗版举报电话　　（010）58581999　58582371

反盗版举报邮箱　　dd@hep.com.cn

通信地址　　北京市西城区德外大街4号
　　　　　　高等教育出版社知识产权与法律事务部

邮政编码　　100120

## 读者意见反馈

为收集对教材的意见建议，进一步完善教材编写并做好服务工作，读者可将对本教材的意见建议通过如下渠道反馈至我社。

咨询电话　　400-810-0598

反馈邮箱　　hepsci@pub.hep.cn

通信地址　　北京市朝阳区惠新东街4号富盛大厦1座
　　　　　　高等教育出版社理科事业部

邮政编码　　100029

## 防伪查询说明

用户购书后刮开封底防伪涂层，使用手机微信等软件扫描二维码，会跳转至防伪查询网页，获得所购图书详细信息。

防伪客服电话　　（010）58582300

**图书在版编目（CIP）数据**

数论基础 / 方江学编著. -- 北京：高等教育出版
社，2024.8（2025.7 重印）. -- ISBN 978-7-04
-063052-7

I. O156

中国国家版本馆 CIP 数据核字第 2024HZ2552 号

Shulun Jichu

| | | | |
|---|---|---|---|
| 策划编辑 | 杨　帆 | 出版发行 | 高等教育出版社 |
| 责任编辑 | 杨　帆 | 社　　址 | 北京市西城区德外大街4号 |
| 封面设计 | 王凌波　贺雅馨 | 邮政编码 | 100120 |
| 版式设计 | 徐艳妮 | 购书热线 | 010-58581118 |
| 责任校对 | 胡美萍 | 咨询电话 | 400-810-0598 |
| 责任印制 | 赵义民 | 网　　址 | http://www.hep.edu.cn |
| | | | http://www.hep.com.cn |
| | | 网上订购 | http://www.hepmall.com.cn |
| | | | http://www.hepmall.com |
| | | | http://www.hepmall.cn |

| | |
|---|---|
| 印　　刷 | 北京盛通印刷股份有限公司 |
| 开　　本 | 787mm×1092mm　1/16 |
| 印　　张 | 16 |
| 字　　数 | 300千字 |
| 版　　次 | 2024年8月第1版 |
| 印　　次 | 2025年7月第2次印刷 |
| 定　　价 | 43.10元 |

本书如有缺页、倒页、脱页等质量问题，
请到所购图书销售部门联系调换。

## 数学"101 计划"已出版教材目录

1. 《基础复分析》　　　　　　崔贵珍　高 延

2. 《代数学（一）》　　　　　李 方　邓少强　冯荣权　刘东文

3. 《代数学（二）》　　　　　李 方　邓少强　冯荣权　刘东文

4. 《代数学（三）》　　　　　冯荣权　邓少强　李 方　徐彬斌

5. 《代数学（四）》　　　　　冯荣权　邓少强　李 方　徐彬斌

6. 《代数学（五）》　　　　　邓少强　李 方　冯荣权　常 亮

7. 《数学物理方程》　　　　　雷 震　王志强　华波波　曲 鹏　黄耿耿

8. 《概率论（上册）》　　　　李增沪　张 梅　何 辉

9. 《概率论（下册）》　　　　李增沪　张 梅　何 辉

10. 《概率论和随机过程 上册》　林正炎　苏中根　张立新

11. 《概率论和随机过程 下册》　苏中根

12. 《实变函数》　　　　　　　程 伟　吕 勇　尹会成

13. 《泛函分析》　　　　　　　王 凯　姚一隽　黄昭波

14. 《数论基础》　　　　　　　方江学

15. 《基础拓扑学及应用》　　　雷逢春　杨志青　李风玲

16. 《微分几何》　　　　　　　黎俊彬　袁 伟　张会春

17. 《最优化方法与理论》　　　文再文　袁亚湘

18. 《数理统计》　　　　　　　王兆军　邹长亮　周永道　冯 龙

19. 《数学分析》数字教材　　　张 然　王春朋　尹景学

20. 《微分方程 II》　　　　　　周蜀林